国家出版基金资助项目

俄罗斯数学经典著作译丛

运动方程的积分方法

YUNDONG FANGCHENG DE JIFEN FANGFA

[苏]B. B. 戈卢别夫 著

《运动方程的积分方法》翻译组 译

哈尔滨工业大学出版社

HARBIN INSTITUTE OF TECHNOLOGY PRESS

内 容 简 介

本书的内容为叙述近代复变函数论的方法对于力学的一个特殊问题(重刚体绕不动点运动问题)的应用,也就是微分方程的解析理论的方法对于动力学方程的积分法的应用.

本书大体分为四部分:第一部分介绍了理论力学的基本知识;第二部分介绍了重刚体绕不动点运动的各种情形以及在这些情形下的积分法;第三部分介绍了复变函数的基本知识;最后一部分给出了运动方程积分法的某些补充.

本书可供数学、力学、物理学等相关专业的人员参考使用.

图书在版编目(CIP)数据

运动方程的积分方法/(苏)B. B. 戈卢别夫著;《运动方程的积分方法》翻译组译. —哈尔滨:哈尔滨工业大学出版社,2024. 1
(俄罗斯数学经典著作译丛)
ISBN 978-7-5767-1215-5

Ⅰ.①运⋯ Ⅱ.①B⋯ ②运⋯ Ⅲ.①刚体运动学
Ⅳ.①O311.2

中国国家版本馆 CIP 数据核字(2024)第 030538 号

策划编辑 刘培杰 张永芹
责任编辑 宋晓翠 李兰静
封面设计 孙茵艾
出版发行 哈尔滨工业大学出版社
社　　址 哈尔滨市南岗区复华四道街 10 号　邮编 150006
传　　真 0451-86414749
网　　址 http://hitpress.hit.edu.cn
印　　刷 辽宁新华印务有限公司
开　　本 787mm×1 092mm　1/16　印张 16　字数 304 千字
版　　次 2024 年 1 月第 1 版　2024 年 1 月第 1 次印刷
书　　号 ISBN 978-7-5767-1215-5
定　　价 98.00 元

序言

多年以来,作者在莫斯科国立罗蒙诺索夫大学为本科生与研究生做过多次演讲,本书就是根据这些演讲写成的,也是《微分方程的解析理论讲义》①的续篇. 本书内容是将解析函数论方法与微分方程解析理论方法应用于古典的力学问题——重刚体绕不动点运动问题.

在编写本书时,作者抱着这样的目的:在数学的发展中,有一种问题占着主导地位,此种问题使数学的内容近代化,特别是将最普遍的问题与结论添到数学里去. 在近代教育学中,也有同样的趋势. 按照天才 F. 克莱因(F. Klein)的说法,数学中的许多分支,颇为类似于制造大炮与其他武器的兵工厂的武器模型的陈列窗,尽管发明家们发挥了极大的智慧,但是一旦发生了真的战争,这些新奇的武器往往会由于各种原因而不适用,因此一切都要重新做过,并且要考察到实际情形的各种特点. 在数学近代教学法中,也有很相似的情形;学者们亲手做出了非常完备且有力的数学研究工具,在他们的毕业论文与博士论文中,学者们往往参与了发展与改进数学的工作,但之后他们却一点也不知道在什么地方如何用这些有力且聪敏的方法来解决整个科学的基本问题——认识环绕我们的宇宙以及人类的创造力对于它的影响的问题. А. П. 契诃夫(А. П. Чехов)当年曾经说过,如果在剧本的第一幕里出现了一支枪,那么至少在第三幕里它是要发射的. 这种说法对于数学的教学法也完

---

① 参看 Голубев В. В. 的著作《Лекции по аналитической теории дифференциальных уравнений,Гостехиздат》,1950 年第 2 版.

1

全适用：如果教了学生某种理论，那么迟早要指出这种理论在力学、物理学、工程学以及其他部门中究竟有什么用.

从这种观点来看，重刚体运动的问题在由著名的 C. B. 柯瓦列夫斯卡雅（C. B. Ковалевская）的研究所得到的那个方向是具有独到的丰富材料的. 学者由这里非常容易指出，古典力学的问题乍一看与纯粹数学的问题相距虽然很远，但它们之间却有极其密切的关系；后者的问题是：黎曼曲面的理论，泽塔函数，超椭圆积分的反转法问题，微分方程论中的微小参数法，等等.

在本书内，作者推演了解决力学问题所必需的纯粹解析理论，并指出了它们是用来解决力学问题而获得成功的工具，这是本书的特点之一. 我们知道，在重刚体绕不动点运动的理论中，虚拟运动的任何研讨都是占据本质地位的. 这种研究开始于普安索（Poinsot）的古典著作，其后 19 世纪有许多学者继续研究并做了许多工作，特别是 H. E. 茹科夫斯基（H. E. Жуковский）、Г. Г. 阿别里罗特（Г. Г. Аппельрот）、C. A. 恰普雷金（C. A. Чаплыгин）的美妙结果；这些结果讨论的是阿别里罗特–赫斯（Hess）情形、C. B. 柯瓦列夫斯卡雅情形以及歌里雅切夫（Горячев）–恰普雷金情形中的运动的几何解释，它们都不在本书的范围内，因为本书专讲问题的解析方面. 读者如果打算由几何的观点来补充对这些问题的研究，可以参看 Г. K. 苏斯洛夫（Г. К. Суслов）的专著《理论力学》以及 H. E. 茹科夫斯基、Г. Г. 阿别里罗特与 C. A. 恰普雷金的研究，在他们的研究中有详细的叙述.

在编辑本书与准备付印时，A. K. 柯洛索夫斯卡雅（A. K. Колосовская）以及莫斯科国立罗蒙诺索夫大学的许多本科生与研究生都出了很多力，他们提出了不少宝贵意见. Э. П. 又布洛赫（Э. П. Блох）在正文中做了许多重要的修正. 作者在此谨向他们表示衷心感谢.

戈卢别夫

◎

引论

关于重刚体绕不动点运动研究的问题,与另一个所谓三体问题的古典力学问题同为理论力学中最有名的问题之一. 这两个问题之所以有名,是因为它们是一些问题的直接推广,这些问题是可以完全解决的,并且只需利用极为简单的古典数学分析的工具;这两个问题都有极大的困难,虽然在 18 世纪和 19 世纪中有许多数学家在解决它们的时候得到了不少的美妙结果,但是距离完全解决的境界还远得很. 三体问题,或者在一般情形下的 n 体问题,是两个受牛顿引力作用的物体的运动问题的直接推广;后一个问题牛顿(Newton)早已美妙地完全解决了,但三体问题却非常困难,一直到 20 世纪,在庞加莱(Poincaré)、松德曼以及其他等人的工作中才得到了部分的克服. 同样,重刚体绕不动点运动问题是摆的振动问题的自然推广;这里也和上面一样,摆的振动问题已经被人们利用近代数学工具美妙地完全解决了,但重刚体绕不动点运动问题却不然,尽管欧拉(Euler)、拉格朗日(Lagrange)、泊松(Poisson)、普安索以及更近代的 C. B. 柯瓦列夫斯卡雅、庞加莱和其他许多近代学者都得到了很美妙的结果,但距离完全解决的境地还非常遥远.

关于刚体绕不动点运动问题,最初的结果远在 18 世纪 50 年代便已经得到了. 当时欧拉导出了著名的以他的名字命名的方程,

1

并指出了当支撑点是物体的重心时的最简单情形[①];但一直过了 80 年之久,普安索才将欧拉的运动情形做了美妙的几何解释[②].其后雅可比(Jacobi)利用他所创造的椭圆函数论[③]给出了欧拉情形下的运动方程的完全积分法;拉格朗日也指出了这个问题的一种特殊情形的解法,泊松后来对其进行了研究.

在上述作者的著作被创作出以后,有很长的一个时期,关于这方面并未有任何本质上的进一步的结果——虽然数学家们经常注意到这个问题,并且巴黎科学院还设立了特别的波尔登奖金来奖励对这个理论有本质贡献的人.一直到 1988 年,才初次跨出了具有决定性的一步,当时巴黎科学院的波尔登奖金奖给了 C. B. 柯瓦列夫斯卡雅的论文,这篇著作标志着上述问题的解法的重大进步[④].

从表面上看,这里对力学问题的解法初次利用了近代复变函数论的观念(这种观念是柯西(Cauchy)、黎曼(Riemann)、魏尔斯特拉斯(Weierstrass)以及其他学者所创造的);此外,在所讨论的问题方程的积分法问题中得到了新的原始结果,这种结果足以决定所谓微分方程的解析理论. C. B. 柯瓦列夫斯卡雅的著作的主导观念是这样的:在所有以前熟知的情形下,重刚体绕不动点运动方程的积分均为在变量 t 的整个复数平面上的单值逊整函数,原因是这种积分可以用椭圆函数表示出来. C. B. 柯瓦列夫斯卡雅在她的著作中提出了下面的基本问题:

求出一切使重刚体的运动方程的积分为变量 t 的整个平面上的单值逊整函数的情形.

这个问题的提法是原有力学问题本质的拓展,这种拓展只有纯粹数学的特性,无任何力学的意味.事实上,就力学的观点而言,解答当然要是单值的,因为在力学上不可能有这种情形,在同样的初始条件下,会发生不同的运动.由于力学问题中的时间是实数,所以任何多值函数都可以满足这种条件,只要它们的临界点不在实数轴上即可. C. B. 柯瓦列夫斯卡雅对积分所做的逊整性的限制的力学根据更少.就力学观点而言,除在力学中的时间所变化的实轴上外,我们没有任何根据来对方程的积分做出任何限制.

C. B. 柯瓦列夫斯卡雅在这个问题中首先做了这样的拓展:考虑函数在变量 t 的整个复数平面上的展开式.这是原有的力学问题的美妙的纯数学的拓展,此种拓展对近代复变函数论在实际问题中的应用而言是非常突出的一点;

---

① 参看 Euler L. 的著作 *Découverte d'un nouveau principe de mécanique*. 1750,1758.

② 参看 Poinsot 的著作 *Théorie nouvelle de la rotation des corps*,1851 年.

③ 参看 Jacobi 的著作 *Sur la rotation d'un corps*,第 293 页.

④ 参看 Ковалевская С. В. 的著作《Задача о вращении твердого тела около неподвижной точки》和 Ковалевская С. В. 的著作《Научные работы》,1948 年,第 152～220 页.

这种观念后来被利用了,并且得到完全的成功.例如庞加莱以及稍后的松德曼将其用在了三体问题中,H. E. 茹科夫斯基与 C. A. 恰普雷金在应用空气动力学中都这样做过①.

C. B. 柯瓦列夫斯卡雅将时间看作复变量的这种方法,使得成熟且优美的复变函数论的工具能够进一步地应用于研究中,在这方面,它标志着近代分析方法在力学中应用的新纪元.

事实证明,这种观念使得 C. B. 柯瓦列夫斯卡雅得到了美妙的结果:除古典的情形外,C. B. 柯瓦列夫斯卡雅的条件在另一种特殊情形下也成立,此时积分也是在变量 t 的整个复数平面上的逊整函数.用这种纯数学的方法又找出了一种情形,使得重刚体绕不动点运动方程能有完全的积分法.像 C. B. 柯瓦列夫斯卡雅所指出的,在她所发现的情形下,方程组除具有古典代数的第一积分(动量积分与动能积分)外,还有一个特殊的代数积分;由古典代数的研究可知,在重刚体绕不动点运动方程的积分法的所有以前已知的情形中,也都有这样的情况发生.现在,根据这种积分的存在性即可使问题得到完全的积分法——此点由雅可比所谓的后添因子的古典研究可以推出来.

由 C. B. 柯瓦列夫斯卡雅的著作又引起了第二个原则性的重要问题.严格说来,积分的逊整性条件与方程组能够完全积分的可能性并无直接的联系,由于现在多得了一个积分,便使方程完全可积,于是与 C. B. 柯瓦列夫斯卡雅的研究有关,又发生了原则上很重要的问题:在何种条件下,重刚体绕不动点运动方程具有一个附加的第一积分,并且它可以简单地表示出来,也就是说,它是变量的代数函数或者单值函数?

在 C. B. 柯瓦列夫斯卡雅研究的同时,布伦斯(Bruns)解决了三体问题中类似的问题②,他证明了除古典积分(也就是面积积分与动能积分)外,在三体问题或者更一般的 n 体问题中,没有其他的第一积分存在.

对于重刚体绕不动点运动问题而言,这种类似的问题已经被庞加莱、海顿以及其他诸家的研究所解决③.事实告诉我们,只有在古典情形与 C. B. 柯瓦列夫斯卡雅的情形下,也就是说,当方程的积分是逊整函数的时候,才有第四个单值积分存在.一直到目前我们还不知道,这种情形究竟是偶然的还是有这样的一般定理存在,即微分方程组具有单的第一积分的必要条件是,它具有可以用

---

① 在机翼的理论中,机翼断面的最初形式并不是由力学的论据来决定的,而是由保角映射实施的可能性来决定的.

② 参看 Whittaker E. T. 的著作《Аналитическая динамика》(俄译本),1937 年,第 392 页.

③ 参看 Полубаринова-Кочина П. Я. 的著作《Об однозначных решениях и алгебраических интегралах задачи о вращения тяжелого твердого тела около неподвижной точки》和 Сборник 的著作《Движение твердого тела вокруг неподвижной точки》,1940 年.

逊整函数表示出来的通积分. P. 潘勒韦(P. Painlevé)曾经注意到这个问题的重要性①.

　　本书讲的便是上述作者所得到的结果. 这样, 本书的内容为叙述近代复变函数论的方法对于力学的一个特殊问题(重刚体绕不动点运动问题)的应用, 也就是微分方程的解析理论的方法对于动力学方程的积分法的应用.

---

① 参看 Painlevé P. 的著作 *Sur les équations différentielles du second ordre à points critiques fixes*, 1899 年.

◎ 目录

1

3

基本的运动方程;第一积分;后添因子理论

§1 动量矩;基本的运动方程

设用 r 代表质量为 m 的质点关于某个不动坐标系的半径矢,则

$$r = xi + yj + zk$$

其中 x, y, z 是点的坐标,此时可得点的速度 v 的表达式

$$v = \frac{\mathrm{d}r}{\mathrm{d}t}$$

从而动量可以表示成

$$mv = m\frac{\mathrm{d}r}{\mathrm{d}t} \tag{1}$$

的形式.

由此即得运动方程

$$\frac{\mathrm{d}}{\mathrm{d}t}mv = F \tag{2}$$

其中 F 是作用于质点上的力.

因为按照周知的公式,作用矢关于坐标原点的矩等于矢量作用点的半径矢与所讨论的矢量的矢性积,所以

$$\mathrm{Mom}_O\ F = r \times F \tag{3}$$

即

$$\mathrm{Mom}_O\ mv = r \times mv \tag{4}$$

现在可以将公式(4)推广到质点组的情形中,设有质点组,其中一点的半径矢是 $r_k = x_k i + y_k j + z_k k$,它的质量是 m_k,速度是 v_k,从而

$$v_k = \frac{\mathrm{d}r_k}{\mathrm{d}t}$$

1

那么当用 G 代表系统的动量矩时,便有

$$G = \sum_{k=1}^{n} r_k \times m_k v_k \tag{5}$$

同样地,对于在体积 τ 内的连续分布质量而言,有

$$G = \iiint_{\tau} r \times (\mathrm{d}mv) = \iiint_{\tau} r \times v \rho \mathrm{d}\tau \tag{6}$$

其中 ρ 是密度,$\mathrm{d}\tau$ 是体积元素($\mathrm{d}\tau = \mathrm{d}x\mathrm{d}y\mathrm{d}z$).

由方程(6)可得

$$\frac{\mathrm{d}G}{\mathrm{d}t} = \iiint_{\tau} \left(\frac{\mathrm{d}r}{\mathrm{d}t} \times v + r \times \frac{\mathrm{d}v}{\mathrm{d}t} \right) \rho \mathrm{d}\tau$$

但

$$\frac{\mathrm{d}r}{\mathrm{d}t} \times v = \frac{\mathrm{d}r}{\mathrm{d}t} \times \frac{\mathrm{d}r}{\mathrm{d}t} = 0$$

故

$$\frac{\mathrm{d}G}{\mathrm{d}t} = \iiint_{\tau} r \times \frac{\mathrm{d}v}{\mathrm{d}t} \rho \mathrm{d}\tau \tag{7}$$

另外

$$\rho \mathrm{d}\tau \frac{\mathrm{d}v}{\mathrm{d}t} = \mathrm{d}m \frac{\mathrm{d}v}{\mathrm{d}t} = \mathrm{d}F$$

其中 $\mathrm{d}F$ 是作用于质量 $\mathrm{d}m$ 上的力. 因此,方程(7)便具有如下形式

$$\frac{\mathrm{d}G}{\mathrm{d}t} = \iiint_{\tau} r \times \mathrm{d}F$$

作用于物体质点上的一切力的力矩的总和,称为物体的总矩,于是,当用 L 代表总矩时,便有

$$L = \iiint_{\tau} r \times \mathrm{d}F \tag{8}$$

方程(7)可以写成

$$\frac{\mathrm{d}G}{\mathrm{d}t} = L \tag{9}$$

的形式.

矢量 G 是系统中,特别如刚体所有各点的动量矩;它有时也叫作动力矩. 这样,方程(9)便代表动力学中的如下的基本定理:

动力矩关于时间的导数,等于作用在物体上的力的总矩.

倘若关于某点作出矢量 G 的位置图,那么导数 $\dfrac{\mathrm{d}G}{\mathrm{d}t}$ 便是位置图上的点的速度,也就是矢量 G 的端点的速度,从而上面所证的定理即可用如下的方式给出:

系统或者刚体关于某点的动力矩的端点速度,等于作用在系统或者刚体各点的力关于这点的总矩.

这个动力学方程便是刚体绕不动点运动的整个理论的基础.

§2　绕不动点旋转的物体的动量矩

倘若物体绕不动点旋转(我们取这点作为原点),则在用 $\boldsymbol{\Omega}$ 代表物体的角速度时,便得到由半径矢 $\boldsymbol{r}$ 所决定的点的线速度 $\boldsymbol{v}$ 如下

$$v = \boldsymbol{\Omega} \times r \tag{1}$$

将这个值代入动力矩 $\boldsymbol{G}$ 的表达式中,则得

$$G = \iiint_{\tau} r \times v \, dm = \iiint_{\tau} r \times (\boldsymbol{\Omega} \times r) \, dm \tag{2}$$

另外,按照矢量代数中的周知的公式,对于矢量的矢性积有下面的恒等关系式

$$a \times (b \times c) = b(a \cdot c) - c(a \cdot b)$$

因此,动力矩 $\boldsymbol{G}$ 又可以写成

$$G = \iiint_{\tau} \left[\boldsymbol{\Omega} r^2 - r(r \cdot \boldsymbol{\Omega}) \right] dm \tag{3}$$

的形式.

设矢量 $\boldsymbol{G}$ 在坐标轴上的分量为 p, q, r,从而

$$\boldsymbol{\Omega} = pi + qj + rk$$

则

$$\boldsymbol{\Omega} r^2 = \boldsymbol{\Omega}(x^2 + y^2 + z^2) = (pi + qj + rk)(x^2 + y^2 + z^2)$$

同样地

$$r(r \cdot \boldsymbol{\Omega}) = (xi + yj + zk)(px + qy + rz)$$

故有

$$\begin{aligned}
\boldsymbol{\Omega} r^2 - r(r \cdot \boldsymbol{\Omega}) = &\, i\left[p(x^2 + y^2 + z^2) - px^2 - x(qy + rz) \right] + \\
&\, j\left[q(x^2 + y^2 + z^2) - qy^2 - y(px + rz) \right] + \\
&\, k\left[r(x^2 + y^2 + z^2) - rz^2 - z(px + qy) \right]
\end{aligned}$$

于是表达式(3)便成为

$$\begin{aligned}
G = &\, i \iiint_{\tau} \left[p(y^2 + z^2) - xyq - xzr \right] dm + \\
&\, j \iiint_{\tau} \left[q(z^2 + x^2) - yzr - yxp \right] dm + \\
&\, k \iiint_{\tau} \left[r(x^2 + y^2) - zxp - zyq \right] dm \tag{4}
\end{aligned}$$

3

引用下列记号

$$\iiint_\tau (y^2+z^2)\,\mathrm{d}m = A = J_{xx}, \qquad \iiint_\tau xy\,\mathrm{d}m = J_{xy} = J_{yx}$$

$$\iiint_\tau (z^2+x^2)\,\mathrm{d}m = B = J_{yy}, \qquad \iiint_\tau xz\,\mathrm{d}m = J_{xz} = J_{zx}$$

$$\iiint_\tau (x^2+y^2)\,\mathrm{d}m = C = J_{zz}, \qquad \iiint_\tau yz\,\mathrm{d}m = J_{yz} = J_{zy}$$

将这些值代入表达式(4),便将它化为

$$\boldsymbol{G}=\boldsymbol{i}(J_{xx}p-J_{xy}q-J_{xz}r)+\boldsymbol{j}(J_{yy}q-J_{yz}r-J_{yx}p)+\boldsymbol{k}(J_{zz}r-J_{zx}p-J_{zy}q) \tag{5}$$

倘若轴(x,y,z)的方向沿着惯性椭球的主轴方向,那么我们知道,系数J_{xy},J_{yz},J_{zx}都等于零,从而表达式(5)具有更简单的形式

$$\boldsymbol{G}=\boldsymbol{i}J_{xx}p+\boldsymbol{j}J_{yy}q+\boldsymbol{k}J_{zz}r$$

或者

$$\boldsymbol{G}=\boldsymbol{i}Ap+\boldsymbol{j}Bq+\boldsymbol{k}Cr \tag{6}$$

以后在我们取附着于物体上的坐标轴时,永远令它们沿着惯性椭球的主轴方向,从而总动力矩恒有表达式(6).

§3 矢量的相对导数

设点O为两组笛卡儿直角坐标系的原点,并设$\bar{\boldsymbol{i}},\bar{\boldsymbol{j}},\bar{\boldsymbol{k}}$为不动坐标系的基矢,又$\boldsymbol{i},\boldsymbol{j},\boldsymbol{k}$为不变地附着于刚体上的坐标系的基矢,且这个刚体绕不动点O运动,设$\boldsymbol{R}$为从点O出发的变动矢,又x,y,z是它的端点在附着于物体上运动的坐标系中的坐标,也就是

$$\boldsymbol{R}=\boldsymbol{i}x+\boldsymbol{j}y+\boldsymbol{k}z \tag{1}$$

那么

$$\frac{\mathrm{d}\boldsymbol{R}}{\mathrm{d}t}=\boldsymbol{i}\frac{\mathrm{d}x}{\mathrm{d}t}+\boldsymbol{j}\frac{\mathrm{d}y}{\mathrm{d}t}+\boldsymbol{k}\frac{\mathrm{d}z}{\mathrm{d}t}+x\frac{\mathrm{d}\boldsymbol{i}}{\mathrm{d}t}+y\frac{\mathrm{d}\boldsymbol{j}}{\mathrm{d}t}+z\frac{\mathrm{d}\boldsymbol{k}}{\mathrm{d}t} \tag{2}$$

因为$\dfrac{\mathrm{d}\boldsymbol{i}}{\mathrm{d}t}$为动坐标系的基矢端点的速度,所以

$$\frac{\mathrm{d}\boldsymbol{i}}{\mathrm{d}t}=\boldsymbol{\Omega}\times\boldsymbol{i}$$

同样地

$$\frac{\mathrm{d}\boldsymbol{j}}{\mathrm{d}t}=\boldsymbol{\Omega}\times\boldsymbol{j}, \qquad \frac{\mathrm{d}\boldsymbol{k}}{\mathrm{d}t}=\boldsymbol{\Omega}\times\boldsymbol{k}$$

其中$\boldsymbol{\Omega}$是物体的角速度,因此

$$\frac{\mathrm{d}\boldsymbol{R}}{\mathrm{d}t}=\boldsymbol{i}\frac{\mathrm{d}x}{\mathrm{d}t}+\boldsymbol{j}\frac{\mathrm{d}y}{\mathrm{d}t}+\boldsymbol{k}\frac{\mathrm{d}z}{\mathrm{d}t}+\boldsymbol{\Omega}\times(x\boldsymbol{i}+y\boldsymbol{j}+z\boldsymbol{k})$$

利用式(1)有

$$\frac{\mathrm{d}\boldsymbol{R}}{\mathrm{d}t} = \boldsymbol{i}\frac{\mathrm{d}x}{\mathrm{d}t} + \boldsymbol{j}\frac{\mathrm{d}y}{\mathrm{d}t} + \boldsymbol{k}\frac{\mathrm{d}z}{\mathrm{d}t} + \boldsymbol{\Omega}\times\boldsymbol{R} \tag{3}$$

但

$$\boldsymbol{i}\frac{\mathrm{d}x}{\mathrm{d}t} + \boldsymbol{j}\frac{\mathrm{d}y}{\mathrm{d}t} + \boldsymbol{k}\frac{\mathrm{d}z}{\mathrm{d}t}$$

是矢量 $\boldsymbol{R}$ 关于 t 的导数,它是假设以 $\boldsymbol{i},\boldsymbol{j},\boldsymbol{k}$ 为基矢的坐标系不动算出来的,这个导数可以叫作矢量的相对导数.

矢量的相对导数以后用 $\dfrac{\delta\boldsymbol{R}}{\delta t}$ 来表示. 这样,等式(3)便具有最后的形式

$$\frac{\mathrm{d}\boldsymbol{R}}{\mathrm{d}t} = \frac{\delta\boldsymbol{R}}{\delta t} + \boldsymbol{\Omega}\times\boldsymbol{R} \tag{4}$$

§4 欧拉公式;第一组

考虑不动的坐标系 $(\bar{x},\bar{y},\bar{z})$,其原点在物体的不动点处,并设具有同一原点的坐标系 (x,y,z) 不变地附着于物体上,而且各轴沿着物体关于不动点的惯性椭球的主轴方向.

将不动的坐标系如此置放,使 $\bar{z}$ 轴竖直朝下 (图1).设 γ,γ',γ'' 为 $\bar{z}$ 轴关于动轴 x,y,z 的方向余弦.

因为动轴 x,y,z 沿着物体的惯性主轴方向,所以由 §2 中的公式(6)知,动力矩 $\boldsymbol{G}$ 可以写为

$$\boldsymbol{G} = Ap\boldsymbol{i} + Bq\boldsymbol{j} + Cr\boldsymbol{k}$$

的形式. 同样地,对于物体的角速度有如下的表达式

$$\boldsymbol{\Omega} = p\boldsymbol{i} + q\boldsymbol{j} + r\boldsymbol{k}$$

于是利用 §3 中的公式(4),即得动力矩的导数 $\dfrac{\mathrm{d}\boldsymbol{G}}{\mathrm{d}t}$ 的

表达式如下

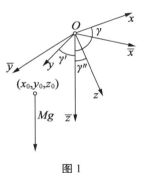

图1

$$\frac{\mathrm{d}\boldsymbol{G}}{\mathrm{d}t} = A\frac{\mathrm{d}p}{\mathrm{d}t}\boldsymbol{i} + B\frac{\mathrm{d}q}{\mathrm{d}t}\boldsymbol{j} + C\frac{\mathrm{d}r}{\mathrm{d}t}\boldsymbol{k} + \begin{vmatrix} \boldsymbol{i} & \boldsymbol{j} & \boldsymbol{k} \\ p & q & r \\ Ap & Bq & Cr \end{vmatrix} \tag{1}$$

或者

$$\frac{\mathrm{d}\boldsymbol{G}}{\mathrm{d}t} = \boldsymbol{i}\left[A\frac{\mathrm{d}p}{\mathrm{d}t} + (C-B)qr\right] + \boldsymbol{j}\left[B\frac{\mathrm{d}q}{\mathrm{d}t} + (A-C)rp\right] + \boldsymbol{k}\left[C\frac{\mathrm{d}r}{\mathrm{d}t} + (B-A)pq\right] \tag{2}$$

设运动物体的质量中心在这样的点处,该点在动坐标系下的坐标为 $(x_0,$

y_0, z_0），也就是由矢量

$$r_0 = x_0 i + y_0 j + z_0 k \tag{3}$$

决定. 因为重力 P 竖直朝下，也就是沿着 $\bar{z}$ 轴方向，所以它在动轴上的分量等于 $Mg\gamma, Mg\gamma', Mg\gamma''$（其中 M 是物体的质量，g 是重力加速度），且

$$P = Mg(\gamma i + \gamma' j + \gamma'' k) \tag{4}$$

因此，对于力 P 的矩 L，便有表达式

$$L = \begin{vmatrix} i & j & k \\ x_0 & y_0 & z_0 \\ Mg\gamma & Mg\gamma' & Mg\gamma'' \end{vmatrix}$$
$$= i Mg(y_0\gamma'' - z_0\gamma') + j Mg(z_0\gamma - x_0\gamma'') +$$
$$k Mg(x_0\gamma' - y_0\gamma) \tag{5}$$

将所得的 $\dfrac{\mathrm{d}G}{\mathrm{d}t}$ 与 L 的值代入 §1 中的基本方程（9），并取各轴上的分量，则得下列三个基本方程

$$\begin{cases} A\dfrac{\mathrm{d}p}{\mathrm{d}t} + (C-B)qr = Mg(y_0\gamma'' - z_0\gamma') \\[2mm] B\dfrac{\mathrm{d}q}{\mathrm{d}t} + (A-C)rp = Mg(z_0\gamma - x_0\gamma'') \\[2mm] C\dfrac{\mathrm{d}r}{\mathrm{d}t} + (B-A)pq = Mg(x_0\gamma' - y_0\gamma) \end{cases} \tag{I}①$$

方程组（I）组成刚体绕不动点运动的第一组基本的动力学方程. 这组方程是欧拉发现的，叫作重刚体绕不动点运动的欧拉方程.

方程组（I）关于系数 A, B, C 与 Mg 是齐次的，将它们除以 Mg，便可以得到一组方程，它具有与 A, B, C 成比例的新系数

$$A_1 = \frac{A}{Mg}, \quad B_1 = \frac{B}{Mg}, \quad C_1 = \frac{C}{Mg}$$

因此，以后为了使方程简单化，我们往往假设 $Mg = 1$（选取适当的测量单位，也可以得到同样的结果）.

§5　重刚体绕不动点运动方程；第二组

在欧拉方程组（I）中，包含时间 t 的六个函数；物体的角速度在动轴上的投影 p, q, r，与不动轴 $\bar{z}$ 关于运动坐标系的方向余弦 $\gamma, \gamma', \gamma''$；常数 $A, B, C, M,$

---

①　本书所提及的方程组（I）均为此方程组.

x_0, y_0, z_0 决定物体质量关于所选坐标系的分布.

这样,要使问题确定,必须对已经导出的三个欧拉方程再添三个方程才行,这些方程可用如下的方式得出. 不动轴 $\bar{z}$ 上的基矢 $\bar{\boldsymbol{k}}$ 显然可以由动轴的基矢表出如下

$$\bar{\boldsymbol{k}} = \gamma \boldsymbol{i} + \gamma' \boldsymbol{j} + \gamma'' \boldsymbol{k} \tag{1}$$

因为基矢 $\bar{\boldsymbol{k}}$ 是不动的,所以

$$\frac{\mathrm{d}\bar{\boldsymbol{k}}}{\mathrm{d}t} = \boldsymbol{0} \tag{2}$$

另外,利用 §3 中的等式(4)得

$$\frac{\mathrm{d}\bar{\boldsymbol{k}}}{\mathrm{d}t} = \frac{\delta \bar{\boldsymbol{k}}}{\delta t} + \boldsymbol{\Omega} \times \bar{\boldsymbol{k}} \tag{3}$$

由方程(2),(3)即知

$$\frac{\delta \bar{\boldsymbol{k}}}{\delta t} = -\boldsymbol{\Omega} \times \bar{\boldsymbol{k}}$$

或者

$$\boldsymbol{i}\frac{\mathrm{d}\gamma}{\mathrm{d}t} + \boldsymbol{j}\frac{\mathrm{d}\gamma'}{\mathrm{d}t} + \boldsymbol{k}\frac{\mathrm{d}\gamma''}{\mathrm{d}t} = \begin{vmatrix} \boldsymbol{i} & \boldsymbol{j} & \boldsymbol{k} \\ \gamma & \gamma' & \gamma'' \\ p & q & r \end{vmatrix}$$

于是取各轴上的分量,即得刚体绕不动点运动的第二组基本动力学方程如下

$$\begin{cases} \dfrac{\mathrm{d}\gamma}{\mathrm{d}t} = r\gamma' - q\gamma'' \\[2mm] \dfrac{\mathrm{d}\gamma'}{\mathrm{d}t} = p\gamma'' - r\gamma \\[2mm] \dfrac{\mathrm{d}\gamma''}{\mathrm{d}t} = q\gamma - p\gamma' \end{cases} \tag{II}①$$

我们也可以引入两组与方程组(II)相仿的方程,事实上,设

$$\bar{\boldsymbol{i}} = \alpha \boldsymbol{i} + \alpha' \boldsymbol{j} + \alpha'' \boldsymbol{k}$$

又

$$\bar{\boldsymbol{j}} = \beta \boldsymbol{i} + \beta' \boldsymbol{j} + \beta'' \boldsymbol{k}$$

其中 $\alpha, \alpha', \alpha''$ 是基矢 $\bar{\boldsymbol{i}}$ 关于动轴的方向余弦,β, β', β'' 是基矢 $\bar{\boldsymbol{j}}$ 关于动轴的方向余弦,那么和上面一样,也有

———————————

① 本书所提及的方程组(II)均为此方程组.

7

$$\frac{\mathrm{d}\bar{\boldsymbol{i}}}{\mathrm{d}t}=0\ ,\qquad \frac{\mathrm{d}\bar{\boldsymbol{j}}}{\mathrm{d}t}=0$$

或者

$$\frac{\delta\bar{\boldsymbol{i}}}{\delta t}=-\boldsymbol{\Omega}\times\bar{\boldsymbol{i}}\ ,\qquad \frac{\delta\bar{\boldsymbol{j}}}{\delta t}=-\boldsymbol{\Omega}\times\bar{\boldsymbol{j}}$$

也就是说,我们得到

$$\begin{cases}\dfrac{\mathrm{d}\alpha}{\mathrm{d}t}=r\alpha'-q\alpha''\\[2mm]\dfrac{\mathrm{d}\alpha'}{\mathrm{d}t}=p\alpha''-r\alpha\\[2mm]\dfrac{\mathrm{d}\alpha''}{\mathrm{d}t}=q\alpha-p\alpha'\end{cases}\qquad(\text{II}')$$

与

$$\begin{cases}\dfrac{\mathrm{d}\beta}{\mathrm{d}t}=r\beta'-q\beta''\\[2mm]\dfrac{\mathrm{d}\beta'}{\mathrm{d}t}=p\beta''-r\beta\\[2mm]\dfrac{\mathrm{d}\beta''}{\mathrm{d}t}=q\beta-p\beta'\end{cases}\qquad(\text{II}'')$$

这样,要决定具有不动点的刚体的位置,只需要求方程组(Ⅰ),(Ⅱ)中六个方程的积分即可. 但在根据初值 $p_0,q_0,r_0,\gamma_0,\gamma_0',\gamma_0''$ 来求已知瞬间 t 下的值 $p,q,r,\gamma,\gamma',\gamma''$ 时,我们仅仅得到了五个任意常数,原因是第一积分(Ⅴ)(第12页)中的常数应该等于1,而作为初始数量我们可以取任意六个初始值,例如 p_0,q_0,r_0 与决定物体位置的三个欧拉角,易于证明,出现这种问题的原因是:要将问题完全解决,除了求方程组(Ⅰ),(Ⅱ)中六个方程的积分,必须还要取一个定积分.

为了说明这一点,我们首先将 γ,γ',γ'' 用决定物体位置的欧拉角表出. 设 $\bar{x},\bar{y},\bar{z}$ 为不动轴,x,y,z 为附着于运动物体上的轴(图 2(a)),则直线 OA 便是平面 $\bar{x}O\bar{y}$ 与 xOy 的交口,也就是节线,$\angle\bar{x}OA=\psi$,$\angle AOx=\varphi$,$\angle zO\bar{z}=\vartheta$ 为欧拉角,精确地说,ψ 是进动角,ϑ 是章动角,φ 是本征旋转角.

欲将 γ,γ',γ'' 用欧拉角表出,可以由 O 作单位半径的球面来考虑球面 $\triangle ABD$ 和球面 $\triangle ACD$(图 2(b),(c)). 对这两个球面三角形应用球面三角的余弦公式,也就是关系式

$$\cos A=\cos B\cos C+\sin B\sin C\cos A$$

则得

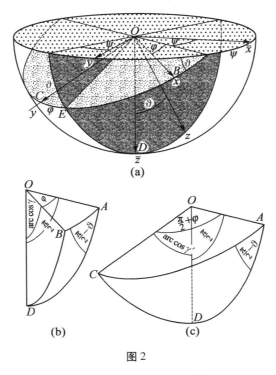

图 2

$$\cos \widehat{BD} = \cos \widehat{AB}\cos \widehat{AD} + \sin \widehat{AB}\sin \widehat{AD}\cos \angle BAD$$

又

$$\cos \widehat{CD} = \cos \widehat{AC}\cos \widehat{AD} + \sin \widehat{AC}\sin \widehat{AD}\cos \angle CAD$$

但

$$\cos \widehat{BD} = \gamma, \quad \widehat{AB} = \varphi, \quad \widehat{AD} = \frac{\pi}{2}$$

$$\cos \widehat{CD} = \gamma', \quad \widehat{AC} = \widehat{AB} + \widehat{BC} = \varphi + \frac{\pi}{2}$$

$$\angle BAD = \angle CAD = \widehat{ED} = \frac{\pi}{2} - \vartheta$$

故有

$$\gamma = \sin \varphi \sin \vartheta \tag{4}$$
$$\gamma' = \cos \varphi \sin \vartheta \tag{5}$$

又

$$\gamma'' = \cos \vartheta \tag{6}$$

由方程(4),(5)得

$$\varphi = \arctan \frac{\gamma}{\gamma'} \tag{7}$$

9

又由式(6)得

$$\vartheta = \arccos \gamma'' \qquad (8)$$

在上述公式中不含进动角 ψ，要找角 ψ，可以注意，$\dfrac{\mathrm{d}\vartheta}{\mathrm{d}t}$，$\dfrac{\mathrm{d}\psi}{\mathrm{d}t}$，$\dfrac{\mathrm{d}\varphi}{\mathrm{d}t}$ 分别为物体的角速度在 OA 轴(也就是节线)、$\bar z$ 轴与 z 轴上的分量的代数值. 将角速度投影到 $\bar z$ 轴上，则得 r. 于是

$$r = \frac{\mathrm{d}\varphi}{\mathrm{d}t} + \frac{\mathrm{d}\vartheta}{\mathrm{d}t}\cos\angle AO\,\bar x + \frac{\mathrm{d}\psi}{\mathrm{d}t}\cos\angle zO\,\bar z$$

但

$$\angle AO\,\bar x = \frac{\pi}{2}, \quad \cos\angle zO\,\bar z = \gamma''$$

故

$$r = \frac{\mathrm{d}\varphi}{\mathrm{d}t} + \frac{\mathrm{d}\psi}{\mathrm{d}t}\gamma''$$

从而利用关系式(7)即得

$$\frac{\mathrm{d}\psi}{\mathrm{d}t} = \frac{1}{\gamma''}\left(r - \frac{\dfrac{\mathrm{d}\gamma}{\mathrm{d}t}\gamma' - \dfrac{\mathrm{d}\gamma'}{\mathrm{d}t}\gamma}{\gamma^2 + \gamma'^2} \right) \qquad (9)$$

由此用积分法便得到第三个欧拉角 ψ.

这样，重刚体绕不动点运动的问题的解法，便归结于方程组(Ⅰ),(Ⅱ)的积分法与式(9)的求积.

本书专门讨论解这个问题时所得到的结果. 以后我们可以看到在现代的数学分析中还没有这样的工具，使得能够完全地解决这个问题. 这里主要的困难是方程组(Ⅰ),(Ⅱ)的解法，因为从解析的观点看来，式(9)的求积并无困难，例如，它总可以用级数展开法来求出.

18 世纪和 19 世纪中有很多的学者都曾致力于方程组(Ⅰ),(Ⅱ)的积分法问题，如欧拉、拉格朗日、泊松、雅可比等. 这个古典问题的解法的最重要的进展可以归功于 C. B. 柯瓦列夫斯卡雅. 她所得到的结果利用了复变函数论，在周知的意义下，她能将以前的人所得的结果融汇起来.

本书也推演了复变函数论的方法，这些方法在解这个古典的力学问题时将会用到.

§6 刚体绕不动点运动方程的第一积分

要完全积分刚体绕不动点的一组六个运动方程，只需要找到六个独立的积分即可. 不难看出，由力学的论证容易得到两个积分，又由几何的论证可以得出

另一个积分.

事实上,用 T 代表物体的动能,并将重心的运动定理应用到所讨论的情形中,则得

$$dT = Mg d\bar{z}_0$$

其中 $\bar{z}_0$ 是重心在不动坐标系内的坐标. 由此可得第一积分

$$T = Mg\bar{z}_0 + C$$

但

$$T = \frac{1}{2}\iiint_\tau \boldsymbol{v}^2 dm = \frac{1}{2}\iiint_\tau \rho v^2 d\tau = \frac{1}{2}\iiint_\tau \rho[\boldsymbol{\Omega}\times\boldsymbol{r}]^2 d\tau \qquad (1)$$

且

$$\boldsymbol{\Omega}\times\boldsymbol{r} = \begin{vmatrix} \boldsymbol{i} & \boldsymbol{j} & \boldsymbol{k} \\ p & q & r \\ x & y & z \end{vmatrix}$$

$$= \boldsymbol{i}(qz-ry) + \boldsymbol{j}(rx-pz) + \boldsymbol{k}(py-qx)$$

故

$$T = \frac{1}{2}\iiint_\tau \rho[(qz-ry)^2 + (rx-pz)^2 + (py-qx)^2] d\tau$$

倘若将物体置于动坐标系内,使坐标轴沿惯性主轴方向,则

$$T = \frac{1}{2}\iiint_\tau [p^2(y^2+z^2) + q^2(z^2+x^2) + r^2(x^2+y^2)]\rho d\tau$$

或者

$$T = \frac{1}{2}(Ap^2 + Bq^2 + Cr^2)$$

因为

$$\bar{z}_0 = x_0\gamma + y_0\gamma' + z_0\gamma''$$

所以有如下第一积分

$$Ap^2 + Bq^2 + Cr^2 = 2Mg(x_0\gamma + y_0\gamma' + z_0\gamma'') + C_1 \qquad (\text{III})^{①}$$

这个积分便代表动能定理.

第二个积分由下面的论证得出,作用于物体上的力是竖直向下的,也就是沿着 z 轴方向. 因此,这个力关于 $\bar{z}$ 轴的力矩等于零,从而关于 $\bar{z}$ 轴的动量矩便是常数.

按照 §2 的公式(6),动量矩可以表示为

$$\boldsymbol{G} = Ap\boldsymbol{i} + Bq\boldsymbol{j} + Cr\boldsymbol{k}$$

---

① 本书所提及的积分式(Ⅲ)均为此积分式.

11

于是关于不动轴$\bar{z}$的动量矩便可以写成

$$\boldsymbol{G} \cdot \bar{\boldsymbol{k}} = (Ap\boldsymbol{i}+Bq\boldsymbol{j}+Cr\boldsymbol{k}) \cdot (\gamma\boldsymbol{i}+\gamma'\boldsymbol{j}+\gamma''\boldsymbol{k})$$
$$= Ap\gamma+Bq\gamma'+Cr\gamma''$$

这样,又得到了一个第一积分

$$Ap\gamma+Bq\gamma'+Cr\gamma'' = C_2 \qquad\qquad (\text{IV})①$$

最后,因为γ,γ',γ''是基矢$\bar{\boldsymbol{k}}$的方向余弦,所以又有方程的一个积分

$$\gamma^2+\gamma'^2+\gamma''^2 = 1 \qquad\qquad (\text{V})②$$

第一积分(III),(IV),(V)也容易由方程组(I),(II)直接得出来. 事实上,将方程组(I)分别乘以p,q,r再相加,则得

$$Ap\frac{\mathrm{d}p}{\mathrm{d}t}+Bq\frac{\mathrm{d}q}{\mathrm{d}t}+Cr\frac{\mathrm{d}r}{\mathrm{d}t}+[(C-B)+(A-C)+(B-A)]pqr$$
$$= Mg[x_0(r\gamma'-q\gamma'')+y_0(p\gamma''-r\gamma)+z_0(q\gamma-p\gamma')]$$

或者利用方程组(II),得

$$Ap\frac{\mathrm{d}p}{\mathrm{d}t}+Bq\frac{\mathrm{d}q}{\mathrm{d}t}+Cr\frac{\mathrm{d}r}{\mathrm{d}t} = Mg\left(x_0\frac{\mathrm{d}\gamma}{\mathrm{d}t}+y_0\frac{\mathrm{d}\gamma'}{\mathrm{d}t}+z_0\frac{\mathrm{d}\gamma''}{\mathrm{d}t}\right)$$

从而即得第一积分(III)

$$Ap^2+Bq^2+Cr^2 = 2Mg(x_0\gamma+y_0\gamma'+z_0\gamma'')+C_1$$

同样地,将方程组(I)分别乘以γ,γ',γ'',又将方程组(II)分别乘以Ap,Bq,Cr,再将所有六个方程相加,即得

$$A\frac{\mathrm{d}}{\mathrm{d}t}(p\gamma)+B\frac{\mathrm{d}}{\mathrm{d}t}(q\gamma')+C\frac{\mathrm{d}}{\mathrm{d}t}(r\gamma'')+[(C-B)qr\gamma+(A-C)rp\gamma'+$$
$$(B-A)pq\gamma''-Ap(r\gamma'-q\gamma'')-Bq(p\gamma''-r\gamma)-Cr(q\gamma-p\gamma')]$$
$$= Mg[\gamma(y_0\gamma''-z_0\gamma')+\gamma'(z_0\gamma-x_0\gamma'')+\gamma''(x_0\gamma'-y_0\gamma)]$$

或者

$$A\frac{\mathrm{d}}{\mathrm{d}t}p\gamma+B\frac{\mathrm{d}}{\mathrm{d}t}q\gamma'+C\frac{\mathrm{d}}{\mathrm{d}t}r\gamma'' = 0$$

由此即得第一积分(IV)

$$Ap\gamma+Bq\gamma'+Cr\gamma'' = C_2$$

同样地,将方程组(II)分别乘以γ,γ',γ''再相加,则得

$$\gamma\frac{\mathrm{d}\gamma}{\mathrm{d}t}+\gamma'\frac{\mathrm{d}\gamma'}{\mathrm{d}t}+\gamma''\frac{\mathrm{d}\gamma''}{\mathrm{d}t} = \gamma(r\gamma'-q\gamma'')+\gamma'(p\gamma''-r\gamma)+\gamma''(q\gamma-p\gamma')$$

或者

---

① 本书所提及的积分式(IV)均为此积分式.
② 本书所提及的积分式(V)均为此积分式.

运动方程的积分方法

$$\gamma\frac{\mathrm{d}\gamma}{\mathrm{d}t}+\gamma'\frac{\mathrm{d}\gamma'}{\mathrm{d}t}+\gamma''\frac{\mathrm{d}\gamma''}{\mathrm{d}t}=0$$

由此,考虑到任意常数的意义,便得出第一积分(Ⅴ)

$$\gamma^2+\gamma'^2+\gamma''^2=1$$

上述三个第一积分,便是在一般情形下由力学的论证所能得到的一切积分.

§7 呈赫斯形式的欧拉方程;赫斯方程

将运动方程组的三个积分写成下面的形式

$$\begin{cases}\gamma^2+\gamma'^2+\gamma''^2=1\\Ap\gamma+Bq\gamma'+Cr\gamma''=C_2\\x_0\gamma+y_0\gamma'+z_0\gamma''=\dfrac{Ap^2+Bq^2+Cr^2-C_1}{2Mg}=\mu\end{cases}\tag{1}$$

根据这三个方程,可以用 p,q,r 决定函数 γ,γ',γ'';将这样所得的 γ,γ',γ'' 的表达式代入方程组(Ⅰ),则六个运动方程便化为具有三个未知函数的三个方程. 欧拉方程的这种变换最初是赫斯[①]所给出的,其后希弗(Щифф)[②]又用稍稍不同的形式给出.

当一个方程的左边是未知量的二次形式,并且化成了经典的式样,而其余两个方程的左边是一次形式时,这种变换是根据方程组的一种非常对称的解法得出的.

现在只讲三个未知量的情形,考虑如下形式的方程组

$$\begin{cases}x^2+y^2+z^2=l\\a_1x+a_2y+a_3z=a\\b_1x+b_2y+b_3z=b\end{cases}\tag{2}$$

设行列式

$$W=\begin{vmatrix}x&y&z\\a_1&a_2&a_3\\b_1&b_2&b_3\end{vmatrix}\tag{3}$$

并引用记号

---

① Hess W. 的著作 *Über die Eulerschen Bewegungsgleichungen und über eine neue particuläre Lösung des Problems der Bewegung eines starren Körpers um einem festen Punkt.* ,1890 年.

② Щифф П. 的著作《Об уравнениях движения тяжелого твердого тела, имеющего неподвижную точку》,1903 年.

$$\begin{cases} (aa) = a_1^2 + a_2^2 + a_3^2 \\ (ab) = a_1 b_1 + a_2 b_2 + a_3 b_3 \\ (bb) = b_1^2 + b_2^2 + b_3^2 \end{cases} \tag{4}$$

则得

$$H = W^2 = \begin{vmatrix} l & a & b \\ a & (aa) & (ab) \\ b & (ab) & (bb) \end{vmatrix} \tag{5}$$

将 H 对 x, y, z 微分,便得到方程组

$$\begin{cases} 2\dfrac{\partial H}{\partial l} x + \dfrac{\partial H}{\partial a} a_1 + \dfrac{\partial H}{\partial b} b_1 = 2W\dfrac{\partial W}{\partial x} \\ 2\dfrac{\partial H}{\partial l} y + \dfrac{\partial H}{\partial a} a_2 + \dfrac{\partial H}{\partial b} b_2 = 2W\dfrac{\partial W}{\partial y} \\ 2\dfrac{\partial H}{\partial l} z + \dfrac{\partial H}{\partial a} a_3 + \dfrac{\partial H}{\partial b} b_3 = 2W\dfrac{\partial W}{\partial z} \end{cases} \tag{6}$$

又因为行列式 W 中关于第一行元素的余因子显然是 $\dfrac{\partial W}{\partial x}, \dfrac{\partial W}{\partial y}, \dfrac{\partial W}{\partial z}$,所以有如下的恒等式组

$$\begin{cases} W = \dfrac{\partial W}{\partial x} x + \dfrac{\partial W}{\partial y} y + \dfrac{\partial W}{\partial z} z \\ 0 = \dfrac{\partial W}{\partial x} a_1 + \dfrac{\partial W}{\partial y} a_2 + \dfrac{\partial W}{\partial z} a_3 \\ 0 = \dfrac{\partial W}{\partial x} b_1 + \dfrac{\partial W}{\partial y} b_2 + \dfrac{\partial W}{\partial z} b_3 \end{cases} \tag{7}$$

将方程组(6)分别乘以 x, y, z 再相加,同样地,将各式乘以 a_1, a_2, a_3 再相加,又将它们分别乘以 b_1, b_2, b_3 再相加,则得方程组

$$\begin{cases} 2\dfrac{\partial H}{\partial l} l + \dfrac{\partial H}{\partial a} a + \dfrac{\partial H}{\partial b} b = 2W^2 = 2H \\ 2\dfrac{\partial H}{\partial l} a + \dfrac{\partial H}{\partial a} (aa) + \dfrac{\partial H}{\partial b} (ab) = 0 \\ 2\dfrac{\partial H}{\partial l} b + \dfrac{\partial H}{\partial a} (ab) + \dfrac{\partial H}{\partial b} (bb) = 0 \end{cases} \tag{8}$$

用 H_l, H_a, H_b 代表行列式 H 中关于第一行元素的余因子,又用 $H_l' = H_l, H_a', H_b'$ 代表 H 中关于第一列元素的余因子,并注意到将行和列对调后 H 不变,则得 H 按第一行元素与第一列元素的分解式如下

$$H = H_l l + H_a a + H_b b \tag{9}$$

$$H = H_l l + H_a' a + H_b' b \tag{10}$$

由行列式 H 关于主对角线的对称性可知

$$H'_a = H_a, \quad H'_b = H_b \tag{11}$$

将等式(9),(10)相加,并利用式(11),则得

$$2H = 2H_l l + 2H_a a + 2H_b b \tag{12}$$

比较式(12)与方程组(8),即有

$$2H_l l + 2H_a a + 2H_b b = 2\frac{\partial H}{\partial l}l + \frac{\partial H}{\partial a}a + \frac{\partial H}{\partial b}b$$

从而

$$\frac{\partial H}{\partial l} = H_l, \quad \frac{\partial H}{\partial a} = 2H_a, \quad \frac{\partial H}{\partial b} = 2H_b \tag{13}$$

上面导出来的公式便解决了所提出的问题,事实上,根据方程组(6),利用式(13)即得

$$2H_l x = 2\sqrt{H}\,W_1 - 2H_a a_1 - 2H_b b_1$$

或者,同样也有

$$\begin{cases} H_l x = \sqrt{H}\,W_1 - H_a a_1 - H_b b_1 \\ H_l y = \sqrt{H}\,W_2 - H_a a_2 - H_b b_2 \\ H_l z = \sqrt{H}\,W_3 - H_a a_3 - H_b b_3 \end{cases} \tag{14}$$

其中 W_1, W_2, W_3 是行列式 W 里面关于第一行元素的余因子,也就是说

$$W_1 = a_2 b_3 - a_3 b_2$$

等.

所得的结果显然容易推广到与方程组(2)相仿的具有任意个式子的方程组.

将上述方法应用到方程组(1),便得到行列式 W 与 $H = W^2$ 的表达式,如下

$$W = \begin{vmatrix} \gamma & \gamma' & \gamma'' \\ Ap & Bq & Cr \\ x_0 & y_0 & z_0 \end{vmatrix}$$

又

$$H = W^2 = \begin{vmatrix} 1 & C_2 & \mu \\ C_2 & \upsilon & \rho \\ \mu & \rho & \delta^2 \end{vmatrix}$$

其中

$$\upsilon = A^2 p^2 + B^2 q^2 + C^2 r^2$$
$$\rho = Apx_0 + Bqy_0 + Crz_0$$
$$\delta^2 = x_0^2 + y_0^2 + z_0^2$$

由此可得

$$\begin{cases} H_1 = \upsilon\delta^2 - \rho^2, \quad H_{C_2} = \rho\mu - C_2\delta^2, \quad H_\mu = C_2\rho - \upsilon\mu \\ W_1 = Bqz_0 - Cry_0, \quad W_2 = Crx_0 - Apz_0, \quad W_3 = Apy_0 - Bqx_0 \end{cases} \tag{15}$$

于是应用方程组（14）即得

$$\begin{cases} H_1\gamma = \sqrt{H}\,(Bqz_0 - Cry_0) - Ap(\rho\mu - C_2\delta^2) - (C_2\rho - \upsilon\mu)x_0 \\ H_1\gamma' = \sqrt{H}\,(Crx_0 - Apz_0) - Bq(\rho\mu - C_2\delta^2) - (C_2\rho - \upsilon\mu)y_0 \\ H_1\gamma'' = \sqrt{H}\,(Apy_0 - Bqx_0) - Cr(\rho\mu - C_2\delta^2) - (C_2\rho - \upsilon\mu)z_0 \end{cases} \tag{16}$$

将求得的值代入欧拉方程,则有

$$A\,\frac{\mathrm{d}p}{\mathrm{d}t} = (B-C)\,qr + \frac{Mg}{H_1}\Big\{\sqrt{H}\,[\,y_0(Apy_0 - Bqx_0) -$$
$$z_0(Crx_0 - Apz_0)\,] - (\rho\mu - C_2\delta^2)(Cry_0 - Bqz_0) -$$
$$(C_2\rho - \upsilon\mu)(z_0y_0 - y_0z_0)\Big\}$$

或者

$$A\,\frac{\mathrm{d}p}{\mathrm{d}t} = (B-C)\,qr + \frac{Mg}{H_1}\big[\,\sqrt{H}\,(Ap\delta^2 - x_0\rho) - (C_2\delta^2 - \mu\rho)\,W_1\,\big] \tag{17}$$

同样可得其余两个方程

$$B\,\frac{\mathrm{d}q}{\mathrm{d}t} = (C-A)\,rp + \frac{Mg}{H_1}\big[\,\sqrt{H}\,(Bq\delta^2 - y_0\rho) - (C_2\delta^2 - \mu\rho)\,W_2\,\big] \tag{17'}$$

$$C\,\frac{\mathrm{d}r}{\mathrm{d}t} = (A-B)\,pq + \frac{Mg}{H_1}\big[\,\sqrt{H}\,(Cr\delta^2 - z_0\rho) - (C_2\delta^2 - \mu\rho)\,W_3\,\big] \tag{17''}$$

这就是呈赫斯形式的欧拉方程组.

呈赫斯形式的欧拉方程组并不含六个方程,而只含三个,但欧拉–赫斯方程(17),(17'),(17'')显然比欧拉的原有方程要复杂得多. 我们可以在这个方向再进一步,引入由 p,q,r 形成的三个新函数 F_1,F_2,F_3 来代替 p,q,r,得

$$F_1 = F_1(p,q,r)$$

等.

倘若此时函数 F_1,F_2,F_3 满足相当简单且对称的方程(当然是欧拉方程的推论),并且此外还有 F_1,F_2,F_3 作为时间函数的表达式

$$\begin{cases} F_1(p,q,r) = f_1(t) \\ F_2(p,q,r) = f_2(t) \\ F_3(p,q,r) = f_3(t) \end{cases} \tag{18}$$

我们便总能确定 p,q,r 的值,从而此时的欧拉方程当然可以用函数 F_1,F_2,F_3 的一组三个方程来代替. 赫斯做出了方程的这种变换,并且他用下列表达式作为未知函数

$$\upsilon = A^2p^2 + B^2q^2 + C^2r^2 \tag{19}$$

运动方程的积分方法

$$\mu = x_0\gamma + y_0\gamma' + z_0\gamma'' = \frac{Ap^2 + Bq^2 + Cr^2 - C_1}{2Mg} \tag{20}$$

$$\rho = Apx_0 + Bqy_0 + Crz_0 \tag{21}$$

此外,在方程中还包含了表达式

$$\begin{cases} \tau = p^2 + q^2 + r^2 \\ \sigma = px_0 + qy_0 + rz_0 \end{cases} \tag{22}$$

假定由方程(19),(20),(21)可以找出 p,q,r——它们当然可用 υ,μ,ρ 及常系数表出. 那么将所得的值代入方程组(22),便得到 τ,σ 用 υ,μ,ρ 表出的式子.

现在作 υ,μ,ρ 所满足的微分方程.

将欧拉方程组(I)分别乘以 Ap,Bq,Cr 再相加,则得

$$\frac{1}{2}\frac{\mathrm{d}}{\mathrm{d}t}(A^2p^2 + B^2q^2 + C^2r^2) = Mg[Ap(y_0\gamma'' - z_0\gamma') + $$
$$Bq(z_0\gamma - x_0\gamma'') + Cr(x_0\gamma' - y_0\gamma)]$$

或者

$$\frac{1}{2Mg}\frac{\mathrm{d}\upsilon}{\mathrm{d}t} = \begin{vmatrix} Ap & Bq & Cr \\ x_0 & y_0 & z_0 \\ \gamma & \gamma' & \gamma'' \end{vmatrix} = W = \sqrt{H} \tag{23}$$

同样地,将方程组(I)分别乘以 x_0,y_0,z_0 再相加,则得

$$\frac{\mathrm{d}}{\mathrm{d}t}(Apx_0 + Bqy_0 + Crz_0) = [(Bqr - Crq)x_0 + (Crp - Apr)y_0 + (Apq - Bqp)z_0]$$

或者

$$\frac{\mathrm{d}\rho}{\mathrm{d}t} = \begin{vmatrix} x_0 & y_0 & z_0 \\ Ap & Bq & Cr \\ p & q & r \end{vmatrix} \tag{24}$$

最后,将欧拉方程组(II)分别乘以 x_0,y_0,z_0 再相加,则得

$$\frac{\mathrm{d}}{\mathrm{d}t}(\gamma x_0 + \gamma'y_0 + \gamma''z_0) = x_0(r\gamma' - q\gamma'') + y_0(p\gamma'' - r\gamma) + z_0(q\gamma - p\gamma')$$

或者

$$\frac{\mathrm{d}\mu}{\mathrm{d}t} = \begin{vmatrix} x_0 & y_0 & z_0 \\ \gamma & \gamma' & \gamma'' \\ p & q & r \end{vmatrix} \tag{25}$$

我们现在必须将所有这些方程如此变化,使它们仅仅包含变量 $\upsilon,\mu,\rho,\tau,\sigma$. 为此,可将方程(23)与(24)取平方,则得赫斯的前两个方程

$$\left(\frac{1}{2Mg}\frac{\mathrm{d}\upsilon}{\mathrm{d}t}\right)^2 = \begin{vmatrix} \delta^2 & \mu & \rho \\ \mu & 1 & C_2 \\ \rho & C_2 & \upsilon \end{vmatrix} \tag{26}$$

17

又

$$\left(\frac{\mathrm{d}\rho}{\mathrm{d}t}\right)^2 = \begin{vmatrix} \delta^2 & \rho & \sigma \\ \rho & v & \mu_1 \\ \sigma & \mu_1 & \tau \end{vmatrix} \tag{27}$$

其中

$$\delta^2 = x_0^2 + y_0^2 + z_0^2$$
$$\mu_1 = Ap^2 + Bq^2 + Cr^2$$

C_2 是包含在第一积分

$$Ap\gamma + Bq\gamma' + Cr\gamma'' = C_2$$

中的常数. 我们还要注意, μ_1 与 μ 有简单的关系; 事实上, 由表达动能定理的第一积分可知

$$Ap^2 + Bq^2 + Cr^2 = 2Mg(x_0\gamma + y_0\gamma' + z_0\gamma'') + C_1$$

利用记号(20)可将此式重写为

$$\mu_1 = 2Mg\mu + C_1 \tag{28}$$

方程(26),(27)便是赫斯的前两个方程.

欲得赫斯的第三个方程, 可将上面由方程组(16)所得的 γ,γ',γ'' 的表达式代入方程(25), 此时即有

$$(v\delta^2 - \rho^2)\frac{\mathrm{d}\mu}{\mathrm{d}t} = \sqrt{H} \begin{vmatrix} x_0 & y_0 & z_0 \\ Bqz_0 - Cry_0 & Crx_0 - Apz_0 & Apy_0 - Bqx_0 \\ p & q & r \end{vmatrix} +$$

$$(C_2\delta^2 - \rho\mu) \begin{vmatrix} x_0 & y_0 & z_0 \\ Ap & Bq & Cr \\ p & q & r \end{vmatrix} + (v\mu - C_2\rho) \begin{vmatrix} x_0 & y_0 & z_0 \\ Ap & Bq & Cr \\ p & q & r \end{vmatrix} \tag{29}$$

变换表达式

$$\begin{vmatrix} x_0 & y_0 & z_0 \\ Bqz_0 - Cry_0 & Crx_0 - Apz_0 & Apy_0 - Bqx_0 \\ p & q & r \end{vmatrix}$$

$$= x_0(Cr^2x_0 - Aprz_0 - Apqy_0 + Bq^2x_0) +$$
$$y_0(Ap^2y_0 - Bpqx_0 - Bqrz_0 + Cr^2y_0) +$$
$$z_0(Bq^2z_0 - Cqry_0 - Crpx_0 + Ap^2z_0)$$
$$= Ap^2(y_0^2 + z_0^2) + Bq^2(x_0^2 + z_0^2) + Cr^2(x_0^2 + y_0^2) -$$
$$Aprz_0x_0 - Apqx_0y_0 - Bpqx_0y_0 - Bqrz_0y_0 - Cqry_0z_0 - Crpx_0z_0$$
$$= (Ap^2 + Bq^2 + Cr^2)\delta^2 - Apx_0(px_0 + rz_0 + qy_0) -$$
$$Bqy_0(px_0 + qy_0 + rz_0) - Crz_0(px_0 + qy_0 + rz_0)$$

$$= \mu_1 \delta^2 - \rho\sigma$$

将所得的值代入方程(25),则有

$$(\upsilon\delta^2 - \rho^2)\frac{\mathrm{d}\mu}{\mathrm{d}t} = (\mu_1\delta^2 - \rho\sigma)\frac{1}{2Mg}\frac{\mathrm{d}\upsilon}{\mathrm{d}t} + (C_2\delta^2 - \mu\rho)\frac{\mathrm{d}\rho}{\mathrm{d}t} \tag{30}$$

方程(26),(27),(30)便组成了刚体绕不动点运动方程的赫斯形式.

初看起来,方程(26),(27),(30)似乎具有相当简单且对称的形式,但实际上并不如此,我们不要忘记,在这些方程中必须将 σ,τ 代入 μ,υ,ρ 的表达式,而此种表达式是非常复杂的.

在一般情形下,由赫斯的三个方程的积分法显然可以完全解决欧拉方程的求积问题. 事实上,倘若 μ,υ,ρ 能够表示为时间的显函数,则由方程(19),(20),(21)即可找出 p,q,r 为时间的显函数,再由方程组(16)便可以得到 γ, γ',γ''.

但这里也有一种可能的情形,由赫斯方程的解答并不能得出欧拉方程的解答. 事实上可能有这种情形发生,由于系数间的相互关系使得由方程(19),(20),(21)不能找出 p,q,r,因此不解微分方程而想求出 γ,γ',γ'' 是不可能的;例如,当 $\rho=0$ 且重心的一个坐标等于零,其余两个坐标之间有包含系数 A,B,C 的某种关系时,便是这种情形①.

赫斯的研究与以前雅可比在方程组的积分理论中所用的非常普遍的方法很相近,雅可比的研究构成了下面各节的内容.

§8 关于第一积分的个数的注解

像上面所指出的,在一般情形下,呈欧拉形式的运动方程组具有三个已知的第一积分,这些积分由力学的与几何的论证得出. 要积分方程组(Ⅰ)与方程组(Ⅱ)中的六个方程,在一般情形下必须还要有三个第一积分.

但由方程组(Ⅰ),(Ⅱ)与第一积分式(Ⅲ),(Ⅳ),(Ⅴ)的特性,我们可以证明,要将方程组(Ⅰ),(Ⅱ)完全积分,并不需要找出三个与积分式(Ⅲ),(Ⅳ),(Ⅴ)独立的积分,而只要找出一个(第四个)积分就行了. 由此便可以看出来,重刚体绕不动点的运动方程的第四个积分的求法是何等重要;研究重刚体绕不动点运动的学者的研究工作大多数是从这个问题的解法开始的.

首先我们易于证明,方程组(Ⅰ),(Ⅱ)中的六个方程,可以用一组五个方程来代替,原因是方程中不明显地包含时间 t.

事实上,问题的基本方程组

---

① 我们将在本书第八章§2详论此种情形.

$$\begin{cases} A\dfrac{\mathrm{d}p}{\mathrm{d}t} = -(C-B)qr + Mg(y_0\gamma'' - z_0\gamma') \\[2mm] B\dfrac{\mathrm{d}q}{\mathrm{d}t} = -(A-C)rp + Mg(z_0\gamma - x_0\gamma'') \\[2mm] C\dfrac{\mathrm{d}r}{\mathrm{d}t} = -(B-A)pq + Mg(x_0\gamma' - y_0\gamma) \end{cases} \quad (\text{I})$$

$$\begin{cases} \dfrac{\mathrm{d}\gamma}{\mathrm{d}t} = r\gamma' - q\gamma'' \\[2mm] \dfrac{\mathrm{d}\gamma'}{\mathrm{d}t} = p\gamma'' - r\gamma \\[2mm] \dfrac{\mathrm{d}\gamma''}{\mathrm{d}t} = q\gamma - p\gamma' \end{cases} \quad (\text{II})$$

可以写成下面的形式

$$\frac{\mathrm{d}p}{P} = \frac{\mathrm{d}q}{Q} = \frac{\mathrm{d}r}{R} = \frac{\mathrm{d}\gamma}{\Gamma} = \frac{\mathrm{d}\gamma'}{\Gamma'} = \frac{\mathrm{d}\gamma''}{\Gamma''} = \mathrm{d}t \tag{1}$$

其中

$$\begin{cases} AP = -(C-B)qr + Mg(y_0\gamma'' - z_0\gamma') \\ BQ = -(A-C)rp + Mg(z_0\gamma - x_0\gamma'') \\ CR = -(B-A)pq + Mg(x_0\gamma' - y_0\gamma) \\ \Gamma = r\gamma' - q\gamma'' \\ \Gamma' = p\gamma'' - r\gamma \\ \Gamma'' = q\gamma - p\gamma' \end{cases} \tag{2}$$

但 $P,Q,R,\Gamma,\Gamma',\Gamma''$ 中不含 t，故方程组（1）可以用一组五个方程来代替

$$\frac{\mathrm{d}p}{P} = \frac{\mathrm{d}q}{Q} = \frac{\mathrm{d}r}{R} = \frac{\mathrm{d}\gamma}{\Gamma} = \frac{\mathrm{d}\gamma'}{\Gamma'} = \frac{\mathrm{d}\gamma''}{\Gamma''} \tag{3}$$

倘若能够将方程组（3）积分，那么在积分方程组（1）时只需再添一个求积运算即可. 事实上，由方程组（3）的积分法能将变量 $q,r,\gamma,\gamma',\gamma''$ 表示为变量 p 的函数. 此时由方程组（1）即得

$$\mathrm{d}t = \frac{\mathrm{d}p}{P} \tag{4}$$

q,r,γ',γ'' 都是 p 的函数，所以 P 也是 p 的函数，即 $P=f(p)$. 因此，由方程（4）便得到了

$$t = \int \frac{\mathrm{d}p}{f(p)} = F(p) \tag{5}$$

由式（5）将 p 用 t 表出，并将所得 p 的表达式代入 $q,r,\cdots,\gamma''$ 中，便得到了变量 $q,r,\cdots,\gamma''$ 为 t 的函数，也就是得到了方程组（3）或者方程组（I），（II）的积分.

这样,要将方程组(Ⅰ),(Ⅱ)完全积分,只需要先积分方程组(3),再实施求积法[式(5)]即可.

要积分方程组(3)中的五个方程,只需找出这组方程的五个第一积分

$$f_k(p,q,r,\gamma,\gamma',\gamma'')=C_k \quad (k=1,2,3,4,5)$$

或者找出方程组(Ⅰ),(Ⅱ)的五个不包括 t 的积分也可以. 但积分式(Ⅲ),(Ⅳ),(Ⅴ)给出了三个这种形式的积分,所以只需再找出两个不含 t 的积分,便可以将方程组(Ⅰ),(Ⅱ)完全积分.

表达式 $P,Q,R,\Gamma,\Gamma',\Gamma''$ 还有一个奇特的性质:P 不含 p,Q 不含 q,等等,从而

$$\frac{\partial P}{\partial p}=\frac{\partial Q}{\partial q}=\frac{\partial R}{\partial r}=\frac{\partial \Gamma}{\partial \gamma}=\frac{\partial \Gamma'}{\partial \gamma'}=\frac{\partial \Gamma''}{\partial \gamma''}=0$$

因此,当然也有

$$\frac{\partial P}{\partial p}+\frac{\partial Q}{\partial q}+\frac{\partial R}{\partial r}+\frac{\partial \Gamma}{\partial \gamma}+\frac{\partial \Gamma'}{\partial \gamma'}+\frac{\partial \Gamma''}{\partial \gamma''}=0 \tag{6}$$

在这一条件下,如果知道了方程组(3)的第四个第一积分,那么便可以利用某个平常的全微分方程的积分法再找出一个方程组(3)的第一积分来,我们知道,全微分方程的解法可以用求积法来完成. 于是,要将方程组(3)或者方程组(Ⅰ),(Ⅱ)完全积分,显然只需找出这组方程的一个(第四个)积分,使它不含 t,而且与积分式(Ⅲ),(Ⅳ),(Ⅴ)不相同即可. 这个美妙的结果就是所谓微分方程组的后添因子理论的推论.

§9　后添因子理论;两个方程的情形

现在开始讲述积分因子理论,这种理论是欧拉所引入的,对于以后整个讨论都有用处.

设有如下形式的方程

$$\frac{\mathrm{d}x}{X}=\frac{\mathrm{d}y}{Y} \tag{1}$$

其中 X,Y 都是 x,y 的函数. 倘若我们找到了它的积分

$$f(x,y)=C \tag{2}$$

那么由方程(2)便可以推出

$$\frac{\partial f}{\partial x}\mathrm{d}x+\frac{\partial f}{\partial y}\mathrm{d}y=0 \tag{3}$$

从而由方程(1),(3)即得

$$\frac{\partial f}{\partial y}:X=-\frac{\partial f}{\partial x}:Y$$

令这两个比值等于 M，便有

$$\begin{cases} \dfrac{\partial f}{\partial y} = MX \\[2mm] \dfrac{\partial f}{\partial x} = -MY \end{cases} \qquad (4)$$

从而

$$M(X\mathrm{d}y - Y\mathrm{d}x) = \frac{\partial f}{\partial x}\mathrm{d}x + \frac{\partial f}{\partial y}\mathrm{d}y$$

也就是说，表达式

$$M(X\mathrm{d}y - Y\mathrm{d}x) \qquad (5)$$

是全微分. 因此，函数 f 的求法便归结于全微分(5)的积分法，我们知道，这种积分法总能用求积法来完成.

按照欧拉的说法，因子 M 称为方程(1)的积分因子，将方程组(4)中的方程分别对 x,y 微分，并用第一个方程减去第二个方程，则得积分因子 M 所满足的微分方程

$$\frac{\partial}{\partial x}MX + \frac{\partial}{\partial y}MY = 0 \qquad (6)$$

方程(6)显然与方程组(4)等价，因此，方程(6)的任一个积分都叫作积分因子，而这是一个偏微分方程，所以积分因子的求法一般说来都比方程(1)的积分法要复杂得多，在通过引入积分因子来求解微分方程的积分问题时，得到了一个进展，原因是只要找出方程(6)的一个特殊积分便可以将方程(1)积分. 我们知道，许多不同类型的方程都可以通过选择形式特别简单的积分因子来求出积分.

雅可比曾经指出，对于任一组一阶方程的情形都可以建立完全相似的理论. 为了用最简单的例子来说明雅可比的意图的要旨，可以考虑一组的两个方程

$$\frac{\mathrm{d}x}{X} = \frac{\mathrm{d}y}{Y} = \frac{\mathrm{d}z}{Z} \qquad (7)$$

其中 X,Y,Z 都是 x,y,z 的函数，要将这组方程完全积分，只需要求出两个独立的第一积分

$$\begin{cases} f(x,y,z) = c_1 \\ \varphi(x,y,z) = c_2 \end{cases} \qquad (8)$$

将方程组(8)微分得

$$\frac{\partial f}{\partial x}\mathrm{d}x + \frac{\partial f}{\partial y}\mathrm{d}y + \frac{\partial f}{\partial z}\mathrm{d}z = 0$$

$$\frac{\partial \varphi}{\partial x}\mathrm{d}x + \frac{\partial \varphi}{\partial y}\mathrm{d}y + \frac{\partial \varphi}{\partial z}\mathrm{d}z = 0$$

从而

$$\frac{\mathrm{d}x}{\begin{vmatrix} \dfrac{\partial f}{\partial y} & \dfrac{\partial f}{\partial z} \\[2mm] \dfrac{\partial \varphi}{\partial y} & \dfrac{\partial \varphi}{\partial z} \end{vmatrix}} = \frac{\mathrm{d}y}{\begin{vmatrix} \dfrac{\partial f}{\partial z} & \dfrac{\partial f}{\partial x} \\[2mm] \dfrac{\partial \varphi}{\partial z} & \dfrac{\partial \varphi}{\partial x} \end{vmatrix}} = \frac{\mathrm{d}z}{\begin{vmatrix} \dfrac{\partial f}{\partial x} & \dfrac{\partial f}{\partial y} \\[2mm] \dfrac{\partial \varphi}{\partial x} & \dfrac{\partial \varphi}{\partial y} \end{vmatrix}} \tag{9}$$

由方程组(7)与(9)得

$$\begin{vmatrix} \dfrac{\partial f}{\partial y} & \dfrac{\partial f}{\partial z} \\[2mm] \dfrac{\partial \varphi}{\partial y} & \dfrac{\partial \varphi}{\partial z} \end{vmatrix} : X = \begin{vmatrix} \dfrac{\partial f}{\partial z} & \dfrac{\partial f}{\partial x} \\[2mm] \dfrac{\partial \varphi}{\partial z} & \dfrac{\partial \varphi}{\partial x} \end{vmatrix} : Y = \begin{vmatrix} \dfrac{\partial f}{\partial x} & \dfrac{\partial f}{\partial y} \\[2mm] \dfrac{\partial \varphi}{\partial x} & \dfrac{\partial \varphi}{\partial y} \end{vmatrix} : Z$$

于是和上面一样,引入比例因子 M 得

$$\begin{cases} MX = \dfrac{\partial f}{\partial y}\dfrac{\partial \varphi}{\partial z} - \dfrac{\partial f}{\partial z}\dfrac{\partial \varphi}{\partial y} \\[3mm] MY = \dfrac{\partial f}{\partial z}\dfrac{\partial \varphi}{\partial x} - \dfrac{\partial f}{\partial x}\dfrac{\partial \varphi}{\partial z} \\[3mm] MZ = \dfrac{\partial f}{\partial x}\dfrac{\partial \varphi}{\partial y} - \dfrac{\partial f}{\partial y}\dfrac{\partial \varphi}{\partial x} \end{cases} \tag{10}$$

在这里所讨论的情形中,因子 M 所占的地位显然与积分因子在单个一阶方程中所占的地位相仿. 按照雅可比的说法,这种情形中的因子 M 叫作后添因子. 利用积分 f 与 φ,可以由方程组(10)中的任一个方程决定后添因子,但此时也可以找出因子 M 所满足的偏微分方程. 倘若将方程组(10)分别对 x,y,z 微分再相加,那么由直接计算便易于明确,我们可以得到 M 的方程

$$\frac{\partial}{\partial x}(MX) + \frac{\partial}{\partial y}(MY) + \frac{\partial}{\partial z}(MZ) = 0 \tag{11}$$

此式与方程(6)十分相似,方程(11)的任一个积分都叫作后添因子.

这里自然有一个问题出现,后添因子对于已知方程组的积分法有何用处.

在我们的情形下成立着下面的定理:

倘若知道了方程组(7)的后添因子与方程组的一个积分,那么第二个积分的求法便归结于一个全微分方程的积分法.

为了证明这个定理,我们假设已经知道了第一积分 $\varphi(x,y,z) = c_2$. 作变量替换,令

$$\varphi(x,y,z) = \varphi \tag{12}$$

由此得出 z 为 x,y,φ 的函数.

于是

23

$$\begin{cases} \dfrac{\partial f}{\partial x} = \left(\dfrac{\partial f}{\partial x}\right) + \left(\dfrac{\partial f}{\partial \varphi}\right)\dfrac{\partial \varphi}{\partial x} \\[2mm] \dfrac{\partial f}{\partial y} = \left(\dfrac{\partial f}{\partial y}\right) + \left(\dfrac{\partial f}{\partial \varphi}\right)\dfrac{\partial \varphi}{\partial y} \\[2mm] \dfrac{\partial f}{\partial z} = \left(\dfrac{\partial f}{\partial z}\right) + \left(\dfrac{\partial f}{\partial \varphi}\right)\dfrac{\partial \varphi}{\partial z} \end{cases} \tag{13}$$

其中括号内的导数代表由方程(12)将 z 代入以后的相应的偏导数. 将这些导数值代入方程组(10)得

$$\begin{cases} MX = \left(\dfrac{\partial f}{\partial y}\right)\dfrac{\partial \varphi}{\partial z} \\[2mm] MY = -\left(\dfrac{\partial f}{\partial x}\right)\dfrac{\partial \varphi}{\partial z} \end{cases} \tag{14}$$

另外

$$\mathrm{d}f = \left(\dfrac{\partial f}{\partial x}\right)\mathrm{d}x + \left(\dfrac{\partial f}{\partial y}\right)\mathrm{d}y + \left(\dfrac{\partial f}{\partial \varphi}\right)\mathrm{d}\varphi$$

而由方程 $\varphi(x,y,z) = c_2$ 知 $\mathrm{d}\varphi = 0$, 故有

$$\mathrm{d}f = \left(\dfrac{\partial f}{\partial x}\right)\mathrm{d}x + \left(\dfrac{\partial f}{\partial y}\right)\mathrm{d}y$$

再将 $\left(\dfrac{\partial f}{\partial x}\right), \left(\dfrac{\partial f}{\partial y}\right)$ 用方程组(14)代替, 则得

$$\mathrm{d}f = \dfrac{M}{\dfrac{\partial \varphi}{\partial z}}(X\mathrm{d}y - Y\mathrm{d}x) \tag{15}$$

这样, $\dfrac{M}{\dfrac{\partial \varphi}{\partial z}}$ 便是方程组(7)的积分因子. 我们要注意, 在这个因子中必须先作

变量替换——利用方程(12)消去 z.

在结束时我们再指出, 和积分因子的理论中的一样, 两个相异的后添因子的商便是方程组的第一积分.

事实上, 设 M, M_1 为两个不同的后添因子, 则有方程

$$\dfrac{\partial}{\partial x}(MX) + \dfrac{\partial}{\partial y}(MY) + \dfrac{\partial}{\partial z}(MZ) = 0$$

$$\dfrac{\partial}{\partial x}(M_1 X) + \dfrac{\partial}{\partial y}(M_1 Y) + \dfrac{\partial}{\partial z}(M_1 Z) = 0$$

或者

$$M\left(\dfrac{\partial X}{\partial x} + \dfrac{\partial Y}{\partial y} + \dfrac{\partial Z}{\partial z}\right) + \left(X\dfrac{\partial M}{\partial x} + Y\dfrac{\partial M}{\partial y} + Z\dfrac{\partial M}{\partial z}\right) = 0$$

$$M_1\left(\dfrac{\partial X}{\partial x} + \dfrac{\partial Y}{\partial y} + \dfrac{\partial Z}{\partial z}\right) + \left(X\dfrac{\partial M_1}{\partial x} + Y\dfrac{\partial M_1}{\partial y} + Z\dfrac{\partial M_1}{\partial z}\right) = 0$$

运动方程的积分方法

24

由这两个方程消去第一个括号,则得

$$X\left(\frac{\partial M}{\partial x}M_1-\frac{\partial M_1}{\partial x}M\right)+Y\left(\frac{\partial M}{\partial y}M_1-\frac{\partial M_1}{\partial y}M\right)+Z\left(\frac{\partial M}{\partial z}M_1-\frac{\partial M_1}{\partial z}M\right)=0$$

或者

$$X\frac{\partial}{\partial x}\left(\frac{M}{M_1}\right)+Y\frac{\partial}{\partial y}\left(\frac{M}{M_1}\right)+Z\frac{\partial}{\partial z}\left(\frac{M}{M_1}\right)=0$$

将方程组(7)的 X,Y,Z 代入此式,便有

$$\mathrm{d}x\cdot\frac{\partial}{\partial x}\left(\frac{M}{M_1}\right)+\mathrm{d}y\cdot\frac{\partial}{\partial y}\left(\frac{M}{M_1}\right)+\mathrm{d}z\cdot\frac{\partial}{\partial z}\left(\frac{M}{M_1}\right)=0$$

也就是由方程组(7)可得

$$\frac{M}{M_1}=c$$

因此 $\frac{M}{M_1}=c$ 便是方程组(7)的第一积分.

逆命题也成立:倘若 M 是方程组(7)的后添因子,且 $f(x,y,z)=c$ 是它的第一积分,那么 Mf 也是后添因子.

事实上,由方程组(7)可得

$$X\frac{\partial f}{\partial x}+Y\frac{\partial f}{\partial y}+Z\frac{\partial f}{\partial z}=0 \tag{16}$$

又 M 为后添因子,故

$$\frac{\partial}{\partial x}(MX)+\frac{\partial}{\partial y}(MY)+\frac{\partial}{\partial z}(MZ)=0 \tag{17}$$

将方程(16)乘以 M,方程(17)乘以 f,再相加,则得

$$\frac{\partial}{\partial x}(MfX)+\frac{\partial}{\partial y}(MfY)+\frac{\partial}{\partial z}(MfZ)=0$$

由此可知,Mf 也是后添因子.

§10　后添因子的流体力学意义;积分不变量的概念

在一组两个方程的情形中,对于后添因子的理论可以给出很清楚的流体力学的解释. 事实上,在液体的稳恒流动中,流线方程具有

$$\frac{\mathrm{d}x}{u}=\frac{\mathrm{d}y}{v}=\frac{\mathrm{d}z}{w} \tag{1}$$

的形式,它与 §9 中的方程组(7)十分相似;这里速度分量 u,v,w 都是 x,y,z 的函数. 设 ρ 为液体的密度,便得到液流的连续性方程

$$\frac{\partial}{\partial x}(\rho u)+\frac{\partial}{\partial y}(\rho v)+\frac{\partial}{\partial z}(\rho w)=0 \tag{2}$$

25

这个方程的形式与决定后添因子的方程十分相仿,而且液体的密度占着后添因子的地位.

于是便有如下结果:任一组方程

$$\frac{\mathrm{d}x}{X}=\frac{\mathrm{d}y}{Y}=\frac{\mathrm{d}z}{Z} \tag{3}$$

都可以看作液体的稳恒流动的轨迹方程,而且速度分量 u,v,w 分别等于 X,Y,Z,又这种流动的液体的密度是后添因子的某个值.

考虑方程组(3)的一个第一积分

$$f(x,y,z)=c \tag{4}$$

则因为这个积分满足方程

$$X\frac{\partial f}{\partial x}+Y\frac{\partial f}{\partial y}+Z\frac{\partial f}{\partial z}=0$$

所以液流速度一定在曲面(4)的切面内,从而液体沿着曲面(4)流动,取两个无限接近的液流曲面

$$f(x,y,z)=c,f(x,y,z)=c+\delta c$$

设 (x,y,z) 为第一个曲面上的点;在这点作此曲面的法线使其与第二个曲面相交于一点 $(x+\delta x,y+\delta y,z+\delta z)$,则

$$\frac{\partial f}{\partial x}\delta x+\frac{\partial f}{\partial y}\delta y+\frac{\partial f}{\partial z}\delta z=\delta c \tag{5}$$

倘若法线介于第一曲面与第二曲面之间的长度是 δn,且它与坐标轴所成的角是 α,β,γ,那么

$$\delta x=\delta n\cos\alpha,\quad \delta y=\delta n\cos\beta,\quad \delta z=\delta n\cos\gamma$$

$$\cos\alpha=\frac{\partial f}{\partial x}\bigg/\sqrt{\left(\frac{\partial f}{\partial x}\right)^2+\left(\frac{\partial f}{\partial y}\right)^2+\left(\frac{\partial f}{\partial z}\right)^2}$$

$\cos\beta,\cos\gamma$ 也有相仿的表达式,将这些值代入方程(5),则得

$$\delta n\sqrt{\left(\frac{\partial f}{\partial x}\right)^2+\left(\frac{\partial f}{\partial y}\right)^2+\left(\frac{\partial f}{\partial z}\right)^2}=\delta c \tag{6}$$

由上述可知,液流如此施行,使液体在曲面 $f=c$ 与 $f=c+\delta c$ 之间流动(图3);在曲面 $f=c$ 上作曲线 AB,并在此曲线上作这个曲面的法线,则得带区 $ABCD$. 在单位时间内,经过这个带区的每个元素所流的液体质量 $\mathrm{d}m$ 为

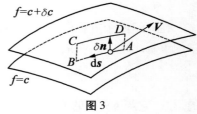

图3

$$\mathrm{d}m=M(\mathrm{d}s\times\mathrm{d}n)\boldsymbol{V} \tag{7}$$

但

$$\mathrm{d}\mathbf{s} = \mathbf{i}_0\,\mathrm{d}x + \mathbf{j}_0\,\mathrm{d}y + \mathbf{k}_0\,\mathrm{d}z$$

$$\delta\mathbf{n} = \delta n\cos\alpha \cdot \mathbf{i}_0 + \delta n\cos\beta \cdot \mathbf{j}_0 + \delta n\cos\gamma \cdot \mathbf{k}_0$$

$$= \frac{\delta c}{\left(\frac{\partial f}{\partial x}\right)^2 + \left(\frac{\partial f}{\partial y}\right)^2 + \left(\frac{\partial f}{\partial z}\right)^2}\left[\frac{\partial f}{\partial x}\mathbf{i}_0 + \frac{\partial f}{\partial y}\mathbf{j}_0 + \frac{\partial f}{\partial z}\mathbf{k}_0\right]$$

又

$$\mathbf{V} = X\mathbf{i}_0 + Y\mathbf{j}_0 + Z\mathbf{k}_0$$

因此

$$\mathrm{d}m = M\begin{vmatrix} \mathrm{d}x & \mathrm{d}y & \mathrm{d}z \\ X & Y & Z \\ \dfrac{\partial f}{\partial x} & \dfrac{\partial f}{\partial y} & \dfrac{\partial f}{\partial z} \end{vmatrix}\frac{\delta c}{\left(\frac{\partial f}{\partial x}\right)^2 + \left(\frac{\partial f}{\partial y}\right)^2 + \left(\frac{\partial f}{\partial z}\right)^2}$$

或者

$$\mathrm{d}m = M\begin{vmatrix} \mathrm{d}x & \mathrm{d}y & \dfrac{\partial f}{\partial x}\mathrm{d}x + \dfrac{\partial f}{\partial y}\mathrm{d}y + \dfrac{\partial f}{\partial z}\mathrm{d}z \\ X & Y & X\dfrac{\partial f}{\partial x} + Y\dfrac{\partial f}{\partial y} + Z\dfrac{\partial f}{\partial z} \\ \dfrac{\partial f}{\partial x} & \dfrac{\partial f}{\partial y} & \left(\dfrac{\partial f}{\partial x}\right)^2 + \left(\dfrac{\partial f}{\partial y}\right)^2 + \left(\dfrac{\partial f}{\partial z}\right)^2 \end{vmatrix}\frac{\delta c}{\left[\left(\frac{\partial f}{\partial x}\right)^2 + \left(\frac{\partial f}{\partial y}\right)^2 + \left(\frac{\partial f}{\partial z}\right)^2\right] \cdot \frac{\partial f}{\partial z}} \qquad (8)$$

又因为沿曲面有

$$\frac{\partial f}{\partial x}\mathrm{d}x + \frac{\partial f}{\partial y}\mathrm{d}y + \frac{\partial f}{\partial z}\mathrm{d}z = 0$$

$$X\frac{\partial f}{\partial x} + Y\frac{\partial f}{\partial y} + Z\frac{\partial f}{\partial z} = 0$$

所以有

$$\mathrm{d}m = \frac{M}{\frac{\partial f}{\partial z}}(Y\mathrm{d}x - X\mathrm{d}y)\delta c \qquad (9)$$

不难看出,表达式

$$\frac{M}{\frac{\partial f}{\partial z}}(Y\mathrm{d}x - X\mathrm{d}y)$$

中的 z 利用方程 $f(x,y,z) = c$ 由 x,y 表出,是一个全微分.

事实上,在曲面 $f=c$ 上任作一条与 AB 不同的曲线,例如 AKB,并沿此线作直交于 $f=c$ 的带区 $AKBCK_1D$(图4). 由于液流的连续性,在单位时间内流过带区 $ABCD$, $AKBCK_1D$ 的液体质量都是

$$\int_{AB}\mathrm{d}m$$

27

于是表达式

$$\frac{1}{\delta c}\int_{AB}\mathrm{d}m=\int_{AB}\frac{M}{\dfrac{\partial f}{\partial z}}(Y\mathrm{d}x-X\mathrm{d}y)$$

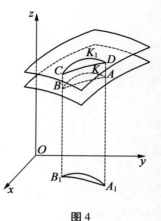

与路线 AB 无关,仅仅与 A,B 两点的位置有关,又因为在这个积分中坐标 z 可以利用方程 $f(x,y,z)=c$ 来消掉,所以积分便是 A,B 两点的坐标 (x,y) 的函数,或者也就是 A,B 两点在平面 (x,y) 上的投影 A_1,B_1 的坐标的函数;倘若假设点 A_1 不动,那么积分便仅仅是点 B_1 的坐标 x,y 的函数. 于是即有

$$\int_{AB}\frac{M}{\dfrac{\partial f}{\partial z}}\mid Y\mathrm{d}x-X\mathrm{d}y\mid=F(x,y)$$

图 4

由此利用平常的论断法,便得到

$$\frac{M}{\dfrac{\partial f}{\partial z}}\cdot Y=\frac{\partial F}{\partial x},\qquad \frac{M}{\dfrac{\partial f}{\partial z}}\cdot X=-\frac{\partial F}{\partial y}$$

从而表达式

$$\frac{M}{\dfrac{\partial f}{\partial z}}(Y\mathrm{d}x-X\mathrm{d}y)=\frac{\partial F}{\partial x}\mathrm{d}x+\frac{\partial F}{\partial y}\mathrm{d}y$$

的确是某个函数 $F(x,y)$ 的全微分,此外,由此又可以推知,方程

$$F(x,y)=C$$

决定一个柱面,沿此柱面上没有液流,从而在它上面方程

$$X\frac{\partial F}{\partial x}+Y\frac{\partial F}{\partial y}+Z\frac{\partial F}{\partial z}=0$$

成立,因此便证明了

$$F(x,y)=C$$

是方程组(3)的积分. 这就是上节所述的后添因子理论的流体力学意义.

在不可压缩的液体的特别情形下,M 为常数,此时由上面的论述可以推出如下的克莱布西(Clebsch)定理[①]:

倘若找到了不可压缩的液体的流动面 $f(x,y,z)=c$,那么流线在平面 (x,y) 上的投影的方程便可以由全微分

———————

① 参看 Clebsch 的著作 *Ueber die Integration der hydrodynamischen Gleichungen*,也可以参看 Н. Е. Жуковский 的著作《Лекции по гидродинамике, Лекция》(全集卷 Ⅱ,Гостехиздат,1949 年),其中给出了这个定理的非常清楚的解释.

$$\frac{1}{\dfrac{\partial f}{\partial x}}(X\mathrm{d}y-Y\mathrm{d}x)$$

的积分法求出,但此式中的 z 利用方程

$$f(x,y,z)=c$$

消去.

我们注意到,在不可压缩的液体的情形下,连续性方程是

$$\frac{\partial X}{\partial x}+\frac{\partial Y}{\partial y}+\frac{\partial Z}{\partial z}=0$$

也就是说,方程组(3)有一个后添因子,为 $M=1$.

上述理论也可以由另一个观点来看,连续性方程

$$\frac{\partial}{\partial x}(MX)+\frac{\partial}{\partial y}(MY)+\frac{\partial}{\partial z}(MZ)=0 \tag{10}$$

代表质量不减定律,但这个定律可以用积分的形式表出. 事实上,考虑流动液体所占的某个体积 τ,则体积 τ 内的液体质量为

$$\iiint\limits_{\tau} M\delta x\delta y\delta z \tag{11}$$

在液体的流动下,所讨论的体积中的点坐标随着时间 t 变化,因此 $M,x,y,z,\delta x,\delta y,\delta z$ 都是 t 的函数. 设有液体粒子,它在瞬间 t 时占有体积 τ,则由于流动,在另一瞬间 t_1 时这个粒子占有另外某个体积 τ_1,但由质量不减定律知,体积 τ_1 内的液体质量与体积 τ 内的相同. 因此,如果体积 τ 内的点坐标沿轨迹变化,也就是按照方程组(3)变化,那么表达式(11)便保持同一数值,换句话说,当 x,y,z 按照方程组(3)变化时,表达式(11)是一个不变量,与表达式(11)相仿的可用积分表出的不变量,叫作积分不变量. 于是便可以说,表达式(11)(其中 M 是方程组(3)的后添因子)是积分不变量,当坐标变换满足方程组(3)时. 以后还可以普遍地证明:由表达式(11)的不变性可以推出方程(10),反过来,由方程(10)也可以推出表达式(11)的不变性[①].

§11 具有任意个变量的方程组的情形; 后添因子的一般性质

现在转到具有任意个未知函数的一阶方程组的情形.

设有已给的方程组

---

① 参看本章 §11 中的定理 4.

$$\frac{\mathrm{d}x_1}{X_1} = \frac{\mathrm{d}x_2}{X_2} = \cdots = \frac{\mathrm{d}x_n}{X_n} \tag{1}$$

其中 $X_1, X_2, \cdots, X_n$ 是 $x_1, x_2, \cdots, x_n$ 的函数. 假定我们已经有了这组方程的 $n-1$ 个第一积分

$$\begin{cases} f_2(x_1, x_2, \cdots, x_n) = c_2 \\ f_3(x_1, x_2, \cdots, x_n) = c_3 \\ \qquad \vdots \\ f_n(x_1, x_2, \cdots, x_n) = c_n \end{cases} \tag{2}$$

将方程组(2)微分,则得

$$\begin{cases} \dfrac{\partial f_2}{\partial x_1}\mathrm{d}x_1 + \dfrac{\partial f_2}{\partial x_2}\mathrm{d}x_2 + \cdots + \dfrac{\partial f_2}{\partial x_n}\mathrm{d}x_n = 0 \\ \qquad\qquad \vdots \\ \dfrac{\partial f_n}{\partial x_1}\mathrm{d}x_1 + \dfrac{\partial f_n}{\partial x_2}\mathrm{d}x_2 + \cdots + \dfrac{\partial f_n}{\partial x_n}\mathrm{d}x_n = 0 \end{cases} \tag{3}$$

考虑矩阵

$$\begin{pmatrix} \dfrac{\partial f_2}{\partial x_1} & \dfrac{\partial f_2}{\partial x_2} & \cdots & \dfrac{\partial f_2}{\partial x_n} \\ \vdots & \vdots & & \vdots \\ \dfrac{\partial f_n}{\partial x_1} & \dfrac{\partial f_n}{\partial x_2} & \cdots & \dfrac{\partial f_n}{\partial x_n} \end{pmatrix}$$

设 Δ_k 为在此阵中去掉第 k 列所得的行列式,则由方程组(3)便得到了关系式组

$$\frac{\mathrm{d}x_1}{\Delta_1} = \frac{\mathrm{d}x_2}{(-1)\Delta_2} = \cdots = \frac{\mathrm{d}x_n}{(-1)^{n-1}\Delta_n} \tag{4}$$

比较方程组(1)与(4),则得

$$\frac{\Delta_1}{X_1} = \frac{(-1)\Delta_2}{X_2} = \cdots = \frac{(-1)^{n-1}\Delta_n}{X_n} = M$$

其中 M 是比例因数,由此便得到下列关系式组

$$\begin{cases} MX_1 = \Delta_1 = D_1 \\ MX_2 = -\Delta_2 = D_2 \\ \qquad \vdots \\ MX_n = (-1)^{n-1}\Delta_n = D_n \end{cases} \tag{5}$$

另外,假定我们还有某个第一积分

$$f_1(x_1, x_2, \cdots, x_n) = c_1$$

那么

$$\frac{\partial f_1}{\partial x_1}\mathrm{d}x_1 + \frac{\partial f_1}{\partial x_2}\mathrm{d}x_2 + \cdots + \frac{\partial f_1}{\partial x_n}\mathrm{d}x_n = 0 \tag{6}$$

由这个方程与方程组(3)可知,等式

$$\begin{vmatrix} \dfrac{\partial f_1}{\partial x_1} & \dfrac{\partial f_1}{\partial x_2} & \cdots & \dfrac{\partial f_1}{\partial x_n} \\[2mm] \dfrac{\partial f_2}{\partial x_1} & \dfrac{\partial f_2}{\partial x_2} & \cdots & \dfrac{\partial f_2}{\partial x_n} \\[2mm] \vdots & \vdots & & \vdots \\[2mm] \dfrac{\partial f_n}{\partial x_1} & \dfrac{\partial f_n}{\partial x_2} & \cdots & \dfrac{\partial f_n}{\partial x_n} \end{vmatrix} = 0 \tag{7}$$

成立,将这个行列式按第一行元素展开,显然能得到

$$\frac{\partial f_1}{\partial x_1}D_1 + \frac{\partial f_1}{\partial x_2}D_2 + \cdots + \frac{\partial f_1}{\partial x_n}D_n = 0 \tag{8}$$

引用如下的记号

$$\frac{\partial f_i}{\partial x_k} = a_{ik}$$

又用 D 代表等式(7)左边的行列式,即得

$$D = \begin{vmatrix} a_{11} & a_{12} & \cdots & a_{1n} \\ a_{21} & a_{22} & \cdots & a_{2n} \\ \vdots & \vdots & & \vdots \\ a_{n1} & a_{n2} & \cdots & a_{nn} \end{vmatrix}$$

从而方程(7)变为

$$D = 0$$

若将行列式 D 展开,则

$$D = \sum \left(\pm a_{1k_1} a_{2k_2} \cdots a_{nk_n} \right)$$

其中每项的符号由 $k_1, k_2, \cdots, k_n$ 的数码反转个数而定,当有偶数个反转时取正号,当有奇数个反转时取负号.

现在证明关于行列式 D 的一些定理,如下:

定理 1

$$\sum \frac{\partial D_k}{\partial x_k} = 0$$

事实上,由关系式组(4)或(5)可以看出

$$\frac{\partial D_i}{\partial x_i} = \sum_{k,l} \frac{\partial D_i}{\partial a_{kl}} \frac{\partial a_{kl}}{\partial x_i} = \sum_{k,l} \frac{\partial D_i}{\partial a_{kl}} \frac{\partial^2 f_k}{\partial x_l \partial x_i}$$

因为整个 D_i 是由导数 $\dfrac{\partial f_k}{\partial x_l}$ 所组成的.

于是

31

$$\sum \frac{\partial D_i}{\partial x_i} = \sum_i \sum_{k,l} \frac{\partial D_i}{\partial a_{kl}} \frac{\partial^2 f_k}{\partial x_l \partial x_i} = \sum_l \sum_{k,i} \frac{\partial D_l}{\partial a_{ki}} \frac{\partial^2 f_k}{\partial x_i \partial x_l}$$

因为数码 i,l 取遍由 1 到 n 的同一组值,故有

$$2 \sum \frac{\partial D_i}{\partial x_i} = \sum_k \sum_{l,i} \left(\frac{\partial D_i}{\partial a_{kl}} + \frac{\partial D_l}{\partial a_{ki}} \right) \frac{\partial^2 f_k}{\partial x_i \partial x_l} \qquad (9)$$

现在证明

$$\frac{\partial D_i}{\partial a_{kl}} + \frac{\partial D_l}{\partial a_{ki}} = 0$$

在行列式 D 内包含导数 $\dfrac{\partial D_i}{\partial a_{kl}}$ 与 $\dfrac{\partial D_l}{\partial a_{ki}}$ 的各项当中,一方面包含了因子 a_{1i} 与 a_{1l},另一方面又包含了 a_{kl} 与 a_{ki}. 考虑 D 中包含 a_{1i} 与 a_{kl} 的项,它们具有

$$a_{1i} \cdots a_{kl} \cdots \qquad (10)$$

的形式. 另外,D 中包含 a_{1l} 与 a_{ki} 的项,其形式为

$$a_{1l} \cdots a_{ki} \cdots \qquad (11)$$

式(10)与(11)中的对应项彼此相差一个反转,这个反转是由数码 l,i 的对调得来的,从而这两项彼此异号. 又在行列式 D 的各项中先提出因子 a_{1i},a_{kl},另外再提出 a_{1l},a_{ki},那么行列式 D 显然可以写成

$$D = \sum (a_{1i} a_{kl} - a_{1l} a_{ki}) R + R_1 \qquad (12)$$

的形式,其中 R 与 R_1 都不含因子 a_{1i},a_{kl},a_{1l},a_{ki}.

但

$$\frac{\partial D_i}{\partial a_{kl}} = \frac{\partial^2 D}{\partial a_{1i} \partial a_{kl}} = \sum R$$

又

$$\frac{\partial D_l}{\partial a_{ki}} = \frac{\partial^2 D}{\partial a_{1l} \partial a_{ki}} = - \sum R$$

因此

$$\frac{\partial D_i}{\partial a_{kl}} + \frac{\partial D_l}{\partial a_{ki}} = 0$$

于是代入表达式(9),便得到所要证明的结果

$$\sum \frac{\partial D_i}{\partial x_i} = 0 \qquad (13)$$

将方程(13)中的 D_i 代入由关系式组(5)所得的值,则得方程

$$\frac{\partial}{\partial x_1} (MX_1) + \frac{\partial}{\partial x_2} (MX_2) + \cdots + \frac{\partial}{\partial x_n} (MX_n) = 0 \qquad (14)$$

方程(14)可以看作未知函数 M 的线性偏微分方程.

现在我们规定,方程(14)的任一个积分都叫作微分方程组(1)的后添因

子;这种定义与上节中一组两个方程的特别情形中的定义显然是一致的.

定理 2 两个后添因子的比是方程组(1)的第一积分,事实上,后添因子的方程可以写成下面的形式

$$M\left(\frac{\partial X_1}{\partial x_1}+\frac{\partial X_2}{\partial x_2}+\cdots+\frac{\partial X_n}{\partial x_n}\right)+X_1\frac{\partial M}{\partial x_1}+X_2\frac{\partial M}{\partial x_2}+\cdots+X_n\frac{\partial M}{\partial x_n}=0 \qquad (15)$$

同样地,对于第二个因子,也有

$$M_1\left(\frac{\partial X_1}{\partial x_1}+\frac{\partial X_2}{\partial x_2}+\cdots+\frac{\partial X_n}{\partial x_n}\right)+X_1\frac{\partial M_1}{\partial x_1}+X_2\frac{\partial M_1}{\partial x_2}+\cdots+X_n\frac{\partial M_1}{\partial x_n}=0 \qquad (16)$$

由方程(15),(16)消去 $M\left(\dfrac{\partial X_1}{\partial x_1}+\dfrac{\partial X_2}{\partial x_2}+\cdots+\dfrac{\partial X_n}{\partial x_n}\right)$ 和 $M_1\left(\dfrac{\partial X_1}{\partial x_1}+\dfrac{\partial X_2}{\partial x_2}+\cdots+\dfrac{\partial X_n}{\partial x_n}\right)$ 两项得

$$X_1\left(M_1\frac{\partial M}{\partial x_1}-M\frac{\partial M_1}{\partial x_1}\right)+X_2\left(M_1\frac{\partial M}{\partial x_2}-M\frac{\partial M_1}{\partial x_2}\right)+\cdots+X_n\left(M_1\frac{\partial M}{\partial x_n}-M\frac{\partial M_1}{\partial x_n}\right)=0$$

或者

$$X_1\frac{\partial}{\partial x_1}\left(\frac{M}{M_1}\right)+X_2\frac{\partial}{\partial x_2}\left(\frac{M}{M_1}\right)+\cdots+X_n\frac{\partial}{\partial x_n}\left(\frac{M}{M_1}\right)=0$$

按照方程组(1)将这里的 $X_1,X_2,\cdots,X_n$ 代入与它们成比例的数量 $\mathrm{d}x_1$, $\mathrm{d}x_2,\cdots,\mathrm{d}x_n$,则得

$$\frac{\partial}{\partial x_1}\left(\frac{M}{M_1}\right)\mathrm{d}x_1+\frac{\partial}{\partial x_2}\left(\frac{M}{M_1}\right)\mathrm{d}x_2+\cdots+\frac{\partial}{\partial x_n}\left(\frac{M}{M_1}\right)\mathrm{d}x_n=0$$

也就是说

$$\frac{M}{M_1}=c$$

为方程组(1)的第一积分.

定理 3 设 M 为方程组(1)的后添因子,又 $f(x_1,x_2,\cdots,x_n)=c$ 为该组的第一积分,那么 Mf 也是方程组(1)的后添因子.

欲证这个定理,可以取后添因子所满足的方程

$$\frac{\partial}{\partial x_1}(MX_1)+\frac{\partial}{\partial x_2}(MX_2)+\cdots+\frac{\partial}{\partial x_n}(MX_n)=0$$

又对于第一积分而言,有

$$\frac{\partial f}{\partial x_1}\mathrm{d}x_1+\frac{\partial f}{\partial x_2}\mathrm{d}x_2+\cdots+\frac{\partial f}{\partial x_n}\mathrm{d}x_n=0$$

或者由方程组(1)得

$$\frac{\partial f}{\partial x_1}X_1+\frac{\partial f}{\partial x_2}X_2+\cdots+\frac{\partial f}{\partial x_n}X_n=0$$

将这两个方程分别乘以 f 与 M 再相加,则得

$$\left(f\frac{\partial MX_1}{\partial x_1}+MX_1\frac{\partial f}{\partial x_1}\right)+\left(f\frac{\partial MX_2}{\partial x_2}+MX_2\frac{\partial f}{\partial x_2}\right)+\cdots+\left(f\frac{\partial MX_n}{\partial x_n}+MX_n\frac{\partial f}{\partial x_n}\right)=0$$

也就是

$$\frac{\partial}{\partial x_1}(fMX_1) + \frac{\partial}{\partial x_2}(fMX_2) + \cdots + \frac{\partial}{\partial x_n}(fMX_n) = 0$$

于是 fM 也满足后添因子的方程,从而 fM 也是后添因子.

上面的几个定理,全是关于积分因子的著名定理的推广. 在一般情形下,也易于证明方程组的后添因子 M 与积分不变量的关系. 下面的定理便是证明这方面的.

设有方程组(1)的后添因子 $M(x_1, x_2, \cdots, x_n)$;考虑以 $x_1, x_2, \cdots, x_n$ 为坐标的 n 维空间中的某个任意的体积 τ,使得在 τ 内方程组(1)是可积的. 那么便有如下的定理:

定理 4 设 $M(x_1, x_2, \cdots, x_n)$ 为方程组(1)的后添因子,则

$$\iint \cdots \int_\tau M \mathrm{d}x_1 \mathrm{d}x_2 \cdots \mathrm{d}x_n$$

为按方程组(1)所做的变换的积分不变量.

欲证这个定理,可将方程组(1)写成更对称一些的形式

$$\frac{\mathrm{d}x_1}{X_1} = \frac{\mathrm{d}x_2}{X_2} = \cdots = \frac{\mathrm{d}x_n}{X_n} = \frac{\mathrm{d}t}{1} \tag{17}$$

将方程组(17)积分,便得到函数 $x_1, x_2, \cdots, x_n$ 用变量 t 与初值 $x_1^0, x_2^0, \cdots, x_n^0$ 表出的式子,如下

$$\begin{cases} x_1 = \varphi_1(t, x_1^0, x_2^0, \cdots, x_n^0) \\ x_2 = \varphi_2(t, x_1^0, x_2^0, \cdots, x_n^0) \\ \qquad\qquad \vdots \\ x_n = \varphi_n(t, x_1^0, x_2^0, \cdots, x_n^0) \end{cases} \tag{18}$$

将 t 看作某个变动的参数给它某一个数值,则由方程组(18)便得到一个变换,它将坐标为 $(x_1^0, x_2^0, \cdots, x_n^0)$ 的点变到一个新点 $(x_1, x_2, \cdots, x_n)$. 因此,如果以 $(x_1^0, x_2^0, \cdots, x_n^0)$ 为坐标的点占满了某个体积 τ_0,那么变换以后的点便占满了某个新的体积 τ. 我们要证明

$$\iint \cdots \int_\tau M \mathrm{d}x_1 \mathrm{d}x_2 \cdots \mathrm{d}x_n = \iint \cdots \int_{\tau_0} M \mathrm{d}x_1 \mathrm{d}x_2 \cdots \mathrm{d}x_n$$

欲证此式,可以考虑无穷小的变换,这个变换由方程组(18)给出:在其中令 $t = t_0 + \mathrm{d}t$, t_0 是对应于点 $(x_1^0, x_2^0, \cdots, x_n^0)$ 的值.

此时

$$x_1 = \varphi_1(t_0 + \mathrm{d}t, x_1^0, x_2^0, \cdots, x_n^0) = \varphi_1(t_0, x_1^0, x_2^0, \cdots, x_n^0) + \frac{\mathrm{d}x_1}{\mathrm{d}t}\mathrm{d}t$$

又由选法可知

$$x_1^0 = \varphi_1(t_0, x_1^0, x_2^0, \cdots, x_n^0)$$

因此上式可以简写为

$$\begin{cases} x_1 = x_1^0 + X_1 \mathrm{d}t \\ x_2 = x_2^0 + X_2 \mathrm{d}t \\ \vdots \\ x_n = x_n^0 + X_n \mathrm{d}t \end{cases} \tag{19}$$

方程组(19)代表由方程组(17)所决定的无穷小变换;在方程组(19)中 $\mathrm{d}t$ 是无穷小的参数.

为了证明本定理,可将积分

$$\iint_\tau \cdots \int M \mathrm{d}x_1 \mathrm{d}x_2 \cdots \mathrm{d}x_n$$

中的变量用方程组(19)加以变换.

此时 M 的表达式为

$$M(x_1, x_2, \cdots, x_n) = M(x_1^0 + X_1 \mathrm{d}t, x_2^0 + X_2 \mathrm{d}t, \cdots, x_n^0 + X_n \mathrm{d}t)$$

$$= M(x_1^0, x_2^0, \cdots, x_n^0) + \frac{\partial M}{\partial x_1} X_1 \mathrm{d}t + \frac{\partial M}{\partial x_2} X_2 \mathrm{d}t + \cdots + \frac{\partial M}{\partial x_n} X_n \mathrm{d}t \tag{20}$$

我们也考虑变换的雅可比行列式

$$J = \begin{vmatrix} \dfrac{\partial x_1}{\partial x_1^0} & \dfrac{\partial x_1}{\partial x_2^0} & \cdots & \dfrac{\partial x_1}{\partial x_n^0} \\ \dfrac{\partial x_2}{\partial x_1^0} & \dfrac{\partial x_2}{\partial x_2^0} & \cdots & \dfrac{\partial x_2}{\partial x_n^0} \\ \vdots & \vdots & & \vdots \\ \dfrac{\partial x_n}{\partial x_1^0} & \dfrac{\partial x_n}{\partial x_2^0} & \cdots & \dfrac{\partial x_n}{\partial x_n^0} \end{vmatrix} \tag{21}$$

因为

$$\frac{\partial x_1}{\partial x_1^0} = 1 + \frac{\partial X_1}{\partial x_1^0} \mathrm{d}t, \quad \frac{\partial x_1}{\partial x_2^0} = \frac{\partial X_1}{\partial x_2^0} \mathrm{d}t, \quad \cdots, \quad \frac{\partial x_1}{\partial x_n^0} = \frac{\partial X_1}{\partial x_n^0} \mathrm{d}t$$

对于其他变量也有类似的情形,所以

$$J = \begin{vmatrix} 1 + \dfrac{\partial X_1}{\partial x_1} \mathrm{d}t & \dfrac{\partial X_1}{\partial x_2} \mathrm{d}t & \dfrac{\partial X_1}{\partial x_3} \mathrm{d}t & \cdots & \dfrac{\partial X_1}{\partial x_n} \mathrm{d}t \\ \dfrac{\partial X_2}{\partial x_1} \mathrm{d}t & 1 + \dfrac{\partial X_2}{\partial x_2} \mathrm{d}t & \dfrac{\partial X_2}{\partial x_3} \mathrm{d}t & \cdots & \dfrac{\partial X_2}{\partial x_n} \mathrm{d}t \\ \vdots & \vdots & \vdots & & \vdots \\ \dfrac{\partial X_n}{\partial x_1} \mathrm{d}t & \dfrac{\partial X_n}{\partial x_2} \mathrm{d}t & \dfrac{\partial X_n}{\partial x_3} \mathrm{d}t & \cdots & 1 + \dfrac{\partial X_n}{\partial x_n} \mathrm{d}t \end{vmatrix} \tag{22}$$

将表达式(22)按 $\mathrm{d}t$ 的方幂展开,并仅仅考虑 $\mathrm{d}t$ 的不高于一次的方幂,便

得到

$$J = 1 + \frac{\partial X_1}{\partial x_1}\mathrm{d}t + \frac{\partial X_2}{\partial x_2}\mathrm{d}t + \cdots + \frac{\partial X_n}{\partial x_n}\mathrm{d}t \tag{23}$$

而且在上述公式中,导数$\dfrac{\partial X_1}{\partial x_1}, \dfrac{\partial X_2}{\partial x_2}, \cdots, \dfrac{\partial X_n}{\partial x_n}$里面恒有数值$x_1^0, x_2^0, \cdots, x_n^0$.

利用公式(20)与(23)得

$$\iint\cdots\int_{\tau} M\mathrm{d}x_1\mathrm{d}x_2\cdots\mathrm{d}x_n = \iint\cdots\int_{\tau_0}\left[M + \left(\frac{\partial M}{\partial x_1}X_1 + \frac{\partial M}{\partial x_2}X_2 + \cdots + \frac{\partial M}{\partial x_n}X_n\right)\mathrm{d}t\right] \times$$
$$\left[1 + \left(\frac{\partial X_1}{\partial x_1} + \frac{\partial X_2}{\partial x_2} + \cdots + \frac{\partial X_n}{\partial x_n}\right)\mathrm{d}t\right]\mathrm{d}x_1\mathrm{d}x_2\cdots\mathrm{d}x_n$$

将此式按$\mathrm{d}t$的方幂展开,并仅取$\mathrm{d}t$的一次幂,则有

$$\iint\cdots\int_{\tau} M\mathrm{d}x_1\mathrm{d}x_2\cdots\mathrm{d}x_n = \iint\cdots\int_{\tau_0} M\mathrm{d}x_1\mathrm{d}x_2\cdots\mathrm{d}x_n + \mathrm{d}t\iint\cdots\int_{\tau_0}\left[M\left(\frac{\partial X_1}{\partial x_1} + \frac{\partial X_2}{\partial x_2} + \cdots + \right.\right.$$
$$\left.\left.\frac{\partial X_n}{\partial x_n}\right) + \left(\frac{\partial M}{\partial x_1}X_1 + \frac{\partial M}{\partial x_2}X_2 + \cdots + \frac{\partial M}{\partial x_n}X_n\right)\right]\mathrm{d}x_1\mathrm{d}x_2\cdots\mathrm{d}x_n$$

或者简写为

$$\iint\cdots\int_{\tau} M\mathrm{d}x_1\mathrm{d}x_2\cdots\mathrm{d}x_n = \iint\cdots\int_{\tau_0} M\mathrm{d}x_1\mathrm{d}x_2\cdots\mathrm{d}x_n + \mathrm{d}t\iint\cdots\int_{\tau_0}\left[\frac{\partial}{\partial x_1}(MX_1) + \right.$$
$$\left.\frac{\partial}{\partial x_2}(MX_2) + \cdots + \frac{\partial}{\partial x_n}(MX_n)\right]\mathrm{d}x_1\mathrm{d}x_2\cdots\mathrm{d}x_n \tag{24}$$

现在由方程(24)便可以推出所要证明的定理. 事实上,设M为方程组(1)的后添因子,则

$$\frac{\partial}{\partial x_1}(MX_1) + \frac{\partial}{\partial x_2}(MX_2) + \cdots + \frac{\partial}{\partial x_n}(MX_n) = 0$$

从而

$$\iint\cdots\int_{\tau} M\mathrm{d}x_1\mathrm{d}x_2\cdots\mathrm{d}x_n = \iint\cdots\int_{\tau_0} M\mathrm{d}x_1\mathrm{d}x_2\cdots\mathrm{d}x_n$$

由这个等式也可以推出逆定理.

定理5 设$\displaystyle\iint\cdots\int_{\tau} M\mathrm{d}x_1\mathrm{d}x_2\cdots\mathrm{d}x_n$为方程组(1)所决定的变换的积分不变量,则$M$为方程组(1)的后添因子.

事实上,由所设的不变性知

$$\iint\cdots\int_{\tau} M\mathrm{d}x_1\mathrm{d}x_2\cdots\mathrm{d}x_n = \iint\cdots\int_{\tau_0} M\mathrm{d}x_1\mathrm{d}x_2\cdots\mathrm{d}x_n$$

故由方程(24)可得

$$\iint\cdots\int_{\tau_0}\left[\frac{\partial}{\partial x_1}(MX_1) + \frac{\partial}{\partial x_2}(MX_2) + \cdots + \frac{\partial}{\partial x_n}(MX_n)\right]\mathrm{d}x_1\mathrm{d}x_2\cdots\mathrm{d}x_n = 0$$

于是由 τ_0 的任意性即知

$$\frac{\partial}{\partial x_1}(MX_1) + \frac{\partial}{\partial x_2}(MX_2) + \cdots + \frac{\partial}{\partial x_n}(MX_n) = 0$$

从而定理得以证明.

我们已经看到,上面最后两个定理是联系无穷小变换理论与积分不变量理论的. 这些理论在力学中有各种不同的应用;在前一节中,我们已经看到了所证明的定理在流体力学中的应用. 在流体力学中也可以遇到其他类型的积分不变量;例如,按照著名的汤姆逊(Thomson)定理,在具有位势之力的情形下,沿闭合围线的环流是不变的. 于是,在这种情形下 $\int_L u\mathrm{d}x + v\mathrm{d}y + w\mathrm{d}z$ 便是一个积分不变量——对于满足方程 $\dfrac{\mathrm{d}x}{u} = \dfrac{\mathrm{d}y}{v} = \dfrac{\mathrm{d}z}{w}$ 的变换而言.

§12　后添因子理论对于方程组求积的应用;
刚体绕不动点运动问题的情形

设有方程组

$$\frac{\mathrm{d}x_1}{X_1} = \frac{\mathrm{d}x_2}{X_2} = \cdots = \frac{\mathrm{d}x_n}{X_n} = \mathrm{d}t \tag{1}$$

考虑变量 $x_1, x_2, \cdots, x_n$ 的某些函数

$$\begin{cases} y_1 = y_1(x_1, x_2, \cdots, x_n) \\ \quad\vdots \\ y_n = y_n(x_1, x_2, \cdots, x_n) \end{cases} \tag{2}$$

则有

$$\frac{\mathrm{d}y_k}{\mathrm{d}t} = \frac{\partial y_k}{\partial x_1}\frac{\mathrm{d}x_1}{\mathrm{d}t} + \frac{\partial y_k}{\partial x_2}\frac{\mathrm{d}x_2}{\mathrm{d}t} + \cdots + \frac{\partial y_k}{\partial x_n}\frac{\mathrm{d}x_n}{\mathrm{d}t}$$

或者由方程组(1)得

$$\frac{\mathrm{d}y_k}{\mathrm{d}t} = \frac{\partial y_k}{\partial x_1}X_1 + \frac{\partial y_k}{\partial x_2}X_2 + \cdots + \frac{\partial y_k}{\partial x_n}X_n$$

引用下列记号

$$A(\theta) = \frac{\partial \theta}{\partial x_1}X_1 + \frac{\partial \theta}{\partial x_2}X_2 + \cdots + \frac{\partial \theta}{\partial x_n}X_n \tag{3}$$

$$A(y_k) = Y_k \tag{4}$$

那么显然有

$$\frac{\mathrm{d}y_k}{\mathrm{d}t} = Y_k$$

也就是说,函数 $y_1, y_2, \cdots, y_n$ 满足方程组

$$\frac{\mathrm{d}y_1}{Y_1} = \frac{\mathrm{d}y_2}{Y_2} = \cdots = \frac{\mathrm{d}y_n}{Y_n} = \mathrm{d}t$$

表达式 $A(\theta)$ 具有奇特的不变性.

定理 1

$$A(\theta) = \sum_{k=1}^{n} \frac{\partial \theta}{\partial x_k} X_k = \sum_{k=1}^{n} \frac{\partial \theta}{\partial y_k} Y_k$$

事实上,将等式

$$\frac{\partial \theta}{\partial x_1} = \frac{\partial \theta}{\partial y_1} \frac{\partial y_1}{\partial x_1} + \frac{\partial \theta}{\partial y_2} \frac{\partial y_2}{\partial x_1} + \cdots + \frac{\partial \theta}{\partial y_n} \frac{\partial y_n}{\partial x_1}$$

$$\frac{\partial \theta}{\partial x_2} = \frac{\partial \theta}{\partial y_1} \frac{\partial y_1}{\partial x_2} + \frac{\partial \theta}{\partial y_2} \frac{\partial y_2}{\partial x_2} + \cdots + \frac{\partial \theta}{\partial y_n} \frac{\partial y_n}{\partial x_2}$$

$$\vdots$$

$$\frac{\partial \theta}{\partial x_n} = \frac{\partial \theta}{\partial y_1} \frac{\partial y_1}{\partial x_n} + \frac{\partial \theta}{\partial y_2} \frac{\partial y_2}{\partial x_n} + \cdots + \frac{\partial \theta}{\partial y_n} \frac{\partial y_n}{\partial x_n}$$

分别乘以 $X_1, X_2, \cdots, X_n$ 再相加,则得

$$\sum \frac{\partial \theta}{\partial x_k} X_k = \frac{\partial \theta}{\partial y_1} \left[\frac{\partial y_1}{\partial x_1} X_1 + \frac{\partial y_1}{\partial x_2} X_2 + \cdots + \frac{\partial y_1}{\partial x_n} X_n \right] +$$

$$\frac{\partial \theta}{\partial y_2} \left[\frac{\partial y_2}{\partial x_1} X_1 + \frac{\partial y_2}{\partial x_2} X_2 + \cdots + \frac{\partial y_2}{\partial x_n} X_n \right] + \cdots +$$

$$\frac{\partial \theta}{\partial y_n} \left[\frac{\partial y_n}{\partial x_1} X_1 + \frac{\partial y_n}{\partial x_2} X_2 + \cdots + \frac{\partial y_n}{\partial x_n} X_n \right]$$

或者用式(3)与(4)的记号

$$\sum_{k=1}^{n} \frac{\partial \theta}{\partial x_k} X_k = \sum_{k=1}^{n} \frac{\partial \theta}{\partial y_k} Y_k$$

这样便证明了定理.

我们注意,如果 $y_k(x_1, x_2, \cdots, x_n) = c$ 是方程组(1)的第一积分,那么

$$\frac{\partial y_k}{\partial x_1} \mathrm{d}x_1 + \frac{\partial y_k}{\partial x_2} \mathrm{d}x_2 + \cdots + \frac{\partial y_k}{\partial x_n} \mathrm{d}x_n = 0$$

从而由方程组(1)知

$$\frac{\partial y_k}{\partial x_1} X_1 + \frac{\partial y_k}{\partial x_2} X_2 + \cdots + \frac{\partial y_k}{\partial x_n} X_n = 0$$

或者利用式(3)与(4)的记号

$$Y_k = 0 \tag{5}$$

设 $\theta_2, \theta_3, \cdots, \theta_n$ 为方程组(1)的积分,θ 为任意函数. 作行列式

$$D = \begin{vmatrix} \dfrac{\partial\theta}{\partial x_1} & \dfrac{\partial\theta}{\partial x_2} & \cdots & \dfrac{\partial\theta}{\partial x_n} \\ \dfrac{\partial\theta_2}{\partial x_1} & \dfrac{\partial\theta_2}{\partial x_2} & \cdots & \dfrac{\partial\theta_2}{\partial x_n} \\ \vdots & \vdots & & \vdots \\ \dfrac{\partial\theta_n}{\partial x_1} & \dfrac{\partial\theta_n}{\partial x_2} & \cdots & \dfrac{\partial\theta_n}{\partial x_n} \end{vmatrix} = \dfrac{D(\theta,\theta_2,\theta_3,\cdots,\theta_n)}{D(x_1,x_2,x_3,\cdots,x_n)} \tag{6}$$

将行列式 D 按第一行元素展开,并用 §11 中的记号,则得

$$D = \Delta_1 \frac{\partial\theta}{\partial x_1} - \Delta_2 \frac{\partial\theta}{\partial x_2} + \cdots + (-1)^{n-1} \Delta_n \frac{\partial\theta}{\partial x_n}$$

或者按 §11 中的关系式组(5)来引入方程组的后添因子,则有

$$D = \sum_{k=1}^{n} M X_k \frac{\partial\theta}{\partial x_k} = M \cdot A(\theta) \tag{7}$$

利用方程组(2)更换变量,便得到完全相似的行列式

$$D_1 = \begin{vmatrix} \dfrac{\partial\theta}{\partial y_1} & \dfrac{\partial\theta}{\partial y_2} & \cdots & \dfrac{\partial\theta}{\partial y_n} \\ \dfrac{\partial\theta_2}{\partial y_1} & \dfrac{\partial\theta_2}{\partial y_2} & \cdots & \dfrac{\partial\theta_2}{\partial y_n} \\ \vdots & \vdots & & \vdots \\ \dfrac{\partial\theta_n}{\partial y_1} & \dfrac{\partial\theta_n}{\partial y_2} & \cdots & \dfrac{\partial\theta_n}{\partial y_n} \end{vmatrix} = \dfrac{D(\theta,\theta_2,\theta_3,\cdots,\theta_n)}{D(y_1,y_2,y_3,\cdots,y_n)} \tag{8}$$

其中 $\theta_2(y_1,y_2,\cdots,y_n),\cdots,\theta_n(y_1,y_2,\cdots,y_n)$,是变换后的方程组

$$\frac{\mathrm{d}y_1}{Y_1} = \frac{\mathrm{d}y_2}{Y_2} = \cdots = \frac{\mathrm{d}y_n}{Y_n} \tag{9}$$

的积分. 倘若 M_1 是方程组(9)的一个后添因子,那么便有与式(7)相仿的式子

$$D_1 = M_1 \cdot A(\theta) \tag{10}$$

但由函数行列式的性质可知

$$\frac{D(\theta,\theta_2,\theta_3,\cdots,\theta_n)}{D(x_1,x_2,x_3,\cdots,x_n)} = \frac{D(\theta,\theta_2,\theta_3,\cdots,\theta_n)}{D(y_1,y_2,\cdots,y_n)} \cdot \frac{D(y_1,y_2,\cdots,y_n)}{D(x_1,x_2,\cdots,x_n)}$$

也就是

$$M \cdot A(\theta) = M_1 \cdot A(\theta) \frac{D(y_1,y_2,\cdots,y_n)}{D(x_1,x_2,\cdots,x_n)}$$

从而

$$M_1 = M \left/ \frac{D(y_1,y_2,\cdots,y_n)}{D(x_1,x_2,\cdots,x_n)} \right. \tag{11}$$

设方程组(1)有 $n-2$ 个一次积分

$$\begin{cases} f_3(x_1, x_2, \cdots, x_n) = c_3 \\ f_4(x_1, x_2, \cdots, x_n) = c_4 \\ \qquad\vdots \\ f_n(x_1, x_2, \cdots, x_n) = c_n \end{cases} \tag{12}$$

在方程组中作变量的更换

$$\begin{cases} y_1 = x_1 \\ y_2 = x_2 \\ y_3 = f_3(x_1, x_2, \cdots, x_n) \\ \qquad\vdots \\ y_n = f_n(x_1, x_2, \cdots, x_n) \end{cases} \tag{13}$$

则由上面所证的可知

$$Y_3 = A(f_3) = 0$$
$$Y_4 = A(f_4) = 0$$
$$\vdots$$
$$Y_n = A(f_n) = 0$$

从而方程组(1)便化为

$$\frac{\mathrm{d}y_1}{Y_1} = \frac{\mathrm{d}y_2}{Y_2} = \frac{\mathrm{d}y_3}{0} = \frac{\mathrm{d}y_4}{0} = \cdots = \frac{\mathrm{d}y_n}{0} \tag{14}$$

这组方程具有积分

$$y_3 = c_3, \quad y_4 = c_4, \quad \cdots, \quad y_n = c_n$$

和由方程组(12)所推出来的一样. 于是即知,方程组(14)的后添因子的方程具有如下形式

$$\frac{\partial}{\partial y_1}(Y_1 M_1) + \frac{\partial}{\partial y_2}(Y_2 M_1) = 0 \tag{15}$$

但由这个方程可知,M_1 是方程

$$\frac{\mathrm{d}y_1}{Y_1} = \frac{\mathrm{d}y_2}{Y_2} \tag{16}$$

的积分因子,在我们的情形中

$$\frac{D(y_1, y_2, \cdots, y_n)}{D(x_1, x_2, \cdots, x_n)} = \begin{vmatrix} 1 & 0 & 0 & \cdots & 0 \\ 0 & 1 & 0 & \cdots & 0 \\ \dfrac{\partial f_3}{\partial x_1} & \dfrac{\partial f_3}{\partial x_2} & \dfrac{\partial f_3}{\partial x_3} & \cdots & \dfrac{\partial f_3}{\partial x_n} \\ \vdots & \vdots & \vdots & & \vdots \\ \dfrac{\partial f_n}{\partial x_1} & \dfrac{\partial f_n}{\partial x_2} & \dfrac{\partial f_n}{\partial x_3} & \cdots & \dfrac{\partial f_n}{\partial x_n} \end{vmatrix} = \begin{vmatrix} \dfrac{\partial f_3}{\partial x_3} & \cdots & \dfrac{\partial f_3}{\partial x_n} \\ \vdots & & \vdots \\ \dfrac{\partial f_n}{\partial x_3} & \cdots & \dfrac{\partial f_n}{\partial x_n} \end{vmatrix}$$

综合上面的一切叙述,便得到了后添因子理论中的基本定理,如下:

定理 2 设方程组

$$\frac{\mathrm{d}x_1}{X_1} = \frac{\mathrm{d}x_2}{X_2} = \cdots = \frac{\mathrm{d}x_n}{X_n}$$

有一个后添因子 $M(x_1, x_2, \cdots, x_n)$,而且已知这组方程的 $n-2$ 个第一积分

$$f_3 = c_3, \quad f_4 = c_4, \quad \cdots, \quad f_n = c_n$$

那么在作变量的更换 $y_1 = x_1, y_2 = x_2, y_3 = f_3, \cdots, y_n = f_n$ 时,这组方程便化为

$$\frac{\mathrm{d}y_1}{Y_1} = \frac{\mathrm{d}y_2}{Y_2}$$

而且这组方程的积分因子是

$$M \left/ \frac{D(f_3, \cdots, f_n)}{D(x_3, \cdots, x_n)} \right.$$

这样,倘若已经知道了方程组(1)的后添因子与 $n-2$ 个第一积分,那么方程组(1)的积分法便归结于一个方程的积分法,并且这个方程的积分因子已知,从而恒可用求积法来解它.

§9 中所考虑的方程组

$$\frac{\mathrm{d}x}{X} = \frac{\mathrm{d}y}{Y} = \frac{\mathrm{d}z}{Z}$$

的情形是最简单的例子,此时 $n=3$,所以只要知道了方程组的一个第一积分 $f(x,y,z)=c$ 与后添因子,那么用变换 $x=x, y=y, z=f(x,y,z)$ 便可以将所给的方程组化为一个如下形式的方程

$$\frac{\mathrm{d}x}{X_1} = \frac{\mathrm{d}y}{Y_1}$$

而且具有积分因子

$$M_1 = M \left/ \frac{\partial f}{\partial z} \right.$$

现在将所得到的结论应用于重刚体绕不动点运动的问题. 在 §8 中已经证明,此时问题归结为如下的一组五个方程的积分法

$$\frac{\mathrm{d}p}{P} = \frac{\mathrm{d}q}{Q} = \frac{\mathrm{d}r}{R} = \frac{\mathrm{d}\gamma}{\Gamma} = \frac{\mathrm{d}\gamma'}{\Gamma'} = \frac{\mathrm{d}\gamma''}{\Gamma''}$$

这组方程有三个已知的第一积分

$$Ap^2 + Bq^2 + Cr^2 - 2Mg(x_0\gamma + y_0\gamma' + z_0\gamma'') = C_1$$

$$Ap\gamma + Bq\gamma' + Cr\gamma'' = C_2, \quad \gamma^2 + \gamma'^2 + \gamma''^2 = 1$$

因为在我们的情形下 $n=6$,故由上述论证可知,要使问题能够求积,只需知道方程组的后添因子与 $n-2=4$ 个第一积分即可.

此时后添因子是已知的. 事实上,后添因子的方程为

$$\frac{\partial}{\partial p}(MP)+\frac{\partial}{\partial q}(MQ)+\frac{\partial}{\partial r}(MR)+\frac{\partial}{\partial \gamma}(M\Gamma)+\frac{\partial}{\partial \gamma'}(M\Gamma')+\frac{\partial}{\partial \gamma''}(M\Gamma'')=0 \quad (17)$$

这个方程的任何积分都是原有方程组的后添因子,但该积分当然要与 $M\equiv 0$ 不同. 而在我们的情形下,因为 P 中不含 p,Q 中不含 q,等等,故有

$$\frac{\partial P}{\partial p}=\frac{\partial Q}{\partial q}=\frac{\partial R}{\partial r}=\frac{\partial \Gamma}{\partial \gamma}=\frac{\partial \Gamma'}{\partial \gamma'}=\frac{\partial \Gamma''}{\partial \gamma''}=0$$

从而[§8 中的方程(6)]

$$\frac{\partial P}{\partial p}+\frac{\partial Q}{\partial q}+\frac{\partial R}{\partial r}+\frac{\partial \Gamma}{\partial \gamma}+\frac{\partial \Gamma'}{\partial \gamma'}+\frac{\partial \Gamma''}{\partial \gamma''}=0 \tag{18}$$

比较方程(17)与(18)即知,有一个后添因子是 $M\equiv 1$,于是我们已经知道了问题的后添因子的一个值. 因此,要使重刚体绕不动点的运动方程组能用求积法来解决,只要再知道方程组的一个(第四个)积分即可.

注 在上面的整个研讨中,恒作如此的假设:每个第一积分都是解答这种函数的,当我们将微分方程组的任何特解代入此种函数时,结果都得到常数,这种常数的值当然与所选的特解有关.

也可能有其他类型的积分,这种积分仅仅对于某些特别选取的特解才成为常数. 但上面所述的后添因子的求法的理论对于这种积分并不适用.

例如,考虑方程

$$\frac{\mathrm{d}y}{\mathrm{d}x}=f(x,y) \tag{19}$$

其中 $f(x,y)$ 是 x,y 的相当的任意函数;此外又考虑方程组

$$\frac{\mathrm{d}x}{1}=\frac{\mathrm{d}y}{f(x,y)}=\frac{\mathrm{d}z}{-z\dfrac{\partial f}{\partial y}} \tag{20}$$

对于这组方程,我们有

$$\frac{\partial X_1}{\partial x_1}+\frac{\partial X_2}{\partial x_2}+\frac{\partial X_3}{\partial x_3}=0 \tag{21}$$

原因是

$$\frac{\partial 1}{\partial x}+\frac{\partial f}{\partial y}+\frac{\partial}{\partial z}\left(-z\frac{\partial f}{\partial y}\right)=0$$

又方程组具有一个特解

$$z=0$$

但知道了这个特解以后,即使有了条件(21)也不能得出任何指示来求方程组(20)所归结的方程(19)的积分因子.

在研究与特解有关的许多问题时,也有类似的情形发生①.

———————————

① 例如参看本书第八章 §2(赫斯-阿别里罗特情形)与 §3(歌里雅切夫-恰普雷金情形).

C. B. 柯瓦列夫斯卡雅问题

§1　C. B. 柯瓦列夫斯卡雅问题

第
二
章

　　欧拉曾研究过重刚体绕不动点运动的最简单的情形[1],其后普安索[2]又用纯粹几何的观点进行了更详细的研究(当 $x_0 = y_0 = z_0 = 0$ 时的情形),此外,拉格朗日[3]与泊松[4]又研究了其他情形. 后来雅可比证明了,在这些情形下,方程组(Ⅰ)与(Ⅱ)的通积分可以用时间的椭圆函数表示出来.

　　这样,在这几种情形下,积分都是时间的单值逊整函数.

　　在欧拉-普安索的情形与拉格朗日-泊松的情形下,重刚体的运动方程的积分法问题都可以一直进行到底,原因是在这些情形下可以找出方程组(Ⅰ),(Ⅱ)的第四个积分,由后添因子理论可知,根据这个积分即可用积分号解出方程组(Ⅰ)与(Ⅱ). 在上述两种情形下,方程组(Ⅰ),(Ⅱ)的这个第四积分都是多项式,积分式(Ⅲ),(Ⅳ),(Ⅴ)的古典的第一积分也是一样.

　　由这些特殊的结果自然引出下面两个一般的问题:

　　(a)求出所有的情形,使得方程组(Ⅰ),(Ⅱ)具有由时间的单值函数所表出的通积分.

　　(b)求出所有的情形,使得方程组(Ⅰ),(Ⅱ)具有第四个代数的积分.

---

① 参看 Euler L. 的著作 *Découverte d'un nouveau principe de Mécanique*.

② 参看 Poinsot 的著作 *Théorie nouvelle de la rotation des corps*.

③ 参看 Lagrange J. L. 的著作 *Mécanique analytique*.

④ 参看 Poisson S. O. 的著作 *Traité de mécanique*.

第一个问题在 C. B. 柯瓦列夫斯卡雅的重要著作中曾用一般的形式提出；C. B. 柯瓦列夫斯卡雅所给出的这个问题的解法，后来在 Γ. Γ. 阿别里罗特与 A. M. 李雅普诺夫（А. М. Ляпунов）的研究中得到了精确化与补充.

在重刚体绕不动点运动问题的解法中，其得到如此重要的进展要归功于复变函数论的一般方法在力学问题中的应用. 在欧拉、拉格朗日、泊松的研究，以及一直到 C. B. 柯瓦列夫斯卡雅的著作以前的一切力学的研究中，时间都被看作仅能取得实值的变量. 甚至于在雅可比的研究中（这些研究曾将他与阿贝尔（Abel）所做出来的椭圆函数论应用到重刚体绕不动点运动方程的积分法的问题中）我们也找不到复变函数的应用的任何启示，在他所创造的椭圆函数论里面也是如此[①]. 这样，C. B. 柯瓦列夫斯卡雅的研究便是力学问题的重要的拓展：她首先将时间看作可以取得复数平面上的任何数值的变量. 力学问题的这种拓展，使得她能以将复变函数论的十分成熟的工具应用到所考虑的问题里面去.

从数学的观点看来，C. B. 柯瓦列夫斯卡雅的著作也有同样大的价值. 事实是这样，在某些条件下，微分方程（它的积分具有运动的极点，而且在自变量的平面的有限域内别无其他奇点）是可以完全求积分的，不论这个问题是否可以化为积分号.

我们考虑下面的最简单的情形. 黎卡提方程

$$y' = ay^2 + f(x)y + \varphi(x)$$

其中 a 是常数，$f(x)$，$\varphi(x)$ 是任何全整超越函数，可以用代换

$$y = -\frac{1}{a}z - \frac{f(x)}{2a}$$

化为

$$z' = -z^2 + F(x) \tag{1}$$

的形式，其中 $F(x)$ 也是全整函数；易于看出，这个方程具有运动的极点，而且积分在极点的邻域内的展开式为

$$z = \frac{1}{x-c} + a_0 + a_1(x-c) + a_2(x-c)^2 + \cdots$$

此外，若令

$$z = \frac{u'}{u} \tag{2}$$

则由对数导数的理论可知，对于函数 u 而言，z 的极点是它的零点，又因为可以证明，黎卡提积分除移动的极点外别无其他奇点，因此，在平面 x 的有限部分内

---

① 例如参看 K. J. Jacobi 的著作 *Fundamenta nova theoriae Functionum ellipticarum*. 用复变数的观点来建立椭圆函数论的方法是归功于刘维尔（Liouville）的.

不能有 u 的任何奇点.

将表达式(2)代入方程(1),则得 u 的线性方程

$$u''-F(x)u=0 \tag{3}$$

因为 $F(x)$ 是全整函数,所以方程(3)的积分也是全整函数[1]. 选取方程(3)的积分,譬如说,令它呈级数

$$u = 1 + z_0(x-x_0) + a_2(x-x_0)^2 + \cdots \tag{4}$$

的形式,则得 z 的表达式

$$z = \frac{z_0 + 2a_2(x-x_0) + 3a_3(x-x_0)^2 + \cdots}{1 + z_0(x-x_0) + a_2(x-x_0)^2 + \cdots} \tag{5}$$

级数(4)的系数可以由将级数(4)代入方程(3)得到;这样所得到的级数对于一切 x 显然都是收敛的,而且当 $x=x_0$ 时,方程(1)的积分取得已给的值 z_0. 于是表达式(5)对于一切有限值 z 都能给出方程(1)的积分,从而所给方程的积分法问题便完全解决了[2].

作为说明这种意图的第二个例子,我们考虑定义椭圆函数 $\gamma(z)$ 的方程

$$\left(\frac{\mathrm{d}w}{\mathrm{d}z}\right)^2 = 4w^3 - g_2 w - g_3 \tag{6}$$

将如下级数

$$w = \frac{c_{-k}}{(z-c)^k} + \frac{c_{-k+1}}{(z-c)^{k-1}} + \cdots$$

代入,便容易明确展开式只能具有

$$w = \frac{1}{(z-c)^2} + c_2(z-c)^2 + \cdots$$

的形式. 因此,令

$$t = -\int w\,\mathrm{d}z$$

即知,在移动的极点的邻域内,函数 t 具有展开式

$$t = \frac{1}{z-c} + c_0 + \frac{c_2(z-c)^3}{3} + \cdots$$

于是再令

$$t = \frac{s'}{s}$$

便知道函数 s 没有移动的极点. 又因为由一般的论证可知,方程(6)的积分在平

---

[1] 参看 Голубев В. В. 的著作《Лекции по аналитической теории дифференциальных уравнение》,1950 年.

[2] 例如参看本书第 43 页的脚注中所提到的书.

面的有限域内别无其他奇点,所以 s 是全整超越函数[1],它可以用幂级数表出,这个级数在整个复变量 z 的平面内收敛. 因为

$$w = -t' = -\frac{s''s - s'^2}{s^2}$$

所以得函数 s 的三阶微分方程

$$\left(\frac{s''s - s'^2}{s^2}\right)' = -4\left(\frac{s''s - s'^2}{s^2}\right)^3 + g_2\left(\frac{s''s - s'^2}{s^2}\right) - g_3$$

由此即可找出函数 s 的幂级数展开式的系数.

在椭圆函数论里面我们知道,魏尔斯特拉斯的基本函数 γ, ζ, σ 的理论正是用这种方法建立的,而且[2]

$$\sigma(z) = s, \quad \zeta(z) = t, \quad \gamma(z) = w$$

上面所举的例子与下述方程组的积分法有直接的联系

$$\begin{cases} \dfrac{\mathrm{d}p}{\mathrm{d}t} - qr = 0 \\[2mm] \dfrac{\mathrm{d}q}{\mathrm{d}t} - pr = 0 \\[2mm] \dfrac{\mathrm{d}r}{\mathrm{d}t} - pq = 0 \end{cases} \tag{7}$$

事实上,由方程组(7)得

$$p\frac{\mathrm{d}p}{\mathrm{d}t} = q\frac{\mathrm{d}q}{\mathrm{d}t} = r\frac{\mathrm{d}r}{\mathrm{d}t}$$

从而

$$\begin{cases} q^2 = p^2 - C_1^2 \\ r^2 = p^2 - C_2^2 \end{cases} \tag{8}$$

将由方程组(8)所得的 q, r 代入方程组(7)中的第一个方程,则得

$$\left(\frac{\mathrm{d}p}{\mathrm{d}t}\right)^2 = (p^2 - C_1^2)(p^2 - C_2^2)$$

在此式用

$$p - C_1 = \frac{1}{Aw + B}$$

进行代换时(其中 A, B 是某两个常数),可以化为方程(6),欧拉运动方程组的一种特殊情形可以化成方程组(7)的形式[3],因此,上面所推演的论证与重刚体

---

① 例如参看第 44 页的脚注中所引的书的第二章.

② 我们指出,布里奥(Briot)与布凯(Bouquet)曾用这种方法来系统地建立椭圆函数理论.

③ 这就是所谓欧拉–普安索的情形:$x_0 = y_0 = z_0$. 参看本书第三章.

绕不动点运动的问题是有直接联系的.

上述的例子指出,如果重刚体绕不动点运动方程的积分仅有的移动的奇点全是极点,那么这种情形是值得重视的,因为此时可以利用全整函数的微分方程的建立来得到问题的完全的解答——由魏尔斯特拉斯定理知,这种全整函数的商能定出运动方程组的逊整积分,上述方程可以用幂级数来求积①.

这样提出来的问题,自然可以分成下面两个特殊的问题:

第一,必须找出在何种情形下运动方程的积分具有运动的极点;

第二,必须证明在这种情形下,对于任何有限的 t 而言,也就是在整个运动的时间内,积分除有运动的极点外不含任何其他奇点.

C. B. 柯瓦列夫斯卡雅解决了这两个问题. 首先,她指出了方法,以分辨在何种情形下,运动方程的积分具有运动的极点;其次,她利用熟悉的函数的知识将方程的积分表现为全整函数的商. 这样,由此种观点看来,C. B. 柯瓦列夫斯卡雅的研究的基本意图是一个古典的例子,说明了微分方程的解析理论的方法的应用,这种理论的基础在柯西与布里奥及布凯的工作中已经奠立了②. C. B. 柯瓦列夫斯卡雅的工作表现了微分方程的解析理论的方法在具体的力学问题中的应用的发展. 其后,在福克司(Fuchs)、毕卡(Picard)以及其他学者的工作中,曾将她所用的方法应用到微分方程的解析理论的其他问题中,并取得了成功.

在 C. B. 柯瓦列夫斯卡雅的研究成果中,指出了一点:重刚体绕不动点运动方程具有在整个复数平面上都是单值的积分的情形是非常少的. 除了前面所知道的情形,C. B. 柯瓦列夫斯卡雅还找出了一种积分为单值的情形($A=B=2C,z_0$ $=0$),但与以前所有的已知情形不同,C. B. 柯瓦列夫斯卡雅情形的积分法在数学上是很困难的.

在以前所知道的情形下,积分可以用椭圆函数表出;而在 C. B. 柯瓦列夫斯卡雅情形下,积分却用超椭圆积分表出,由此观点,C. B. 柯瓦列夫斯卡雅的工作具有更大的重要性,因为从表面上看来这是唯一一种情形,使得在具体的力学问题的解法中必须利用超椭圆积分.

在 C. B. 柯瓦列夫斯卡雅情形中,和以前所知道的情形一样,运动方程组具有第四个代数的积分,从而保证了方程可以完全求积. 此时重刚体绕不动点的运动方程具有第四个代数积分的必要条件为:方程的积分都是单值的. 这样,上

---

① 在较为复杂的情形中推广这种意图的例子,可以参看本书第 44 页所引的书的第三章 §6 ~ §10.

② 参看本书第 44 页所引的书.

面所提出的问题(a),(b)的解法给出了同样的方程. 一直到目前为止,我们还不知道这件事究竟是偶然的还是有深奥的理由在里面. 我们有一些根据,可以推测这个现象并不是偶然的.

本章的目的是解 C. B. 柯瓦列夫斯卡雅问题:找出所有的情形,使重刚体绕不动点运动方程具有在整个复数平面上为单值的积分.

§2　微小参数法

在 C. B. 柯瓦列夫斯卡雅的研究中,她从运动方程的积分具有极点的问题的解法开始,将积分的极点展开式代入方程中,便可以决定极点的阶数,并且得到方程的系数之间的某些关系[①]. 这样,C. B. 柯瓦列夫斯卡雅所用的方法假定了积分在复数 t 的平面内具有极点. 这种方法显然不足以完全解决如此的问题:求所有一切具有单值积分的方程,因为也可能有这种情形存在:积分并不包含极点,而且有(譬如说)本质奇点,或者在复变量 t 的平面的有限部分内根本没有奇点.

另一种避免了这个缺点的方法曾被 A. M. 李雅普诺夫所采用[②],他用了所谓变分方程的方法来解 C. B. 柯瓦列夫斯卡雅问题. 其后在解 C. B. 柯瓦列夫斯卡雅问题时,又利用过一些其他的方法,这种方法是根据方程中的微小参数引入的,而且在类似的问题中应用这种方法也获得了成功[③].

微小参数法最初是由于天体力学的三体问题产生的. 我们知道,按照牛顿定律互相吸引的两个物体,要得出它们的运动问题的解法并不困难,如果我们有三个按照牛顿定律互相吸引的物体,那么情形便非常复杂;此时我们知道,这个问题并没有完全的解法. 但在太阳系内的情形又比较简单,因为行星的质量与太阳相比是非常小的. 由此自然又出现了一个问题:在研究一个行星对于另一个行星的运动的影响时,是否可以将行星的运动积分按微小参数的方幂展开? 这个参数代表激动的行星质量与太阳的质量之比. 此时如果参数等于零,那么便显然得到对应的两体问题的解答;当参数的值很小时,我们便得到对应的两体问题的轨道,且偏差不大.

---

① 参看 Ковалевская С. В. 的著作《Задача о вращения твердого тела около неподвижной точки》,又参看 Ковалевская С. В. 的著作《Научные работы》,或者参看 Аппельрот Г. Г. 的著作《Задача о движнении тяжелого твердого тела вокруг неподвижной точки》.

② 参看 Ляпунов А. 的著作《Об одном свойстве дифференциальных уравнений задачн о движенин тяжедого твердого тела,имеющего неподвижную точку》.

③ 例如参看本书第44页所引的书第三章.

这种方法的数学理论曾由庞加莱所给出[①]. 它要根据下列定理.

设有一组方程,它们的右边包含参数 α

$$\begin{cases} \dfrac{\mathrm{d}y_1}{\mathrm{d}t}=f_1(y_1,y_2,\cdots,y_n,t;\alpha) \\[2mm] \dfrac{\mathrm{d}y_2}{\mathrm{d}t}=f_2(y_1,y_2,\cdots,y_n,t;\alpha) \\[2mm] \qquad\qquad\vdots \\[2mm] \dfrac{\mathrm{d}y_n}{\mathrm{d}t}=f_n(y_1,y_2,\cdots,y_n,t;\alpha) \end{cases} \tag{1}$$

当参数 $\alpha=0$ 时,相应的方程组

$$\begin{cases} \dfrac{\mathrm{d}z_1}{\mathrm{d}t}=f_1(z_1,z_2,\cdots,z_n,t;0) \\[2mm] \dfrac{\mathrm{d}z_2}{\mathrm{d}t}=f_2(z_1,z_2,\cdots,z_n,t;0) \\[2mm] \qquad\qquad\vdots \\[2mm] \dfrac{\mathrm{d}z_n}{\mathrm{d}t}=f_n(z_1,z_2,\cdots,z_n,t;0) \end{cases} \tag{2}$$

称为方程组(1)的简化方程组. 此时有如下定理:

定理 1 设方程组(1)的右边在 $\alpha=0$ 的邻域内是解析的,而且简化方程组具有解答 $z_1(t),z_2(t),\cdots,z_n(t)$,这种解答沿着复变量 t 的平面内的某条路线 L 是解析的,那么当参数 α 的值相当小时,方程组(1)便有解答式组

$$\begin{cases} y_1=y_1(t;\alpha) \\ y_2=y_2(t;\alpha) \\ \quad\vdots \\ y_n=y_n(t;\alpha) \end{cases} \tag{3}$$

这种解答沿着 L 也是解析的.

定理 2 方程组(1)的解答式组(3)可以展开为 α 的幂级数

$$\begin{cases} y_1(t;\alpha)=y_1^0(t)+\alpha y_1^{(1)}(t)+\alpha^2 y_1^{(2)}(t)+\cdots \\ y_2(t;\alpha)=y_2^0(t)+\alpha y_2^{(1)}(t)+\alpha^2 y_2^{(2)}(t)+\cdots \\ \qquad\qquad\vdots \\ y_n(t;\alpha)=y_n^0(t)+\alpha y_n^{(1)}(t)+\alpha^2 y_n^{(2)}(t)+\cdots \end{cases}$$

这些级数当 α 充分小的时候收敛.

---

① 参看 Poincaré H. 的著作 *Les méthodes nouvelles de la mécanique céleste*.

展开式的第一项代表相应的简化方程组的解答,也就是说

$$\begin{cases} y_1^0(t) = z_1(t) \\ y_2^0(t) = z_2(t) \\ \qquad \vdots \\ y_n^0(t) = z_n(t) \end{cases}$$

展开式中的所有其余各项 $y_1^{(1)}(t), y_2^{(1)}(t), \cdots, y_n^{(1)}(t)$ 或 $y_1^{(2)}(t), y_2^{(2)}(t), \cdots,$ $y_n^{(2)}(t)$ 等,都可以根据线性方程组的解法求出,各方程左边与函数 $y_1^{(k)}(t)$, $y_2^{(k)}(t), \cdots, y_n^{(k)}(t)$ 的号码 k 无关,但右边与具有号码 $m<k$ 的 $y_e^{(m)}(t), \cdots$ 有关;此时如果能够找出简化方程组的通积分,那么不含右边项的线性微分方程组便可以用微分法求解,从而具有右边项的线性方程的通解,也就是所有的 $y_i^{(k)}$ 都可以用积分号求出[①].

庞加莱曾将这些定理应用到天体力学的各种研究里面,在这种研究中,微小的参数代表问题中的某个物理数量,例如行星的质量与太阳的质量之比,在潘勒韦的研究工作中[②],将微小参数法进行了重要的发展.这里和以前的工作一样,参数也由问题中的物理数量定义.潘勒韦用人为的方法引入了参数,先将问题中的变量加以包含参数的变换;此时参数的选择具有较大的任意性,从而使方法也比较灵活.

在潘勒韦的工作中,曾经用微小参数法来找具有单值积分的方程,也就是用来解决与 C. B. 柯瓦列夫斯卡雅问题十分相似的问题.潘勒韦所用的方法的重点如下.假设已经给了某个微分方程

$$y' = f(y, x) \tag{4}$$

作变量的变换,并在变换中引入某个小参数,将方程(4)化为新的形式

$$Y' = F(Y, X; \alpha) \tag{5}$$

倘若当 $\alpha = 0$ 时函数 F 在 X, Y 的某组值的邻域内是解析的,那么便可以利用上述定理.将方程(5)的积分展开为 α 的幂级数

$$Y = Y_0 + \alpha Y_1 + \alpha^2 Y_2 + \cdots \tag{6}$$

并将展开式(6)代入方程(5),再将右边按 α 的方幂排列,则得

$$Y_0' + \alpha Y_1' + \alpha^2 Y_2' + \alpha^3 Y_3' + \cdots = F(Y, X; \alpha)_{\alpha=0} + \frac{\alpha}{1}\left[\frac{\partial F}{\partial Y}\frac{\partial Y}{\partial \alpha} + \frac{\partial F}{\partial \alpha}\right]_{\alpha=0} +$$

$$\frac{\alpha^2}{2}\left[\frac{\partial F}{\partial Y}\frac{\partial^2 Y}{\partial \alpha^2} + \frac{\partial^2 F}{\partial Y^2}\left(\frac{\partial Y}{\partial \alpha}\right)^2 + \frac{\partial^2 F}{\partial \alpha^2}\right]_{\alpha=0} +$$

---

① 这些定理的证明可以在本书第 44 页所引的书中的第三章找到.

② 参看 Painlevé P. 的著作 *Sur les équation du second order à points critiques fixes*.

$$\frac{\alpha^3}{3!}\left[\frac{\partial F}{\partial Y}\frac{\partial^3 Y}{\partial \alpha^3}+3\frac{\partial^2 F}{\partial Y^2}\frac{\partial Y}{\partial \alpha}\frac{\partial^2 Y}{\partial \alpha^2}+\right.$$

$$\left.\frac{\partial^3 Y}{\partial Y^3}\left(\frac{\partial Y}{\partial \alpha}\right)^3+\frac{\partial^3 F}{\partial \alpha^3}\right]_{\alpha=0}+\cdots$$

或者利用展开式（6）得

$$Y_0'+\alpha Y_1'+\alpha^2 Y_2'+\alpha^3 Y_3'+\cdots=F(Y_0,X;0)+\alpha\left[\frac{\partial F(Y_0,X;0)}{\partial Y_0}Y_1+\left(\frac{\partial F}{\partial \alpha}\right)_{\alpha=0}\right]+$$

$$\frac{\alpha^2}{2}\left[\frac{\partial F(Y_0,X;0)}{\partial Y_0}2\cdot Y_2+\frac{\partial^2 F(Y_0,X;0)}{\partial Y_0^2}Y_1^2+\right.$$

$$\left.\left(\frac{\partial^2 F}{\partial \alpha^2}\right)_{\alpha=0}\right]+\frac{\alpha^3}{3!}\left[\frac{\partial F(Y_0,X;0)}{\partial Y_0}3!\cdot Y_3+\right.$$

$$3\frac{\partial^2 F(Y_0,X;0)}{\partial Y_0^2}Y_1\cdot 2\cdot Y_2+\frac{\partial^3 F(Y_0,X;0)}{\partial Y_0^3}Y_1^3+$$

$$\left.\left(\frac{\partial^3 F}{\partial \alpha^3}\right)_{\alpha=0}\right]+\cdots$$

比较 α 的同次幂的系数，则得下列方程和方程组，由此可以决定函数 Y_0,Y_1,
$Y_2,\cdots$

$$Y_0'=F(Y_0,X;0) \tag{7}$$

$$\begin{cases} Y_1'-\dfrac{\partial F(Y_0,X;0)}{\partial Y_0}Y_1=\left(\dfrac{\partial F}{\partial \alpha}\right)_{\alpha=0} \\[3mm] Y_2'-\dfrac{\partial F(Y_0,X;0)}{\partial Y_0}Y_2=\dfrac{\partial^2 F(Y_0,X;0)}{\partial Y_0^2}Y_1^2+\left(\dfrac{\partial^2 F}{\partial \alpha^2}\right)_{\alpha=0} \\[3mm] Y_3'-\dfrac{\partial F(Y_0,X;0)}{\partial Y_0}Y_3=\dfrac{\partial^2 F(Y_0,X;0)}{\partial Y_0^2}Y_1Y_2+\dfrac{\partial^3 F(Y_0,X;0)}{\partial Y_0^3}Y_1^3+\left(\dfrac{\partial^3 F}{\partial \alpha^3}\right)_{\alpha=0} \\[3mm] \qquad\qquad\qquad\qquad\qquad \vdots \end{cases} \tag{8}$$

在目前的情形下，方程（7）是方程（5）的简化方程，用来决定函数 Y_1,Y_2,
$Y_3,\cdots$ 的方程按照一般理论来说是线性的，而且它们的左边彼此相同，不含右边
的对应线性方程是

$$Z'-\frac{\partial F(Y_0,X;0)}{\partial Y_0}Z=0 \tag{9}$$

它的积分易于求出，倘若已经知道了方程（7）的通积分，事实上，设方程（7）的
通积分为，$Y_0=f(X,C)$，代入方程（7），则得

$$\frac{\mathrm{d}f}{\mathrm{d}X}=F(f(X,C),X;0)$$

再将两边对 C 微分，则有

51

$$\frac{\mathrm{d}}{\mathrm{d}X}\left(\frac{\partial f}{\partial C}\right)=\frac{\partial F}{\partial Y_0}\frac{\partial f}{\partial C}$$

这样，$\dfrac{\partial f}{\partial C}$ 便是方程（9）的积分. 再用任意常数的变化法，则方程组（8）的积分法即可由积分号求出.

于是我们便得到了方程（5）的积分按 α 的方幂的展开式. 当 α 充分小的时候，这个展开式是收敛的. 对于任意方程组而言，也有同样的结果.

由展开式
$$Y=Y_0+\alpha Y_1+\alpha^2 Y_2+\cdots$$

可以推知，Y 是单值的必要条件为：所有的 $Y_0,Y_1,\cdots$ 都是单值函数. 事实上，假定 Y_k 是第一个这样的函数 Y_n，使得绕某点 x_0 走一周时它不是单值的，那么便可以写成
$$Y=(Y_0+\alpha Y_1+\cdots+\alpha^{k-1}Y_{k-1})+\alpha^k(Y_k+\alpha Y_{k+1}+\cdots)$$

倘若绕着点 x_0 走一周以后，Y_k 的值是 $\overline{Y}_k$ 等，则得
$$\overline{Y}=(\overline{Y}_0+\alpha\overline{Y}_1+\cdots+\alpha^{k-1}\overline{Y}_{k-1})+\alpha^k(\overline{Y}_k+\alpha\overline{Y}_{k+1}+\cdots)$$

由假设知 $\overline{Y}_0=Y_0,\overline{Y}_1=Y_1,\cdots,\overline{Y}_{k-1}=Y_{k-1}$，但 $\overline{Y}_k\neq Y_k$，所以
$$\overline{Y}-Y=\alpha^k\left[(\overline{Y}_k-Y_k)+\alpha(\cdots)\right]$$

又由于 α 可以任意小，故恒可令 α 如此小，使得
$$|\overline{Y}_k-Y_k|>|\alpha||(\cdots)|$$

从而 $\overline{Y}\neq Y$.

如果将变量 Y 如此变换为 y，使得 y 可以用 Y 单值地表出来，则由此可知，y 也是单值的，这样，我们便得到了下面的方法，求方程的积分的单值性的必要条件（但显然不是充分条件）：倘若将方程组的积分按参数的方幂展开为级数，那么参数的所有方幂的系数，都必须是单值函数.

由上述可知，欲决定展开式的所有一切系数，只需找出简化方程组的通积分即可，但在许多情形下，这点并不是必要的. 事实上，如果我们对于某个 Y_0 找到了方程
$$Z'-\frac{\partial F(Y_0,X;0)}{\partial Y_0}Z=0$$

的某个特殊积分而不是通积分，那么我们显然可以找出展开式的所有一切系数 Y_k. 这样，在所讨论的方法中，有时也可以取简化方程组的特殊积分——当我们可以找出用来决定所有的 $y_j^{(k)}$ 且不含右边项的方程组的积分时. 以后我们便可以看到，这个简单的注解使微小参数法在求具有单值积分的方程的问题中的应

用得到了大大地简化[1].

§3 微小参数法对于重刚体绕不动点运动方程的应用;A,B,C 各不相同的情形

包含在 C. B. 柯瓦列夫斯卡雅问题中的方程组具有如下形式

$$
\begin{cases}
A\dfrac{\mathrm{d}p}{\mathrm{d}t}+(C-B)qr=Mg(y_0\gamma''-z_0\gamma') \\[2mm]
B\dfrac{\mathrm{d}q}{\mathrm{d}t}+(A-C)rp=Mg(z_0\gamma-x_0\gamma'') \\[2mm]
C\dfrac{\mathrm{d}r}{\mathrm{d}t}+(B-A)pq=Mg(x_0\gamma'-y_0\gamma)
\end{cases}
\tag{I}
$$

$$
\begin{cases}
\dfrac{\mathrm{d}\gamma}{\mathrm{d}t}=r\gamma'-q\gamma'' \\[2mm]
\dfrac{\mathrm{d}\gamma'}{\mathrm{d}t}=p\gamma''-r\gamma \\[2mm]
\dfrac{\mathrm{d}\gamma''}{\mathrm{d}t}=q\gamma-p\gamma'
\end{cases}
\tag{II}
$$

因为方程的右边是多项式,所以对于任何有限值 $p,q,r,\gamma,\gamma',\gamma''$,右边都是有限且解析的,从而根据积分的存在性的基本定理即知,在变量的任何有限且确定的值的邻域内,积分都是解析的,这样,积分的奇点可能是极点(特别如临界的极点)或者本质奇点(特别如临界的本质奇点),在这种奇点的邻域内,函数是不定的[2].又因为方程组(I),(II)里面不包含时间 t,所以当将 t 替换为 $t+a$(a 是常数)时,方程的形式不变.由此可知,如果存在着在平面 t 上具有奇点 t_0 的积分,那么在其他的初始条件之下,即可找出具有奇点 $t+a$ 的积分,于是方程组(I)与(II)的积分的奇点便是运动的.唯一一个例外是 $t=\infty$,它可能是不动的奇点,这样,C. B. 柯瓦列夫斯卡雅问题便归结于此种条件的寻找,使得在这种条件之下,方程组(I)与(II)没有运动的临界奇点,也就是临界的极点与临界的本质奇点.

我们先考虑 A,B,C 各不相同的情形,并证此时的方程组(I)与(II)可以稍稍化简.为此,我们引入三个常数 π,κ,ρ,使它们满足条件

---

[1]　参看本书第 44 页所引的书的第 182 页.

[2]　关于奇点的分类,例如可以看 Голубев B. B. 的著作《Лекции по аналитической теории дифференциальных уравнений》的第一章.

$$\begin{cases} A\pi = (C-B)\kappa\rho \\ B\kappa = (A-C)\rho\pi \\ C\rho = (B-A)\pi\kappa \end{cases} \tag{1}$$

将方程组（1）中的各式相乘，则得

$$ABC = (C-B)(A-C)(B-A)\pi\kappa\rho \tag{2}$$

由方程组（1）与式（2）即有

$$\begin{cases} \pi = \dfrac{\sqrt{BC(C-B)}}{\sqrt{(C-B)(A-C)(B-A)}} \\[3mm] \kappa = \dfrac{\sqrt{CA(A-C)}}{\sqrt{(C-B)(A-C)(B-A)}} \\[3mm] \rho = \dfrac{\sqrt{AB(B-A)}}{\sqrt{(C-B)(A-C)(B-A)}} \end{cases} \tag{3}$$

又在方程组（Ⅰ）与（Ⅱ）中令

$$p = \pi p_1, \quad q = \kappa q_1, \quad r = \rho r_1$$

则各方程便化为

$$\begin{cases} \dfrac{\mathrm{d}p_1}{\mathrm{d}t} + q_1 r_1 = \dfrac{1}{A\pi}(y_0\gamma'' - z_0\gamma') \\[3mm] \dfrac{\mathrm{d}q_1}{\mathrm{d}t} + r_1 p_1 = \dfrac{1}{B\kappa}(z_0\gamma - x_0\gamma'') \\[3mm] \dfrac{\mathrm{d}r_1}{\mathrm{d}t} + p_1 q_1 = \dfrac{1}{C\rho}(x_0\gamma' - y_0\gamma) \end{cases} \tag{Ⅰ$_1$}$$

$$\begin{cases} \dfrac{\mathrm{d}\gamma}{\mathrm{d}t} = \rho r_1 \gamma' - \kappa q_1 \gamma'' \\[3mm] \dfrac{\mathrm{d}\gamma'}{\mathrm{d}t} = \pi p_1 \gamma'' - \rho r_1 \gamma \\[3mm] \dfrac{\mathrm{d}\gamma''}{\mathrm{d}t} = \kappa q_1 \gamma - \pi p_1 \gamma' \end{cases} \tag{Ⅱ$_1$}$$

为了利用微分参数法，我们在方程组（Ⅰ$_1$）与（Ⅱ$_1$）中引入参数 α，此时令

$$p_1 = \frac{p_1'}{\alpha}, \quad q_1 = \frac{q_1'}{\alpha}, \quad r_1 = \frac{r_1'}{\alpha}$$

$$\gamma = \frac{\gamma_1}{\alpha}, \quad \gamma' = \frac{\gamma_2}{\alpha}, \quad \gamma'' = \frac{\gamma_3}{\alpha}$$

$$t = t_0 + \alpha\tau$$

在这种代换以后，方程组（Ⅰ）与（Ⅱ）便成为

$$
\begin{cases}
\dfrac{\mathrm{d}p_1'}{\mathrm{d}\tau}+q_1'r_1'=\dfrac{\alpha}{A\pi}(y_0\gamma_3-z_0\gamma_2) \\[3mm]
\dfrac{\mathrm{d}q_1'}{\mathrm{d}\tau}+r_1'p_1'=\dfrac{\alpha}{B\kappa}(z_0\gamma_1-x_0\gamma_3) \\[3mm]
\dfrac{\mathrm{d}r_1'}{\mathrm{d}\tau}+p_1'q_1'=\dfrac{\alpha}{C\rho}(x_0\gamma_2-y_0\gamma_1)
\end{cases}
\qquad(\mathrm{I}_2)
$$

$$
\begin{cases}
\dfrac{\mathrm{d}\gamma_1}{\mathrm{d}\tau}=\rho r_1'\gamma_2-\kappa q_1'\gamma_3 \\[3mm]
\dfrac{\mathrm{d}\gamma_2}{\mathrm{d}\tau}=\pi p_1'\gamma_3-\rho r_1'\gamma_1 \\[3mm]
\dfrac{\mathrm{d}\gamma_3}{\mathrm{d}\tau}=\kappa q_1'\gamma_1-\pi p_1'\gamma_2
\end{cases}
\qquad(\mathrm{II}_2)
$$

当 $\alpha=0$ 时,我们得到方程组(I)的简化方程组,如下

$$
\begin{cases}
\dfrac{\mathrm{d}p_{10}'}{\mathrm{d}\tau}+q_{10}'r_{10}'=0 \\[3mm]
\dfrac{\mathrm{d}q_{10}'}{\mathrm{d}\tau}+r_{10}'p_{10}'=0 \\[3mm]
\dfrac{\mathrm{d}r_{10}'}{\mathrm{d}\tau}+p_{10}'q_{10}'=0
\end{cases}
\qquad(4)
$$

方程组(4)具有特殊积分

$$
\begin{cases}
p_{10}'=\dfrac{1}{\tau} \\[3mm]
q_{10}'=\dfrac{1}{\tau} \\[3mm]
r_{10}'=\dfrac{1}{\tau}
\end{cases}
\qquad(5)
$$

积分组(5)代表函数 p_1',q_1',r_1' 按 α 的方幂展开的展开式的首项,此时我们还注意到,简化方程组(4)与(II_2)可以由一般的方程组(I_1)与(II_1)得出,只需要 $x_0=y_0=z_0=0$ 即可,这正对应于欧拉–普安索情形. 这样,欧拉–普安索情形可以看作重刚体绕不动点运动的简化方程组(II_2)与(4)的力学解释.

将积分组(5)代入方程组(II_2),便得到决定 $\gamma_1,\gamma_2,\gamma_3$ 的方程组

$$
\begin{cases}
\dfrac{\mathrm{d}\gamma_1}{\mathrm{d}\tau}=\dfrac{\rho\gamma_2-\kappa\gamma_3}{\tau} \\[3mm]
\dfrac{\mathrm{d}\gamma_2}{\mathrm{d}\tau}=\dfrac{\pi\gamma_3-\rho\gamma_1}{\tau} \\[3mm]
\dfrac{\mathrm{d}\gamma_3}{\mathrm{d}\tau}=\dfrac{\kappa\gamma_1-\pi\gamma_2}{\tau}
\end{cases}
\qquad(6)
$$

线性方程组(6)属于柯西-欧拉的方程类①. 应用这种类型的方程的一般积分法,可以将它们的解答写成

$$\gamma_1 = \Gamma_1 \tau^s, \quad \gamma_2 = \Gamma_2 \tau^s, \quad \gamma_3 = \Gamma_3 \tau^s \tag{7}$$

其中 $\Gamma_1, \Gamma_2, \Gamma_3$ 是常数,将数值(7)代入方程组(6),则得下列方程组,用以决定常数 s 与 $\Gamma_1, \Gamma_2, \Gamma_3$

$$\begin{cases} s\Gamma_1 - \rho\Gamma_2 + \kappa\Gamma_3 = 0 \\ \rho\Gamma_1 + s\Gamma_2 - \pi\Gamma_3 = 0 \\ -\kappa\Gamma_1 + \pi\Gamma_2 + s\Gamma_3 = 0 \end{cases} \tag{8}$$

由此即得 s 的方程

$$\begin{vmatrix} s & -\rho & \kappa \\ \rho & s & -\pi \\ -\kappa & \pi & s \end{vmatrix} = 0$$

或者将行列式展开得

$$s^3 + (\pi^2 + \rho^2 + \kappa^2)s = 0 \tag{9}$$

但由方程组(3)容易证明 $\pi^2 + \kappa^2 + \rho^2 = -1$,从而方程(9)的根便是

$$s_1 = 0, \quad s_2 = 1, \quad s_3 = -1$$

当 $s = 0$ 时,由方程组(8)可得

$$\frac{\Gamma_1}{\pi} = \frac{\Gamma_2}{\kappa} = \frac{\Gamma_3}{\rho}$$

因而方程组(6)便具有特殊积分

$$\gamma_1 = \pi, \quad \gamma_2 = \kappa, \quad \gamma_3 = \rho \tag{10}$$

因此也可以找出对应于两个根 s_2, s_3 的另外两组积分,然后根据它们即可得出方程组(6)的通积分.

现在再求 p_1', q_1', r_1' 按 α 的方幂展开的展开式中的其他项. 令

$$p_1' = p_{10}' + \alpha p_2 + \cdots, \quad q_1' = q_{10}' + \alpha q_2 + \cdots, \quad r_1' = r_{10}' + \alpha r_2 + \cdots \tag{11}$$

并将展开式(11)代入方程组(Ⅰ),则得

$$\begin{cases} \dfrac{\mathrm{d}p_2}{\mathrm{d}\tau} + \dfrac{q_2 + r_2}{\tau} = \dfrac{1}{A\pi}(y_0\gamma_3 - z_0\gamma_2) \\[2mm] \dfrac{\mathrm{d}q_2}{\mathrm{d}\tau} + \dfrac{r_2 + p_2}{\tau} = \dfrac{1}{B\kappa}(z_0\gamma_1 - x_0\gamma_3) \\[2mm] \dfrac{\mathrm{d}r_2}{\mathrm{d}\tau} + \dfrac{p_2 + q_2}{\tau} = \dfrac{1}{C\rho}(x_0\gamma_2 - y_0\gamma_1) \end{cases} \tag{12}$$

先考虑与方程组(12)相应的不含右边项的方程组

---

① 参看 Смирнов В. И. 的著作《Курс высшей математики》.

$$\begin{cases} \dfrac{\mathrm{d}p_2'}{\mathrm{d}\tau}+\dfrac{q_2'+r_2'}{\tau}=0 \\[2mm] \dfrac{\mathrm{d}q_2'}{\mathrm{d}\tau}+\dfrac{r_2'+p_2'}{\tau}=0 \\[2mm] \dfrac{\mathrm{d}r_2'}{\mathrm{d}\tau}+\dfrac{p_2'+q_2'}{\tau}=0 \end{cases} \qquad (13)$$

用平常的方法,设此方程组的积分为

$$\begin{cases} p_2'=P\tau^s \\ q_2'=Q\tau^s \\ r_2'=R\tau^s \end{cases} \qquad (14)$$

将积分组(14)代入方程组(13),则得如下的方程组,用以决定 s,P,Q,R

$$\begin{cases} sP+Q+R=0 \\ P+sQ+R=0 \\ P+Q+sR=0 \end{cases}$$

由此即得决定 s 的方程

$$\begin{vmatrix} s & 1 & 1 \\ 1 & s & 1 \\ 1 & 1 & s \end{vmatrix}=0 \qquad (15)$$

或者展开得

$$(s-1)(s^2+s-2)=0$$

这个方程的根是

$$s_1=1, \quad s_2=1, \quad s_3=-2$$

当 $s=1$ 时,方程组化为一个方程 $P+Q+R=0$,或者 $P=-(Q+R)$.

对应于二重根 $s=1$ 的情形,在呈式(14)形式的积分组中,令(例如)$Q=-1,R=0$,可得 $P=1$,令 $Q=0,R=-1$ 可得 $P=1$. 这样,我们便有了两组解

$$p_2'=\tau, \quad q_2'=-\tau, \quad r_2'=0$$

与

$$p_2'=\tau, \quad q_2'=0, \quad r_2'=-\tau$$

又当 $s=-2$ 时,我们有方程组

$$\begin{cases} -2P+Q+R=0 \\ P-2Q+R=0 \\ P+Q-2R=0 \end{cases}$$

从而 $P=Q=R$,再令 $P=Q=R=1$,则又得一组解

$$p_2'=\dfrac{1}{\tau^2}, \quad q_2'=\dfrac{1}{\tau^2}, \quad r_2'=\dfrac{1}{\tau^2}$$

57

因此,方程组(13)的通积分即呈如下形式

$$\begin{cases} p_2' = (c_1+c_2)\tau+\dfrac{c_3}{\tau^2} \\[2mm] q_2' = -c_1\tau+\dfrac{c_3}{\tau^2} \\[2mm] r_2' = -c_2\tau+\dfrac{c_3}{\tau^2} \end{cases} \tag{16}$$

利用任意常数的变化法,我们便得到函数 c_1, c_2, c_3 的下列方程,用以决定具有右边项的方程的积分

$$(c_1'+c_2')\tau+\frac{c_3'}{\tau^2}=\frac{1}{A\pi}(y_0\gamma_3-z_0\gamma_2)$$

$$-c_1'\tau+\frac{c_3'}{\tau^2}=\frac{1}{B\kappa}(z_0\gamma_1-x_0\gamma_3)$$

$$-c_2'\tau+\frac{c_3'}{\tau^2}=\frac{1}{C\rho}(x_0\gamma_2-y_0\gamma_1)$$

其中的撇号代表关于 τ 的导数.

因为

$$\begin{vmatrix} \tau & \tau & \dfrac{1}{\tau^2} \\[2mm] -\tau & 0 & \dfrac{1}{\tau^2} \\[2mm] 0 & -\tau & \dfrac{1}{\tau^2} \end{vmatrix}=3$$

所以便得到 c_1', c_2', c_3' 的方程,如下

$$c_1'=\frac{1}{3}\begin{vmatrix} \dfrac{1}{A\pi}(y_0\gamma_3-z_0\gamma_2) & \tau & \dfrac{1}{\tau^2} \\[2mm] \dfrac{1}{B\kappa}(z_0\gamma_1-x_0\gamma_3) & 0 & \dfrac{1}{\tau^2} \\[2mm] \dfrac{1}{C\rho}(x_0\gamma_2-y_0\gamma_1) & -\tau & \dfrac{1}{\tau^2} \end{vmatrix}$$

$$c_2'=\frac{1}{3}\begin{vmatrix} \tau & \dfrac{1}{A\pi}(y_0\gamma_3-z_0\gamma_2) & \dfrac{1}{\tau^2} \\[2mm] -\tau & \dfrac{1}{B\kappa}(z_0\gamma_1-x_0\gamma_3) & \dfrac{1}{\tau^2} \\[2mm] 0 & \dfrac{1}{C\rho}(x_0\gamma_2-y_0\gamma_1) & \dfrac{1}{\tau^2} \end{vmatrix}$$

$$c_3' = \frac{1}{3} \begin{vmatrix} \tau & \tau & \frac{1}{A\pi}(y_0\gamma_3 - z_0\gamma_2) \\ -\tau & 0 & \frac{1}{B\kappa}(z_0\gamma_1 - x_0\gamma_3) \\ 0 & \tau & \frac{1}{C\rho}(x_0\gamma_2 - y_0\gamma_1) \end{vmatrix}$$

在这里将式(10)代入, 则得

$$c_1' = \frac{1}{3\tau} \begin{vmatrix} \frac{1}{A\pi}(y_0\gamma_3 - z_0\gamma_2) & 1 & 1 \\ \frac{1}{B\kappa}(z_0\gamma_1 - x_0\gamma_3) & 0 & 1 \\ \frac{1}{C\rho}(x_0\gamma_2 - y_0\gamma_1) & -1 & 1 \end{vmatrix}$$

以及 c_2' 的类似的表达式. 欲使 c_1 没有临界的运动的对数点, 必须有等式

$$\begin{vmatrix} \frac{1}{A\pi}(y_0\rho - z_0\kappa) & 1 & 1 \\ \frac{1}{B\kappa}(z_0\pi - x_0\rho) & 0 & 1 \\ \frac{1}{C\rho}(x_0\kappa - y_0\pi) & -1 & 1 \end{vmatrix} = 0$$

成立. 由此展开行列式即得

$$\frac{1}{A\pi}(y_0\rho - z_0\kappa) - \frac{2}{B\kappa}(z_0\pi - x_0\rho) + \frac{1}{C\rho}(x_0\kappa - y_0\pi) = 0$$

将 x_0, y_0, z_0 的项分类归并, 则有

$$x_0 \left[\frac{\kappa}{C\rho} + \frac{2\rho}{B\kappa} \right] + y_0 \left[\frac{\rho}{A\pi} - \frac{\pi}{C\rho} \right] - z_0 \left[\frac{\kappa}{A\pi} + \frac{2\pi}{B\kappa} \right] = 0 \tag{17}$$

但

$$\frac{\kappa}{C\rho} + \frac{2\rho}{B\kappa} = \frac{B\kappa^2 + 2C\rho^2}{BC\kappa\rho} = \frac{ABC(A-C) + 2ABC(B-A)}{ABC\sqrt{BC(A-C)(B-A)}} = \frac{2B-A-C}{\sqrt{BC(A-C)(B-A)}}$$

$$\frac{\rho}{A\pi} - \frac{\pi}{C\rho} = \frac{C\rho^2 - A\pi^2}{AC\pi\rho} = \frac{ABC(B-A) - ABC(C-B)}{ABC\sqrt{AC(C-B)(B-A)}} = \frac{2B-A-C}{\sqrt{AC(C-B)(B-A)}}$$

$$\frac{\kappa}{A\pi} + \frac{2\pi}{B\kappa} = \frac{B\kappa^2 + 2A\pi^2}{AB\pi\kappa} = \frac{ABC(A-C) + 2ABC(C-B)}{ABC\sqrt{AB(C-B)(A-C)}}$$

$$= \frac{A+C-2B}{\sqrt{AB(C-B)(A-C)}}$$

因此, 条件(17)便具有如下形式

$$(2B-A-C) \left[\frac{x_0}{\sqrt{BC(A-C)(B-A)}} + \frac{y_0}{\sqrt{AC(C-B)(B-A)}} + \right.$$

$$\left. \frac{z_0}{\sqrt{AB(C-B)(A-C)}} \right] = 0$$

或者

$$(2B-A-C)\left[x_0\sqrt{A(C-B)} + y_0\sqrt{B(A-C)} + z_0\sqrt{C(B-A)} \right] = 0 \qquad (18)$$

同样地,由 c_2 的表达式可得条件

$$(2C-A-B)\left[x_0\sqrt{A(C-B)} + y_0\sqrt{B(A-C)} + z_0\sqrt{C(B-A)} \right] = 0 \qquad (19)$$

但 A,B,C 各不相同,故由此即得条件

$$x_0\sqrt{A(C-B)} + y_0\sqrt{B(A-C)} + z_0\sqrt{C(B-A)} = 0 \qquad (20)$$

如果这样选取与物体相附着的坐标轴,使 $A>B>C$,那么当将等式(20)中的实部与虚部分开时,即得两个等式,如下

$$x_0\sqrt{A(B-C)} + z_0\sqrt{C(A-B)} = 0 \qquad (21)$$

$$y_0 = 0 \qquad (22)$$

于是我们便得到了下面的结果:

倘若刚体的三个主惯性矩各不相同,那么只有当等式(21)与(22)成立的时候,方程组(Ⅰ)与(Ⅱ)才可能有单值的积分.

但当 $x_0 = y_0 = z_0 = 0$ 时,等式(21)与(22)显然成立,故所得的结果也可以陈述如下:

倘若 A,B,C 各不相同,那么方程组(Ⅰ)与(Ⅱ)只在下列两种情形内才可能有单值积分:

(a)当 $x_0 = y_0 = z_0$ 时.

(b)当条件

$$x_0\sqrt{A(B-C)} + z_0\sqrt{C(A-B)} = 0$$

$$y_0 = 0$$

成立时.

第一种情形便是欧拉与普安索所讨论过的古典情形.

第二种情形被 C. B. 柯瓦列夫斯卡雅略去,而被 Г. Г. 阿别里罗特首先指出[①]. 其后在 П. A. 涅克拉索夫(П. A. Некрасов)与 A. M. 李雅普诺夫的研究中又指明,在第二种情形下,方程组(Ⅰ)与(Ⅱ)不一定有单值积分. 将来我们要用微小参数法来证明这一点.

---

① 参看 C. B. Ковалевской 的著作 *Sur le probléme de la rotation d'un corps solide autour d'un point fixe.*

§4 具有单值积分的方程;$A=B$ 的情形

现在我们考虑主惯性矩当中有相等的情形,例如 $A=B$.

因为在此种情形下,按照关于 z 轴的对称性可将各轴绕 z 轴旋转,所以我们可以假设重心在面 xz 内,从而 $y_0=0$.

在此种假设下,方程组(Ⅰ)便具有如下形式

$$\begin{cases} A\dfrac{\mathrm{d}p}{\mathrm{d}t}+(C-A)qr=-Mgz_0\gamma' \\[2mm] A\dfrac{\mathrm{d}q}{\mathrm{d}t}+(A-C)rp=Mg(z_0\gamma-x_0\gamma'') \\[2mm] C\dfrac{\mathrm{d}r}{\mathrm{d}t}=Mgx_0\gamma' \end{cases} \qquad (1)$$

令

$$\frac{A-C}{A}=1-\frac{C}{A}=m \qquad (2)$$

并选这样的单位,使 $\dfrac{Mg}{A}=1$,则方程组(1)即可化为

$$\frac{\mathrm{d}p}{\mathrm{d}t}-mqr=-z_0\gamma'$$

$$\frac{\mathrm{d}q}{\mathrm{d}t}+mrp=z_0\gamma-x_0\gamma''$$

$$\frac{\mathrm{d}r}{\mathrm{d}t}=nx_0\gamma'$$

其中

$$n=\frac{Mg}{C}$$

因为

$$\frac{Mg}{A} : \frac{Mg}{C}=\frac{C}{A}=1-m$$

所以在 m,n 之间有如下关系式

$$1 : n=1-m \qquad (3)$$

这样,在所讨论的情形下,重刚体绕不动点运动的研究便归结于下列方程组的积分法

$$\begin{cases} \dfrac{\mathrm{d}p}{\mathrm{d}t}-mqr=-z_0\gamma' \\[2mm] \dfrac{\mathrm{d}q}{\mathrm{d}t}+mrp=z_0\gamma-x_0\gamma'' \\[2mm] \dfrac{\mathrm{d}r}{\mathrm{d}t}=nx_0\gamma' \end{cases} \tag{4}$$

$$\begin{cases} \dfrac{\mathrm{d}\gamma}{\mathrm{d}t}=r\gamma'-q\gamma'' \\[2mm] \dfrac{\mathrm{d}\gamma'}{\mathrm{d}t}=p\gamma''-r\gamma \\[2mm] \dfrac{\mathrm{d}\gamma''}{\mathrm{d}t}=q\gamma-p\gamma' \end{cases} \tag{5}$$

欲利用微小参数法,可以引入变换

$$p=\alpha p_1, \quad q=q_1, \quad r=\alpha r_1$$
$$\gamma=\gamma_1, \quad \gamma'=\alpha\gamma_1', \quad \gamma''=\gamma_1''$$

此时方程组(4)与(5)分别变为下列方程组

$$\begin{cases} \dfrac{\mathrm{d}p_1}{\mathrm{d}t}-mq_1r_1=-z_0\gamma_1' \\[2mm] \dfrac{\mathrm{d}q_1}{\mathrm{d}t}=z_0\gamma_1-x_0\gamma_1''-\alpha^2 r_1 p_1 \\[2mm] \dfrac{\mathrm{d}r_1}{\mathrm{d}t}=nx_0\gamma_1 \end{cases} \tag{4'}$$

$$\begin{cases} \dfrac{\mathrm{d}\gamma_1}{\mathrm{d}t}=-q\gamma_1''+\alpha^2 r_1\gamma_1' \\[2mm] \dfrac{\mathrm{d}\gamma_1'}{\mathrm{d}t}=p_1\gamma_1''-r_1\gamma_1 \\[2mm] \dfrac{\mathrm{d}\gamma_1''}{\mathrm{d}t}=q_1\gamma_1-\alpha^2 p_1\gamma_1' \end{cases} \tag{5'}$$

其中包含小参数 α^2. 当 $\alpha=0$ 时,我们得到简化的方程

$$\frac{\mathrm{d}p_1}{\mathrm{d}t}-mq_1r_1=-z_0\gamma_1'$$

$$\frac{\mathrm{d}\gamma_1}{\mathrm{d}t}=-q_1\gamma_1''$$

$$\frac{\mathrm{d}q_1}{\mathrm{d}t}=z_0\gamma_1-x_0\gamma_1''$$

$$\frac{\mathrm{d}\gamma_1'}{\mathrm{d}t}=p_1\gamma_1''-r_1\gamma_1$$

$$\frac{\mathrm{d}r_1}{\mathrm{d}t} = nx_0\gamma_1'$$

$$\frac{\mathrm{d}\gamma_1''}{\mathrm{d}t} = q_1\gamma_1$$

将这六个方程分为下列两个方程组

$$\begin{cases} \dfrac{\mathrm{d}p_1}{\mathrm{d}t} - mq_1r_1 = -z_0\gamma_1' \\[2mm] \dfrac{\mathrm{d}r_1}{\mathrm{d}t} = nx_0\gamma_1' \\[2mm] \dfrac{\mathrm{d}\gamma_1'}{\mathrm{d}t} = p_1\gamma_1'' - r_1\gamma_1 \end{cases} \tag{6}$$

$$\begin{cases} \dfrac{\mathrm{d}q_1}{\mathrm{d}t} = z_0\gamma_1 - x_0\gamma_1'' \\[2mm] \dfrac{\mathrm{d}\gamma_1}{\mathrm{d}t} = -q_1\gamma_1'' \\[2mm] \dfrac{\mathrm{d}\gamma_1''}{\mathrm{d}t} = q_1\gamma_1 \end{cases} \tag{7}$$

方程组(6)具有特殊积分

$$p_1 = r_1 = \gamma_1' = 0 \tag{8}$$

现在求方程组(7)的如下形式的特殊积分

$$q_1 = \frac{Q}{t}, \quad \gamma_1 = \frac{\Gamma}{t^2}, \quad \gamma_1'' = \frac{\Gamma''}{t^2} \tag{9}$$

其中 Q, Γ, Γ'' 为常数.

将数值(9)代入方程组(7),可得下列方程和方程组,用以决定常数

$$-Q = z_0\Gamma - x_0\Gamma'' \tag{10}$$

$$\begin{cases} -2\Gamma = -Q\Gamma'' \\ -2\Gamma'' = Q\Gamma \end{cases} \tag{11}$$

将方程组(11)中的两式相乘,则得

$$Q^2 = -4$$

故 $Q = 2\mathrm{i}$. 从而

$$\Gamma = -\frac{2\mathrm{i}}{z_0 + \mathrm{i}x_0} \tag{12}$$

$$\Gamma'' = -\frac{2}{z_0 + \mathrm{i}x_0} \tag{13}$$

这样,方程组(6),(7)便有如下特殊积分

$$\begin{cases} p_1 = 0 \\ q_1 = \dfrac{2i}{t} \\ r_1 = 0 \\ \gamma_1 = -\dfrac{2i}{z_0+ix_0}\,\dfrac{1}{t^2} \\ \gamma_1' = 0 \\ \gamma_1'' = -\dfrac{2}{z_0+ix_0}\,\dfrac{1}{t^2} \end{cases} \tag{14}$$

将方程组$(4')$与$(5')$的积分按参数α^2展开,便得到如下展开式

$$\begin{cases} p_1 = \alpha^2 p_2 + \alpha^4 p_3 + \cdots \\ q_1 = \dfrac{2i}{t} + \alpha^2 q_2 + \alpha^4 q_3 + \cdots \\ r_1 = \alpha^2 r_2 + \alpha^4 r_3 + \cdots \\ \gamma_1 = -\dfrac{2i}{z_0+ix_0}\,\dfrac{1}{t^2} + \alpha^2 \gamma_2 + \cdots \\ \gamma_1' = \alpha^2 \gamma_2' + \alpha^4 \gamma_3' + \cdots \\ \gamma_1'' = -\dfrac{2}{z_0+ix_0}\,\dfrac{1}{t^2} + \alpha^2 \gamma_2'' + \cdots \end{cases} \tag{15}$$

将这些展开式代入方程组$(4')$与$(5')$,并比较α^2的系数,便得到关于p_2, r_2, γ_2'的方程,如下

$$\begin{cases} \dfrac{\mathrm{d}p_2}{\mathrm{d}t} - \dfrac{2im}{t}r_2 + z_0\gamma_2' = 0 \\ \dfrac{\mathrm{d}r_2}{\mathrm{d}t} - nx_0\gamma_2' = 0 \\ \dfrac{\mathrm{d}\gamma_2'}{\mathrm{d}t} + \dfrac{2}{z_0+ix_0}\,\dfrac{1}{t^2}\,p_2 - \dfrac{2i}{z_0+ix_0}\,\dfrac{1}{t^2}\,r_2 = 0 \end{cases} \tag{16}$$

倘若在线性方程组(16)中令

$$\gamma_2' = \dfrac{G}{t}$$

进行代换,则得柯西-欧拉型的方程组

$$\begin{cases} \dfrac{\mathrm{d}p_2}{\mathrm{d}t} - \dfrac{2\mathrm{i}m}{t}r_2 + \dfrac{z_0 G}{t} = 0 \\[2mm] \dfrac{\mathrm{d}r_2}{\mathrm{d}t} - nx_0\,\dfrac{G}{t} = 0 \\[2mm] \dfrac{2}{z_0+\mathrm{i}x_0}\,\dfrac{1}{t}p_2 - \dfrac{2\mathrm{i}}{z_0+\mathrm{i}x_0}\,\dfrac{1}{t}r_2 + \dfrac{\mathrm{d}G}{\mathrm{d}t} - \dfrac{G}{t} = 0 \end{cases} \tag{17}$$

按照一般的法则,可求出方程组的积分,如下

$$p_2 = Pt^s, \quad r_2 = Rt^s, \quad G = Ht^s$$

其中 P, R, H 都是常数.

此时可以得到方程

$$\begin{vmatrix} s & -2\mathrm{i}m & z_0 \\[2mm] 0 & s & -nx_0 \\[2mm] \dfrac{2}{z_0+\mathrm{i}x_0} & -\dfrac{2\mathrm{i}}{z_0+\mathrm{i}x_0} & s-1 \end{vmatrix} = 0$$

用以决定 s ,此式也可以写成

$$s^3 - s^2 - 2s\,\frac{\mathrm{i}nx_0+z_0}{z_0+\mathrm{i}x_0} + 4\mathrm{i}\,\frac{mnx_0}{z_0+\mathrm{i}x_0} = 0$$

但由等式(3)可得

$$mn = n - 1$$

所以最后便得到方程

$$s^3 - s^2 - 2s\,\frac{\mathrm{i}nx_0+z_0}{z_0+\mathrm{i}x_0} + 4\mathrm{i}\,\frac{nx_0-x_0}{z_0+\mathrm{i}x_0} = 0$$

也就是

$$(s-2)\left[s^2+s-2\,\frac{(x_0+\mathrm{i}z_0)(n-1)x_0}{x_0^2+z_0^2}\right] = 0 \tag{18}$$

倘若方程(18)有复数根,那么 p_2, r_2, γ_3 便具有临界的超越点 $t=0$,但在方程组(17)中可将 t 替换为 $\tau = t - t_0$,所以也有动点 t_0. 因此,欲使积分不含运动的临界超越点,那么方程

$$s^2+s-2\,\frac{(x_0+\mathrm{i}z_0)(n-1)x_0}{x_0^2+z_0^2} = 0 \tag{19}$$

的两个根的积便必须是实数才行,此种情形只有当

$$(n-1)x_0 z_0 = 0$$

的时候才可能成立,也就是说,当 $n=1$ 或 $x_0=0$ 或 $z_0=0$ 时,我们现在分别考虑所有这些情形.

倘若 $n=1$,则由关系式 $\dfrac{1}{n}=1-m$ 可知 $m=0$;但由方程(2)知 $m=1-\dfrac{C}{A}$,所以

65

在此种情形下便有 $A=C$，也就是说，我们具有完全的动力对称的情形，此时惯性椭球蜕变为球面

$$A=B=C \tag{20}$$

倘若 $x_0=0$，则因为 $A=B$ 且 $y_0=0$，所以便得到拉格朗日所研究过的情形.

最后，如果 $z_0=0$，那么方程（19）便成为

$$s^2+s-2(n-1)=0 \tag{21}$$

欲使积分不含运动的临界点，则此式必须具有整根. 但由方程（21）知

$$n=1+\frac{s(s+1)}{2}$$

且两个相邻整数 s 与 $s+1$ 的乘积是偶数，所以此时 n 一定是整数.

我们现在对这种情形进行更详细地分析，而且证明可以找出 s 的界限. 这样，我们便有

$$A=B, \quad y_0=z_0=0, \quad n \text{ 是整数}$$

在此种情形下，方程组（4）与（5）便呈如下形式

$$\begin{cases} \dfrac{\mathrm{d}p}{\mathrm{d}t}-mqr=0 \\[2mm] \dfrac{\mathrm{d}\gamma}{\mathrm{d}t}=r\gamma'-q\gamma'' \\[2mm] \dfrac{\mathrm{d}q}{\mathrm{d}t}+mrp=-x_0\gamma'' \\[2mm] \dfrac{\mathrm{d}\gamma'}{\mathrm{d}t}=p\gamma''-r\gamma \\[2mm] \dfrac{\mathrm{d}r}{\mathrm{d}t}=nx_0\gamma' \\[2mm] \dfrac{\mathrm{d}\gamma''}{\mathrm{d}t}=q\gamma-p\gamma' \end{cases} \tag{22}$$

在方程组（22）中引入微小参数 α，此时令

$$p=\alpha p_1, \quad q=\alpha q_1, \quad \gamma''=\alpha\gamma_1'' \tag{23}$$

并使 r,γ,γ' 保持不变.

将方程组（22）中的方程重新分组为

$$\begin{cases} \dfrac{\mathrm{d}p_1}{\mathrm{d}t}-mq_1r=0 \\[2mm] \dfrac{\mathrm{d}q_1}{\mathrm{d}t}+mrp_1=-x_0\gamma_1'' \\[2mm] \dfrac{\mathrm{d}\gamma_1''}{\mathrm{d}t}=q_1\gamma-p_1\gamma' \end{cases} \tag{24}$$

$$\begin{cases} \dfrac{\mathrm{d}r}{\mathrm{d}t} = nx_0\gamma' \\[2mm] \dfrac{\mathrm{d}\gamma}{\mathrm{d}t} = r\gamma' - \alpha^2 q_1\gamma_1'' \\[2mm] \dfrac{\mathrm{d}\gamma'}{\mathrm{d}t} = -r\gamma + \alpha^2 p_1\gamma_1'' \end{cases} \tag{25}$$

的形式. 方程组(24)显然有特殊积分

$$p_1 = q_1 = \gamma_1'' = 0 \tag{26}$$

又当 $\alpha = 0$ 时, 可得方程组(25)的简化方程组

$$\begin{cases} \dfrac{\mathrm{d}r}{\mathrm{d}t} = nx_0\gamma' \\[2mm] \dfrac{\mathrm{d}\gamma}{\mathrm{d}t} = r\gamma' \\[2mm] \dfrac{\mathrm{d}\gamma'}{\mathrm{d}t} = -r\gamma \end{cases} \tag{27}$$

我们求出此方程组的特殊积分如下

$$r = \frac{R}{t}, \quad \gamma = \frac{\Gamma}{t^2}, \quad \gamma' = \frac{\Gamma'}{t^2} \tag{28}$$

其中 R, Γ, Γ' 都是常数. 将数值(28)代入方程组(27), 则得决定常数 R, Γ, Γ' 的方程组

$$\begin{cases} -R = nx_0\Gamma' \\ -2\Gamma = R\Gamma' \\ -2\Gamma' = -R\Gamma \end{cases}$$

由此即得

$$R = 2\mathrm{i}, \quad \Gamma = -\mathrm{i}\Gamma' = -\frac{2}{nx_0}, \quad \Gamma' = -\frac{2\mathrm{i}}{nx_0}$$

这样, 方程组(27)便有特殊积分

$$r = \frac{2\mathrm{i}}{t}, \quad \gamma = -\frac{2}{nx_0}\frac{1}{t^2}, \quad \gamma' = -\frac{2\mathrm{i}}{nx_0}\frac{1}{t^2} \tag{29}$$

现在我们决定积分关于微小参数 α^2 的幂级数展开式中的第二项, $p, q, r,$ $\gamma, \gamma', \gamma''$ 的展开式分别具有如下形式

$$p = \alpha^2 p_2 + \alpha^4 p_3 + \cdots$$

$$q = \alpha^2 q_2 + \alpha^4 q_3 + \cdots$$

$$r = \frac{2\mathrm{i}}{t} + \alpha^2 r_2 + \cdots$$

$$\gamma = -\frac{2}{nx_0}\frac{1}{t^2} + \alpha^2 \gamma_2 + \cdots$$

$$\gamma' = -\frac{2\mathrm{i}}{nx_0}\frac{1}{t^2} + \alpha^2\gamma_2' + \cdots$$

$$\gamma'' = \alpha^2\gamma_2'' + \alpha^4\gamma_3'' + \cdots$$

将这些展开式代入方程组（24），即得如下方程组，用以决定 p_2, q_2, γ_2''

$$\begin{cases} \dfrac{\mathrm{d}p_2}{\mathrm{d}t} - mq_2\dfrac{2\mathrm{i}}{t} = 0 \\[2mm] \dfrac{\mathrm{d}q_2}{\mathrm{d}t} + mp_2\dfrac{2\mathrm{i}}{t} + x_0\gamma_2'' = 0 \\[2mm] \dfrac{\mathrm{d}\gamma''}{\mathrm{d}t} + \dfrac{2}{nx_0}\dfrac{1}{t^2}q_2 - \dfrac{2\mathrm{i}}{nx_0}\dfrac{1}{t^2}p_2 = 0 \end{cases} \tag{30}$$

作代换 $\gamma_2'' = \dfrac{G}{t}$，其中 G 是 t 的某个函数，则方程组（30）便化为柯西-欧拉方程的形式

$$\begin{cases} \dfrac{\mathrm{d}p_2}{\mathrm{d}t} - mq_2\dfrac{2\mathrm{i}}{t} = 0 \\[2mm] \dfrac{2\mathrm{i}}{t}mp_2 + \dfrac{\mathrm{d}q_2}{\mathrm{d}t} + x_0\dfrac{G}{t} = 0 \\[2mm] -\dfrac{2\mathrm{i}}{nx_0}\dfrac{1}{t}p_2 + \dfrac{2}{nx_0}\dfrac{1}{t}q_2 + \dfrac{\mathrm{d}G}{\mathrm{d}t} - \dfrac{G}{t} = 0 \end{cases} \tag{31}$$

求出方程组（31）的积分如下

$$p_2 = pt^s, \quad q_2 = Qt^s, \quad G = Ht^s \tag{32}$$

此时可得决定 s 的方程

$$\begin{vmatrix} s & -2\mathrm{i}m & 0 \\[2mm] 2\mathrm{i}m & s & x_0 \\[2mm] -\dfrac{2\mathrm{i}}{nx_0} & \dfrac{2}{nx_0} & s-1 \end{vmatrix} = 0$$

或者

$$s\left(s^2 - s - \frac{2}{n}\right) + 2\mathrm{i}m\left[2\mathrm{i}m(s-1) + \frac{2\mathrm{i}}{n}\right] = 0$$

在此式中令 $\dfrac{1}{n} = 1 - m$，则得

$$(s-2)\left[s^2 + s - (2m-1)2m\right] = 0 \tag{33}$$

这个方程的根是 $2, -2m, 2m-1$. 但 $\dfrac{1}{n} = 1 - m$. 故由此即知，$\dfrac{1}{n} = 1 + \dfrac{s}{2}$，或者 $\dfrac{1}{n} = 1 - \dfrac{s+1}{2} = \dfrac{1-s}{2}$，其中方程（33）的根 s 是整数，因此，$n = \dfrac{2}{s+2}$，或者 $n = \dfrac{2}{1-s}$.

上面已经证明，在所讨论的情形下，$n = \dfrac{Mg}{C}$ 必须是正整数，这只有

$$0<1-s\leqslant 2$$

也就是

$$1>s\geqslant -1$$

与

$$0<s+2\leqslant 2,\quad 0\geqslant s>-2$$

同时成立的时候才行,由此即知,s 可能等于 0 或-1.

倘若 $s=0$,则 $n=1$ 或 2,此时对应的值 m 为 0 或 $\dfrac{1}{2}$;

倘若 $s=-1$,则 $n=2$ 或 1,此时仍有 $m=\dfrac{1}{2}$ 或 0.

最后我们得到了下面的结果.

在 $A=B$ 与 $y_0=z_0=0$ 的情形下,积分的单值性的必要条件为:m 或者等于 0 或者等于 $\dfrac{1}{2}$.

但 $\dfrac{C}{A}=1-m$,故当 $m=0$ 时即有 $A=C$,因而此时 $A=B=C$,这就是动力对称的情形.

倘若 $m=\dfrac{1}{2}$,则 $\dfrac{C}{A}=\dfrac{1}{2}$,因而此时即有 $A=B=2C$,又 $y_0=z_0=0$. 这就是 C. B. 柯瓦列夫斯卡雅所发现的新情形.

§5　Γ.Γ. 阿别里罗特情形

上两节中的研究指出,重刚体绕不动点运动方程只有在下列情形中才可能具有在整个复数平面内为单值的积分:

(a)当 $x_0=y_0=z_0=0$ 时(欧拉–普安索情形).

(b)当 $y_0=0,x_0\sqrt{A(B-C)}+z_0\sqrt{C(A-B)}=0$ 时(Γ.Γ. 阿别里罗特情形).

(c)当 $x_0=y_0=0,A=B$ 时(拉格朗日–泊松情形).

(d)当 $y_0=z_0=0,A=B=2C$ 时(C. B. 柯瓦列夫斯卡雅情形).

(e)当 $y_0=z_0=0,A=B=C$ 时(动力对称的情形).

这里我们指出,动力对称的情形显然是拉格朗日–泊松情形的特例,因为当惯性椭球关于任何直角坐标轴都完全对称时,恒可如此选取各轴,使得重心在平面 xy 内,这就是拉格朗日–泊松情形.

但由上述可知,在所列举的几种情形下并不足以断定方程组(Ⅰ),(Ⅱ)的确有单值的积分. 事实上这些条件是这样得来的,当各条件成立时,按所引的微小参数的展开式中的第一项或第二项是单值的. 但由此并不能推出,首先,此时展开式的其余各项也是单值的;其次,也可能有这种情况,如果我们用与以上不同的方法引入微小参数,那么上述条件并不足以保证展开式各项的单值性.Г.Г.阿别里罗特的情形,便是上述条件的不充分性的美妙的例子,像 П.А.涅克拉索夫[1]、Г.Г.阿别里罗特[2]与 A.M.李雅普诺夫[3]所证明的,上述条件在情形(b)下并不足以保证积分的单值性,我们现在利用微小参数法来证明这点.

在 Г.Г.阿别里罗特所指出的情形下,我们有

$$x_0\sqrt{A(B-C)}+z_0\sqrt{C(A-B)}=0 \tag{1}$$
$$y_0=0 \tag{2}$$

因此,在此种情形下,§3 中的方程组(I $_1$),(II $_1$)便呈如下形式

$$
\begin{cases}
\dfrac{\mathrm{d}p}{\mathrm{d}t}+qr=-\dfrac{1}{A\pi}z_0\gamma' \\[2mm]
\dfrac{\mathrm{d}q}{\mathrm{d}t}+rp=\dfrac{1}{B\kappa}(z_0\gamma-x_0\gamma'') \\[2mm]
\dfrac{\mathrm{d}r}{\mathrm{d}t}+pq=\dfrac{1}{C\rho}x_0\gamma'
\end{cases} \tag{3}
$$

$$
\begin{cases}
\dfrac{\mathrm{d}\gamma}{\mathrm{d}t}=\rho r\gamma'-\kappa q\gamma'' \\[2mm]
\dfrac{\mathrm{d}\gamma'}{\mathrm{d}t}=\pi p\gamma''-\rho r\gamma \\[2mm]
\dfrac{\mathrm{d}\gamma''}{\mathrm{d}t}=\kappa q\gamma-\pi p\gamma'
\end{cases} \tag{4}
$$

此时在方程组(3)的系数之间,存在着关系式

$$\frac{z_0}{A\pi}+\frac{x_0}{C\rho}=0 \tag{5}$$

事实上,将§3 的方程组(3)中的值 π ,ρ 代入,则得

$$
\frac{z_0}{A\pi}+\frac{x_0}{C\rho}=\frac{z_0\sqrt{(A-C)(B-A)}}{A\sqrt{BC}}+\frac{x_0\sqrt{(C-B)(A-C)}}{C\sqrt{AB}}
$$
$$
=\frac{\sqrt{A-C}}{AC\sqrt{B}}[z_0\sqrt{C(B-A)}+x_0\sqrt{A(C-B)}]
$$

---

①　参看 Некрасов П.А. 的著作《К задаче о движении тяжелого твердого тела около неподвижной точки》.

②　参看 Аппельрот Г.Г. 的著作《Задача о движении тяжелого твердого тела около неподвижной точки》.

③　参看 Ляпунов А.М. 的著作《Об одном свойстве дифференциальных уравнений задачи о движении тяжелого твердого тела, имеющего неподвижную точку》,第 123 ~ 140 页.

在 Γ. Γ. 阿别里罗特的情形下,方括号中的表达式等于零.

将方程组(3)与(4)中的各式分为下列两组

$$\begin{cases} \dfrac{\mathrm{d}p}{\mathrm{d}t}+qr=-\dfrac{z_0}{A\pi}\gamma' \\[2ex] \dfrac{\mathrm{d}r}{\mathrm{d}t}+pq=\dfrac{x_0}{C\rho}\gamma' \\[2ex] \dfrac{\mathrm{d}\gamma'}{\mathrm{d}t}=\pi p\gamma''-r\rho\gamma \end{cases} \tag{6}$$

$$\begin{cases} \dfrac{\mathrm{d}q}{\mathrm{d}t}+rp=\dfrac{1}{B\kappa}(z_0\gamma-x_0\gamma'') \\[2ex] \dfrac{\mathrm{d}\gamma}{\mathrm{d}t}=\rho r\gamma'-\kappa q\gamma'' \\[2ex] \dfrac{\mathrm{d}\gamma''}{\mathrm{d}t}=\kappa q\gamma-\pi p\gamma' \end{cases} \tag{7}$$

用平常的方法,利用下面的代换引入微小参数 α

$$p=\alpha p_1, \quad r=\alpha r_1, \quad \gamma'=\alpha\gamma_1'$$

则当 $\alpha=0$ 时,即得下列简化方程组

$$\begin{cases} \dfrac{\mathrm{d}p_1}{\mathrm{d}t}+qr_1=-\dfrac{z_0}{A\pi}\gamma_1' \\[2ex] \dfrac{\mathrm{d}r_1}{\mathrm{d}t}+p_1q=\dfrac{x_0}{C\rho}\gamma_1' \\[2ex] \dfrac{\mathrm{d}\gamma_1'}{\mathrm{d}t}=\pi p_1\gamma''-r_1\rho\gamma \end{cases} \tag{8}$$

$$\begin{cases} \dfrac{\mathrm{d}q}{\mathrm{d}t}=\dfrac{1}{B\kappa}(z_0\gamma-x_0\gamma'') \\[2ex] \dfrac{\mathrm{d}\gamma}{\mathrm{d}t}=-\kappa q\gamma'' \\[2ex] \dfrac{\mathrm{d}\gamma''}{\mathrm{d}t}=\kappa q\gamma \end{cases} \tag{9}$$

方程组(8)具有特殊积分

$$p_1=0, \quad r_1=0, \quad \gamma_1'=0$$

我们也不难找出方程组(9)的特殊积分

$$q=\frac{Q}{t}, \quad \gamma=\frac{\Gamma}{t^2}, \quad \gamma''=\frac{\Gamma''}{t^2} \tag{10}$$

其中 Q,Γ,Γ'' 都是常数,将表达式(10)代入方程组(9),即得一组决定常数 Q, Γ,Γ'' 的方程

$$\begin{cases} -Q = \dfrac{1}{B\kappa}(z_0 \Gamma - x_0 \Gamma'') \\ -2\Gamma = -\kappa Q \Gamma'' \\ -2\Gamma'' = \kappa Q \Gamma \end{cases}$$

从而

$$Q = \frac{2\mathrm{i}}{\kappa}, \quad \Gamma = -\frac{2B\mathrm{i}}{z_0 + \mathrm{i}x_0}, \quad \Gamma'' = \frac{2B}{z_0 + \mathrm{i}x_0}$$

于是简化方程组(8),(9)便具有特殊积分

$$p_1 = 0, \quad q = \frac{2\mathrm{i}}{\kappa}\frac{1}{t}, \quad r_1 = 0$$

$$\gamma = -\frac{2B\mathrm{i}}{z_0 + \mathrm{i}x_0}\frac{1}{t^2}, \quad \gamma_1' = 0, \quad \gamma'' = \frac{2B}{z_0 + \mathrm{i}x_0}\frac{1}{t^2}$$

从而原有的方程组也有特殊积分,它们可以展开成如下级数

$$\begin{cases} p = \alpha p_2 + \alpha^2 p_3 + \cdots \\ q = \dfrac{2\mathrm{i}}{\kappa}\dfrac{1}{t} + \alpha q_2 + \cdots \\ r = \alpha r_2 + \alpha^2 r_3 + \cdots \\ \gamma = \dfrac{2B\mathrm{i}}{z_0 + \mathrm{i}x_0}\dfrac{1}{t^2} + \alpha \gamma_2 + \cdots \\ \gamma' = \alpha \gamma_2' + \alpha^2 \gamma_3' + \cdots \\ \gamma'' = \dfrac{2B}{z_0 + \mathrm{i}x_0}\dfrac{1}{t^2} + \alpha \gamma_2'' + \cdots \end{cases} \tag{11}$$

将展开式组(11)代入方程组(6),并令

$$\gamma_1' = \frac{G}{t}$$

其中 G 为 t 的某个函数,则得一个决定 p_2, r_2, G 的方程组

$$\begin{cases} \dfrac{\mathrm{d}p_2}{\mathrm{d}t} + \dfrac{2\mathrm{i}}{\kappa}\dfrac{1}{t}r_2 + \dfrac{z_0}{A\pi}\dfrac{G}{t} = 0 \\ \dfrac{2\mathrm{i}}{\kappa}\dfrac{p_2}{t} + \dfrac{\mathrm{d}r_2}{\mathrm{d}t} - \dfrac{x_0}{C\rho}\dfrac{G}{t} = 0 \\ -\dfrac{2B\pi}{z_0 + \mathrm{i}x_0}\dfrac{p_2}{t} - \dfrac{2B\mathrm{i}}{z_0 + \mathrm{i}x_0}\dfrac{r_2}{t} + \dfrac{\mathrm{d}G}{\mathrm{d}t} - \dfrac{G}{t} = 0 \end{cases} \tag{12}$$

方程组(12)具有如下积分

$$p_2 = Pt^s, \quad r_2 = Rt^s, \quad G = Ht^s$$

其中 P, R, H 为常数,此时可得一个决定 s 的方程

$$\begin{vmatrix} s & \dfrac{2\mathrm{i}}{\kappa} & \dfrac{z_0}{A\pi} \\[2ex] \dfrac{2\mathrm{i}}{\kappa} & s & -\dfrac{x_0}{C\rho} \\[2ex] -\dfrac{2B\pi}{z_0+\mathrm{i}x_0} & -\dfrac{2B\mathrm{i}\rho}{z_0+\mathrm{i}x_0} & s-1 \end{vmatrix}=0 \tag{13}$$

欲使方程组(12)的积分不含运动的临界点,则方程(13)的根必须为实整数,但容易看出,方程(13)的一个根是纯虚数. 事实上,根据关系式(5)可将方程(13)重写为

$$\begin{vmatrix} s & \dfrac{2\mathrm{i}}{\kappa} & \dfrac{z_0}{A\pi} \\[2ex] \dfrac{2\mathrm{i}}{\kappa} & s & \dfrac{z_0}{A\pi} \\[2ex] -\dfrac{2B\pi}{z_0+\mathrm{i}x_0} & -\dfrac{2B\mathrm{i}\rho}{z_0+\mathrm{i}x_0} & s-1 \end{vmatrix}=0$$

此式显然有一个根 $s=\dfrac{2\mathrm{i}}{\kappa}$,因为在此 s 下,方程(13)中的行列式具有相同的两列. 又由 §3 中的方程组(3)可知

$$\kappa=\frac{\sqrt{AC}}{\sqrt{(A-B)(B-C)}}$$

我们假设 $A>B>C$,所以 κ 是实数,从而 $s=\dfrac{2\mathrm{i}}{\kappa}$ 是纯虚数.

这样,方程组(Ⅰ),(Ⅱ)便具有多值积分,这种积分包含运动的超越临界奇点.

由上述可知,应用微小参数法只能给出积分不含运动临界点的必要条件,而不能得出判断这种条件的充分性的可能.

§6 C.B.柯瓦列夫斯卡雅问题的解;关于解法的说明

我们现在可以将上面的一切加以总结. 像以前所证明的,方程组(Ⅰ),(Ⅱ)只有在下列情形中才可能有单值积分:

(a)当 $x_0=y_0=z_0=0$ 时(欧拉–普安索情形).

(b)当 $A=B$ 且 $x_0=y_0=0$ 时(拉格朗日–泊松情形).

(c)当 $A=B=C$ 时(动力完全对称性的情形——拉格朗日–泊松情形的特例).

(d)当 $A=B=2C$,$z_0=0$ 时(C.B. 柯瓦列夫斯卡雅情形).

这种美妙的定理是 C.B.柯瓦列夫斯卡雅首先证明的.

上面已经指出,用微小参数法只能得出必要条件. 在欧拉−普安索情形、拉格朗日−泊松情形与 C.B.柯瓦列夫斯卡雅情形中,所得的单值性条件的充分性可以如此证明:在所有这些情形下,方程的积分法都可以一直进行到底,且决定物体在任何时刻的位置的变量,都可以用已知函数表出. 但是方程的积分法具有各种不同的困难,欧拉−普安索情形与拉格朗日−泊松情形是一方面,C.B.柯瓦列夫斯卡雅情形是另一方面.

在欧拉−普安索情形、拉格朗日−泊松情形、动力完全对称的情形下(这些情形我们以后称为古典情形),积分可以用椭圆函数表示出来,而求 C.B.柯瓦列夫斯卡雅情形下的积分,却必须应用更复杂的超椭圆函数理论.

C.B.柯瓦列夫斯卡雅在她的研究工作中所用的方法,与上述的微小参数法不同. 它的要点如下.

C.B.柯瓦列夫斯卡雅先提出一个问题:求出在何种条件下,运动方程组(Ⅰ)与(Ⅱ)的积分才可能有运动的非临界的极点. 欲解此问题,可以考虑方程的积分的如下形式的级数展开式

$$
\begin{cases}
p = \tau^{-n_1}(p_0 + p_1\tau + p_2\tau^2 + \cdots) \\
q = \tau^{-n_2}(q_0 + q_1\tau + q_2\tau^2 + \cdots) \\
r = \tau^{-n_3}(r_0 + r_1\tau + r_2\tau^2 + \cdots) \\
\gamma = \tau^{-m_1}(f_0 + f_1\tau + f_2\tau^2 + \cdots) \\
\gamma' = \tau^{-m_2}(g_0 + g_1\tau + g_2\tau^2 + \cdots) \\
\gamma'' = \tau^{-m_3}(h_0 + h_1\tau + h_2\tau^2 + \cdots)
\end{cases}
\tag{1}
$$

其中 $\tau = t - t_0$.

将展开式组(1)代入方程组(Ⅰ),(Ⅱ),则得下面的可能条件

$$ n_1 = n_2 = n_3 = 1, \quad m_1 = m_2 = m_3 = 2 $$

此外又得到用来决定展开式组(1)的系数的方程组. 例如,我们得到如下方程组,来决定系数 $p_0, q_0, \cdots, h_0$

$$
\begin{cases}
-Ap_0 = (B-C)q_0 r_0 + y_0 h_0 - z_0 g_0 \\
-Bq_0 = (C-A)r_0 p_0 + z_0 f_0 - x_0 h_0 \\
-Cr_0 = (A-B)p_0 q_0 + x_0 g_0 - y_0 f_0 \\
-2f_0 = r_0 g_0 - q_0 h_0 \\
-2g_0 = p_0 h_0 - r_0 f_0 \\
-2h_0 = q_0 f_0 - p_0 g_0
\end{cases}
$$

对于展开式的其他系数,也可以得到类似的方程组.

因为 C.B.柯瓦列夫斯卡雅找的是方程组(Ⅰ),(Ⅱ)的通积分,所以这些

运动方程的积分方法

74

解答中必须包含五个任意常数. C. B. 柯瓦列夫斯卡雅分析了决定展开式系数的问题的解法,从而得到了上述条件,使得只有在这种条件下,她所提出的问题才可能有解.

这种方法用到的计算非常繁杂①,此外它显然也忽略了这样的情形,当积分在有限距离上根本没有奇点,或者具有运动的本质奇点时,形式如式(1)的展开式是不能用的. 这样,此种方法不但假设方程组的积分是单值函数,而且是逊整函数.

如果采用 §1 中所指出的观点,那么 C. B. 柯瓦列夫斯卡雅便只注重了这一种情形,当运动方程的积分在整个平面上不仅是单值而且是逊整的时候,因为只有在这种情形下,方程的积分才有可能归结于全整函数的寻找. 如果保持单值的积分,它在有限的 t 值上具有运动的本质奇点,并且不能用初等函数表示出来,那么按照魏尔斯特拉斯定理,积分便不可能用两个全整函数的商来表示.

因此很可能 C. B. 柯瓦列夫斯卡雅认为,这种类似的情形在方程的实际积分法的观点下并不重要,从而她只考虑了当积分只有运动极点的一种情形——她在问题的陈述中明确地说出了这一点.

事实上,C. B. 柯瓦列夫斯卡雅在她的论文的 §1 中,是将问题这样提出来的:

"在这两种情形(欧拉–泊松情形与拉格朗日情形)中,六个数量 p, q, r, γ, γ', γ'' 都是时间的单值函数,并且除了在自变量的有限值上有极点,别无其他奇点".

所谓微分方程的积分,在一般情形下是否仍能保持这种性质?②

C. B. 柯瓦列夫斯卡雅问题的第一个一般解法是 A. M. 李雅普诺夫与 Γ. Γ. 阿别里罗特得出的,他们并不限定要积分的逊整性. A. M. 李雅普诺夫的方法③根据所谓变分方程的应用;Γ. Γ. 阿别里罗特的方法④建立在庞加莱的研究工作的应用上,以前我们所用的微小参数法,本质上就是变分方程法的变形⑤.

---

① 参看 Ковалевская С. В. 的论文《Об одном свойстве системы дифференциальных уравнений, определяющей вращение твердого тела около неподвижной точки 》和 Ковалевская С. В. 的论文《Научные работы》.

② 参看 Ковалевская С. В. 的论文《Задача о вращении твердого тела около неподвижной точки》和 Ковалевская С. В. 的论文《Научные работы》.

③ 参看 Ляпунов А. 的著作《Об одном свойстве дифференциальных уравнений задачи о движении тяжелого твердого тела, имеющего неподвижную точку》.

④ 参看 Аппельрот Г. Г. 的著作《Задачи о движении тяжелото твердого тела около неподвижной точки. Уч. Зап. Моск》.

⑤ 关于变分方程的理论,参看 Poincaré H. 的著作 *Les méthodes nouvelles de la mécanique céleste*.

С. В. 柯瓦列夫斯卡雅在所讨论的问题中所用的方法曾经被人用来解决类似的问题,并获得了成功;例如,毕卡(Picard)曾经用它来研究具有不动临界点的二阶方程;又这种方法以及微小参数法也被人用来研究某些具有不动临点的三阶微分方程.

§7　С. В. 柯瓦列夫斯卡雅问题中的
方程的第四个代数积分

以前我们曾经指明,对于方程组(Ⅰ),(Ⅱ)的完全积分法来说,方程组的第四个第一积分是何等重要,更美妙的事情是:当积分的单值性条件成立时,运动方程组(Ⅰ),(Ⅱ)恒有第四个代数积分,并且可以证明,只有在这种条件下才行. 现在我们来证明,在上述各种情形下,都存在着第四个代数积分.

在欧拉-普安索的情形下,方程组(Ⅰ)具有如下形式

$$\begin{cases} A\dfrac{dp}{dt}+(C-B)qr=0 \\[2mm] B\dfrac{dq}{dt}+(A-C)rp=0 \\[2mm] C\dfrac{dr}{dt}+(B-A)pq=0 \end{cases} \tag{1}$$

将方程组(1)中的各式分别乘以 Ap,Bq,Cr 再相加,则得

$$A^2p\frac{dp}{dt}+B^2q\frac{dq}{dt}+C^2r\frac{dr}{dt}=0$$

从而即得所求的第四个代数积分 $A^2p^2+B^2q^2+C^2r^2$ 为常数.

又拉格朗日-泊松情形中的第四个代数积分是很容易求出来的. 此时因为 $A=B,x_0=y_0=0$,所以方程组(1)中的第三式便成为 $C\dfrac{dr}{dt}=0$,由此即得第四个积分 $r=K$ 为常数.

在动力的完全对称性的情形下,也可以得到这样的第四个积分,只要如此选取各轴,使 $x_0=y_0=0$ 即可. 如果不这样选择坐标轴,那么相应的一般形式的积分可以用如下方法求出来,因为当 $A=B=C$ 时,方程组(Ⅰ)成为

$$\begin{cases} A\dfrac{dp}{dt}=Mg(y_0\gamma''-z_0\gamma') \\[2mm] A\dfrac{dq}{dt}=Mg(z_0\gamma-x_0\gamma'') \\[2mm] A\dfrac{dr}{dt}=Mg(x_0\gamma'-y_0\gamma) \end{cases}$$

故将各式分别乘以 x_0, y_0, z_0 再相加即得

$$x_0 \frac{\mathrm{d}p}{\mathrm{d}t} + y_0 \frac{\mathrm{d}q}{\mathrm{d}t} + z_0 \frac{\mathrm{d}r}{\mathrm{d}t} = 0$$

由此便可以找出第四个代数积分

$$x_0 p + y_0 q + z_0 r = K \qquad (2)$$

当 $x_0 = y_0 = 0$ 时,此式即成为积分 r 为常数.

    C. B. 柯瓦列夫斯卡雅情形中的第四个代数积分比较难找一些. 此时 $A = B = 2C, y_0 = z_0 = 0$. 因此,方程组(Ⅰ)便化为

$$\begin{cases} 2C \dfrac{\mathrm{d}p}{\mathrm{d}t} - Cqr = 0 \\[2mm] 2C \dfrac{\mathrm{d}q}{\mathrm{d}t} + Crp = -Mgx_0 \gamma'' \\[2mm] C \dfrac{\mathrm{d}r}{\mathrm{d}t} = Mgx_0 \gamma' \end{cases} \qquad (3)$$

倘若令 $\dfrac{Mgx_0}{C} = c$,那么方程组(3)便化为

$$\begin{cases} 2 \dfrac{\mathrm{d}p}{\mathrm{d}t} - qr = 0 \\[2mm] 2 \dfrac{\mathrm{d}q}{\mathrm{d}t} + rp = -c\gamma'' \\[2mm] \dfrac{\mathrm{d}r}{\mathrm{d}t} = c\gamma' \end{cases} \qquad (4)$$

在 C. B. 柯瓦列夫斯卡雅情形下,方程组(4)代替了一般的方程组(Ⅰ),此时可以用如下方法求第四个代数积分. 将方程组(4)中的第二个式子乘以 i 再与第一个式子相加,则得

$$2 \frac{\mathrm{d}}{\mathrm{d}t}(p+qi) = -ir(p+qi) + ci\gamma'' \qquad (5)$$

同样地,由方程组(Ⅱ)里面的两个方程也可以得到

$$\frac{\mathrm{d}\gamma}{\mathrm{d}t} = r\gamma' - q\gamma''$$

$$\frac{\mathrm{d}\gamma'}{\mathrm{d}t} = p\gamma'' - r\gamma$$

将第二个式子乘以 i 再与第一个式子相加,则得

$$\frac{\mathrm{d}}{\mathrm{d}t}(\gamma + i\gamma') = -ri(\gamma + i\gamma') + i\gamma''(p+qi) \qquad (6)$$

现在由方程(5)与(6)消去 γ'':将方程(5)乘以 $p+qi$,再减去方程(6)乘以 c,则得

$$\frac{\mathrm{d}}{\mathrm{d}t}[(p+qi)^2-c(\gamma+i\gamma')]=-ri[(p+qi)^2-c(\gamma+i\gamma')]$$

或者,也就是

$$\frac{\mathrm{d}}{\mathrm{d}t}\ln[(p+qi)^2-c(\gamma+i\gamma')]=-ri \tag{7}$$

将方程(7)中的 i 改为-i,又得到

$$\frac{\mathrm{d}}{\mathrm{d}t}\ln[(p-qi)^2-c(\gamma-i\gamma')]=ri \tag{8}$$

将方程(7),(8)相加得

$$\frac{\mathrm{d}}{\mathrm{d}t}\ln[(p+qi)^2-c(\gamma+i\gamma')]+\frac{\mathrm{d}}{\mathrm{d}t}\ln[(p-qi)^2-c(\gamma-i\gamma')]=0$$

由此便得到第四个代数积分,如下

$$[(p+qi)^2-c(\gamma+i\gamma')][(p-qi)^2-c(\gamma-i\gamma')]=k^2 \tag{9}$$

此式也可以写成

$$(p^2-q^2-c\gamma)^2+(2pq-c\gamma')^2=k^2 \tag{10}$$

　　这样,在所有满足积分的单值性条件的情形下,方程组(Ⅰ),(Ⅱ)都具有四个第一代数积分.因此,根据后添因子理论,方程的积分法可以化为积分号.我们现在便要转入这种问题的解法.此时对于古典情形而言,问题的解法要简单得多,而 C.B. 柯瓦列夫斯卡雅情形却具有相当重大的困难.

重刚体绕不动点运动方程的化为积分式法；古典情形

第三章

§1 一般的注解；欧拉-普安索情形

由后添因子理论可知，如果知道了方程组（Ⅰ）与（Ⅱ）的四个第一积分，那么便能找出方程组的最后的第五个积分，问题便可以用积分号求解. 这是问题的解法的第一阶段，其余的步骤是将所有决定物体位置的元素，例如欧拉角，表示为时间的显函数. 在本章中我们考虑方程的解法的第一步：将积分法化为积分号.

在这方面的最简单的情形，是欧拉-普安索的情形. 在此种情形下（$x_0 = y_0 = z_0 = 0$），动能积分式（Ⅲ）与动量矩积分式（Ⅳ）具有如下形式

$$Ap^2 + Bq^2 + Cr^2 = h \qquad (1)$$

$$Ap\gamma + Bq\gamma' + Cr\gamma'' = k \qquad (2)$$

此外，我们还有第四个代数积分

$$A^2p^2 + B^2q^2 + C^2r^2 = l^2 \qquad (3)$$

与基本的几何关系

$$\gamma^2 + \gamma'^2 + \gamma''^2 = 1 \qquad (4)$$

这里的 h, k, l^2 都是常数. 因为 A, B, C 按照它们的力学意义是正数，所以常数 h 与 l^2 也是正的.

令

$$h = D\mu^2, \quad l = D\mu$$

再引入新的常数 D, μ 来代替 h 与 l^2，由此可得

$$\mu = \frac{h}{l}, \quad D = \frac{l^2}{h} \qquad (5)$$

这样，方程（1）与（3）便具有下面的形式

79

$$Ap^2 + Bq^2 + Cr^2 = D\mu^2$$
$$A^2p^2 + B^2q^2 + C^2r^2 = D^2\mu^2$$

由这两个式子可以将 p^2, r^2 用 q^2 表出,如下

$$p^2 = \frac{\mu^2 DC(C-D) - q^2 BC(C-B)}{AC(C-A)}$$

$$r^2 = \frac{\mu^2 AD(D-A) - q^2 AB(B-A)}{AC(C-A)}$$

或者还可以写成

$$\begin{cases} p^2 = \mu^2 \dfrac{D}{A} \dfrac{D-C}{A-C} - q^2 \dfrac{B}{A} \dfrac{B-C}{A-C} \\ r^2 = \mu^2 \dfrac{D}{C} \dfrac{A-D}{A-C} - q^2 \dfrac{B}{C} \dfrac{A-B}{A-C} \end{cases} \tag{6}$$

我们以后假设各轴如此选定,使得

$$A > B > C$$

因为在力学的问题中 p, q 都是实数,所以由方程组(6)即知,$D > C, A > D$,也就是

$$A > D > C \tag{7}$$

令

$$\begin{cases} \mu^2 \dfrac{D(D-C)}{B(B-C)} = f^2 \\ \mu^2 \dfrac{D(A-D)}{B(A-B)} = g^2 \end{cases} \tag{8}$$

则方程组(6)又可以写成

$$\begin{cases} p^2 = \dfrac{B(B-C)}{A(A-C)}(f^2 - q^2) \\ r^2 = \dfrac{B(A-B)}{C(A-C)}(g^2 - q^2) \end{cases} \tag{9}$$

的形式,其中 f, g 是常数.

由方程组(9)可知,p 与 r 为实数的必要条件为

$$|q| < f, \quad |q| < g$$

也就是说,$|q|$ 必须小于 f, g 中的比较小的数.

但由方程组(8)可得

$$g^2 - f^2 = \mu^2 \frac{D}{B} \frac{(A-C)(B-D)}{(A-B)(B-C)} \tag{10}$$

故知,$g^2 - f^2$ 的符号与 $B-D$ 的符号有关,$B-D$ 的符号又与初始条件有关.

将方程组(9)代入方程

$$B \frac{\mathrm{d}q}{\mathrm{d}t} + (A-C)pr = 0$$

便得到方程

$$\frac{dq}{dt}+\sqrt{\frac{(A-B)(B-C)}{AC}}\sqrt{(f^2-q^2)(g^2-q^2)}=0 \tag{11}$$

倘若 $B>D$，则由等式（10）可知 $g^2>f^2$，在此种情形下，我们可以令

$$q=fu \tag{12}$$

（其中 u 为常数），再将方程（11）稍稍化简. 此时方程（11）具有如下形式

$$\frac{du}{dt}+\sqrt{\frac{(A-B)(B-C)}{AC}}\sqrt{(1-u^2)(g^2-f^2u^2)}=0$$

或者

$$\frac{du}{dt}+\sqrt{\frac{(A-B)(B-C)}{AC}}g\sqrt{(1-u^2)\left(1-\frac{f^2}{g^2}u^2\right)}=0 \tag{13}$$

我们注意到，根据 $B>D$ 的条件有

$$k^2=\frac{f^2}{g^2}=\frac{D(D-C)}{B(B-C)}:\frac{D(A-D)}{B(A-B)}=\frac{(A-B)(D-C)}{(A-D)(B-C)}<1 \tag{14}$$

再令

$$n=\sqrt{\frac{(A-B)(B-C)}{AC}}g=\mu\sqrt{\frac{D(B-C)(A-D)}{ABC}} \tag{15}$$

即可将方程（13）化为

$$\frac{du}{dt}+n\sqrt{(1-u^2)(1-k^2u^2)}=0$$

的形式. 由此便得到

$$n(t-t_0)=-\int_0^u\frac{du}{\sqrt{(1-u^2)(1-k^2u^2)}} \tag{16}$$

这里的 t_0 是当 $u=q=0$ 时的时刻.

这样，$q=fu$ 的寻求便归结于椭圆积分（16）的反转.

当 $B<D$，即 $g^2<f^2$ 时，也可以仿此求问题的解. 此时我们令

$$q=gu \tag{12'}$$

则方程（11）便化为

$$\frac{du}{dt}+\sqrt{\frac{(A-B)(B-C)}{AC}}f\sqrt{(1-u^2)\left(1-\frac{g^2}{f^2}u^2\right)}=0 \tag{13'}$$

的形式. 我们有

$$k^2=\frac{g^2}{f^2}=\frac{(A-D)(B-C)}{(A-B)(D-C)}<1 \tag{14'}$$

在这里再令

$$n=\sqrt{\frac{(A-B)(B-C)}{AC}}f=\mu\sqrt{\frac{D(A-B)(D-C)}{ABC}} \tag{15'}$$

则在此种情形下，u 的寻求便归结于方程

$$n(t-t_0) = -\int_0^u \frac{du}{\sqrt{(1-u^2)(1-k^2u^2)}} \qquad (16')$$

知道了用 u 表示时间的函数的形式以后，即可由方程组（9）找出 p,r 的表达式，方程组（9）还可以再加以简化. 当 $B>D$ 时，令

$$p = \sqrt{\frac{B(B-C)}{A(A-C)}}fv = \mu\sqrt{\frac{D(D-C)}{A(A-C)}}v \qquad (17)$$

$$r = \sqrt{\frac{B(A-B)}{C(A-C)}}gw = \mu\sqrt{\frac{D(A-D)}{C(A-C)}}w \qquad (18)$$

其中 v,w 是两个新函数.

于是方程组（9）便可以写成更简单的形式，如下

$$\begin{cases} v^2+u^2=1 \\ w^2+k^2u^2=1 \end{cases} \qquad (19)$$

当 $B<D$ 时也可以做类似的变换.

最后，在 $B=D$ 的情形下，由方程组（8）可得

$$f^2=g^2=\mu^2$$

从而 $k^2=1$. 此时方程（16）给出

$$n(t-t_0) = \ln\sqrt{\frac{1-u}{1+u}}$$

又

$$\begin{cases} u = \dfrac{1-e^{n\tau}}{1+e^{n\tau}} \\ v = w = \dfrac{2e^{\frac{n\tau}{2}}}{1+e^{n\tau}} \end{cases} \qquad (20)$$

其中 $\tau=t-t_0$.

综合上述推演，可以得到下面的结论：

在欧拉-普安索的情形下，方程（1）的积分法可以归结于椭圆积分（16）的反转与由方程组（19）找 v,w 的计算，再由 v,w 的值求 p,r；在特殊的情形下，当我们有如此的初始条件，使得 $B=D$，则 u,v,w 可由方程组（20）找出，并且可以用初等函数表示.

§2 欧拉-普安索情形；γ,γ',γ'' 的决定

现在转求决定物体位置的角的方向余弦. 此时我们先注意到，在欧拉-普安索的情形下，比较方程组

$$\begin{cases} \dfrac{\mathrm{d}}{\mathrm{d}t}Ap = (Bq)r-(Cr)q \\[2mm] \dfrac{\mathrm{d}}{\mathrm{d}t}Bq = (Cr)p-(Ap)r \\[2mm] \dfrac{\mathrm{d}}{\mathrm{d}t}Cr = (Ap)q-(Bq)p \end{cases} \qquad (\text{I}_2)$$

与

$$\begin{cases} \dfrac{\mathrm{d}\gamma}{\mathrm{d}t} = \gamma'r-\gamma''q \\[2mm] \dfrac{\mathrm{d}\gamma'}{\mathrm{d}t} = \gamma''p-\gamma r \\[2mm] \dfrac{\mathrm{d}\gamma''}{\mathrm{d}t} = \gamma q-\gamma'p \end{cases} \qquad (\text{II}_2)$$

即可看出,函数 Ap,Bq,Cr 是决定函数 γ,γ',γ'' 的方程组(II_2)的特解,但由第一章 §5 中的方程(II')可以证明,函数 α,α',α'' 与 β,β',β'' 也满足形式如方程组(II)的方程. 这样,三组函数 $Ap,Bq,Cr;\alpha,\alpha',\alpha'';\beta,\beta',\beta''$ 都是同一方程组(II)的解. 因此,在这三组函数之间,必定存在着形式如下的线性关系

$$\begin{cases} Ap = C_1\alpha+C_2\beta+C_3\gamma \\ Bq = C_1\alpha'+C_2\beta'+C_3\gamma' \\ Cr = C_1\alpha''+C_2\beta''+C_3\gamma'' \end{cases} \qquad (1)$$

其中 C_1,C_2,C_3 是常数. 将方程组(1)中各式分别乘以 α,α',α'',并注意到,由各轴的直交性可得

$$\alpha\beta+\alpha'\beta'+\alpha''\beta'' = 0$$
$$\alpha\gamma+\alpha'\gamma'+\alpha''\gamma'' = 0$$

此外又有

$$\alpha^2+\alpha'^2+\alpha''^2 = 1$$

因此便得到

$$Ap\alpha+Bq\alpha'+Cr\alpha'' = C_1$$

同样地

$$\begin{cases} C_1 = Ap\alpha+Bq\alpha'+Cr\alpha'' \\ C_2 = Ap\beta+Bq\beta'+Cr\beta'' \\ C_3 = Ap\gamma+Bq\gamma'+Cr\gamma'' \end{cases} \qquad (2)$$

方程组(2)的力学意义是很明显的. 表达式 Ap,Bq,Cr 是动量矩在动轴 x,y,z 上的投影,且方程组(2)的右边代表动量矩阵在不动轴 $\bar{x},\bar{y},\bar{z}$ 上的投影,因此方程组(2)便说明了,在欧拉–普安索情形中,动量矩是一个不动的矢量,这个结果也可以由第一章 §1 中的动力学基本方程(9)

$$\frac{\mathrm{d}\boldsymbol{G}}{\mathrm{d}t} = \boldsymbol{L}$$

直接推出. 事实上, 因为在所讨论的情形下 $\boldsymbol{L} = \boldsymbol{0}$, 所以我们有 $\boldsymbol{G}$ 为常数矢, 这显然与等式(2)等价.

将方程组(1)或(2)自乘并相加, 则根据坐标轴的直交条件可得①

$$A^2 p^2 + B^2 q^2 + C^2 r^2 = C_1^2 + C_2^2 + C_3^2 = \boldsymbol{G}^2 = 常数 = l^2$$

由这个结果便可以导出下面的结论:

在推导一般的方程组(Ⅰ)与(Ⅱ)时, 我们曾经假设, $\bar{z}$ 轴是竖直朝下的, 也就是说, 它与作用于物体上的重力的合力平行. 但在欧拉–普安索的情形下, 作用力被支承点的反力所消去, 从而轴的方向可以任意选取. 这一点可以用来将方程化简. 事实上, 如果令 $\bar{z}$ 轴的方向平行于在所讨论的情形下的不动的动量矩, 那么动量矩在不动轴 $\bar{x}, \bar{y}, \bar{z}$ 上的投影便分别等于 $0, 0, l$, 从而

$$C_1 = 0, \quad C_2 = 0, \quad C_3 = l$$

这样, 方程组(1)便呈如下形式

$$\begin{cases} \gamma = \dfrac{Ap}{l} \\[2mm] \gamma' = \dfrac{Bq}{l} \\[2mm] \gamma'' = \dfrac{Cr}{l} \end{cases} \tag{3}$$

倘若 p, q, r 是 t 的已知函数, 那么利用欧拉角的表达式便易于决定刚体的位置. 按照第一章 §6 中的公式(7), (8), (9)可得

$$\begin{cases} \varphi = \arctan \dfrac{\gamma}{\gamma'} \\[3mm] \vartheta = \arccos \gamma'' \end{cases} \tag{4}$$

又

$$\frac{\mathrm{d}\psi}{\mathrm{d}t} = \frac{1}{\gamma''}\left[r - \frac{\dfrac{\mathrm{d}\gamma}{\mathrm{d}t}\gamma' - \dfrac{\mathrm{d}\gamma'}{\mathrm{d}t}\gamma}{\gamma^2 + \gamma'^2} \right] \tag{5}$$

因此, 在目前的情形下, 即有

$$\begin{cases} \varphi = \arctan \dfrac{Ap}{Bq} \\[3mm] \vartheta = \arccos \dfrac{Cr}{l} \end{cases} \tag{6}$$

---

① 参看本书第三章 §1 中的方程(3).

最后,利用方程组(Ⅱ)可得

$$\frac{\mathrm{d}\psi}{\mathrm{d}t}=l\,\frac{Ap^2+Bq^2}{A^2p^2+B^2q^2}=l\,\frac{h-Cr^2}{l^2-C^2r^2}$$

此式也可以写成

$$\frac{\mathrm{d}\psi}{\mathrm{d}t}=\frac{l}{C}+\frac{l}{C}\,\frac{Ch-l^2}{l^2-C^2r^2}$$

由此便得到

$$\psi=\psi_0+\frac{l}{C}t+\frac{1}{C}(Ch+l^2)\int\frac{\mathrm{d}t}{l^2-C^2r^2} \tag{7}$$

等式(6),(7)给出了物体的位置.

§3 欧拉−普安索方程的蜕化情形

如果旋转的物体的质量分布具有某种对称性,那么上节所导出的公式便可以相当地简化.

例如,假设物体是这样的,使得 $A=B$. 在这种情形下令 $m=\dfrac{A-C}{A}$,则§2 中的方程组(1)即呈如下形式

$$\begin{cases}\dfrac{\mathrm{d}p}{\mathrm{d}t}-mqr=0\\[2mm]\dfrac{\mathrm{d}q}{\mathrm{d}t}+mqr=0\\[2mm]\dfrac{\mathrm{d}r}{\mathrm{d}t}=0\end{cases} \tag{1}$$

于是 $r=R$,且为常数,所以方程组(1)成为

$$\frac{\mathrm{d}p}{\mathrm{d}t}-(mR)q=0,\quad\frac{\mathrm{d}q}{\mathrm{d}t}+(mR)p=0$$

从而

$$\frac{\mathrm{d}^2p}{\mathrm{d}t^2}+(mR)^2p=0 \tag{2}$$

因此,方程组(1)的积分便是

$$\begin{cases}p=C_1\cos\,mRt+C_2\sin\,mRt\\q=-C_1\sin\,mRt+C_2\cos\,mRt\\r=R\end{cases} \tag{3}$$

我们取方程(2)的积分为

$$p=M\sin\,mR(t-t_0)$$

的形式比较便利,此时

$$q = M \cos mR(t-t_0)$$

又因为

$$A^2 p^2 + B^2 q^2 + C^2 r^2 = l^2$$

所以在所讨论的情形下，即有

$$A^2 M^2 + C^2 R^2 = l^2$$

从而

$$M^2 = \frac{l^2 - C^2 R^2}{A^2}$$

这样，在所讨论的情形下，p, q 与 $r=R$ 都可以用初等函数表出. 此时由 §1 中的方程 (14) 可得 $k=0$，因而 §1 中的方程组 (19) 便可以改为

$$\begin{cases} \dfrac{p^2}{M^2} + \dfrac{q^2}{M^2} = 1 \\[2mm] \dfrac{r^2}{R^2} = 1 \end{cases}$$

如果令不动轴 $\bar{z}$ 平行于动量矩，那么由 §2 中的方程组 (3) 可得

$$\begin{cases} \gamma = \dfrac{1}{l}\sqrt{l^2 - C^2 R^2} \sin mR(t-t_0) \\[2mm] \gamma' = \dfrac{1}{l}\sqrt{l^2 - C^2 R^2} \cos mR(t-t_0) \\[2mm] \gamma'' = \dfrac{CR}{l} \end{cases}$$

又由 §2 中的公式 (4) 与 (7) 可以找出欧拉角，如下

$$\begin{cases} \varphi = mR(t-t_0) \\[2mm] \vartheta = \arccos \dfrac{CR}{l} \\[2mm] \psi = \psi_0 + l\,\dfrac{h - CR^2}{l^2 - C^2 R^2} t \end{cases} \tag{4}$$

这样，所有的解答都可以用初等函数表示出来.

当 $A=B=C$ 时的更特殊的情形具有很熟知的重要性. 在这种情形下，由方程组 (1) 可得

$$p = p_0, \quad q = q_0, \quad r = r_0$$

也就是说，动量矩在动轴上的投影 $Ap = Ap_0, Bq = Bq_0, Cr = Cr_0$ 都是常数，从而 γ，γ'，γ'' 也是常数，因此 φ, ϑ 也一样；又注意到

$$\frac{h - Cr^2}{l^2 - C^2 r^2} = \frac{A(p_0^2 + q_0^2)}{A^2(p_0^3 + q_0^3)}$$

故由方程组 (4) 可得

$$\psi = \psi_0 + \frac{l}{A}t \tag{5}$$

这样,在此种情形下,物体绕着某个在空间中不动的轴进行等速旋转,这个轴的方向由初始条件决定,从而可以任意选取.

最后我们再考虑所谓稳恒的运动,也就是角速度具有一定大小的运动. 当 $A = B = C$ 时显然有一个特殊的稳恒运动,此时角速度不仅大小一定,并且方向也一定.

这样,我们便要找出当

$$\frac{\mathrm{d}}{\mathrm{d}t}(p^2 + q^2 + r^2) = 0$$

时的情形,也就是当

$$p\frac{\mathrm{d}p}{\mathrm{d}t} + q\frac{\mathrm{d}q}{\mathrm{d}t} + r\frac{\mathrm{d}r}{\mathrm{d}t} = 0 \tag{6}$$

时的情形. 但由方程组(1)可得

$$\begin{cases} \dfrac{\mathrm{d}p}{\mathrm{d}t} = \dfrac{B-C}{A}qr \\[2mm] \dfrac{\mathrm{d}q}{\mathrm{d}t} = \dfrac{C-A}{B}rp \\[2mm] \dfrac{\mathrm{d}r}{\mathrm{d}t} = \dfrac{A-B}{C}pq \end{cases}$$

因此

$$p\frac{\mathrm{d}p}{\mathrm{d}t} + q\frac{\mathrm{d}q}{\mathrm{d}t} + r\frac{\mathrm{d}r}{\mathrm{d}t} = pqr\left[\frac{B-C}{A} + \frac{C-A}{B} + \frac{A-B}{C}\right]$$

或者

$$p\frac{\mathrm{d}p}{\mathrm{d}t} + q\frac{\mathrm{d}q}{\mathrm{d}t} + r\frac{\mathrm{d}r}{\mathrm{d}t} = -(A-B)(B-C)(C-A)\frac{pqr}{ABC} \tag{7}$$

由此可知,在 A, B, C 各不相同的一般情形下,方程(6)成立的必要条件为: $p = 0$,或者 $q = 0$,或者 $r = 0$.

例如,假设对于任何 t 都有等式

$$p = 0 \tag{8}$$

成立,那么由方程

$$\frac{\mathrm{d}p}{\mathrm{d}t} + (C-B)qr = 0$$

即知, $q = 0$,或者 $r = 0$.

仿此可以证明,稳恒的运动只可能在下列情形中发生:

(a) $p = q = 0, r \neq 0$.

(b) $q = r = 0, p \neq 0$.

(c) $r = p = 0, q \neq 0$.

这样,只有当物体围绕一个惯性主轴旋转时,才可能有稳恒的运动,这个轴关于物体而言是不动的;我们现在证明,它关于不动轴而言也是不动的.

事实上,令 $\bar{z}$ 沿动量矩的方向,那么,譬如说,在情形(a)下,便可以得到方向余弦 $\gamma, \gamma', \gamma''$ 的值

$$\gamma = \gamma' = 0, \quad \gamma'' = 1$$

也就是说,旋转轴(在所讨论的情形中,它的方向显然与动量矩的方向相同)沿着不动轴 $\bar{z}$ 的方向.

仿此可证,在 $A = B$ 的情形中,稳恒运动可能围绕 z 轴或者围绕在平面 xy 内的任何轴来施行;在 $A = B = C$ 的情形中,可以围绕任何轴来施行.

§4 拉格朗日-泊松情形

在拉格朗日-泊松情形中,$A = B, x_0 = y_0 = 0$,因此,§2 中的方程组(1)便具有如下的形式

$$\begin{cases} A\dfrac{\mathrm{d}p}{\mathrm{d}t} + (C - A)qr = -Mgz_0\gamma' \\[2mm] A\dfrac{\mathrm{d}q}{\mathrm{d}t} + (A - C)rp = Mgz_0\gamma \\[2mm] C\dfrac{\mathrm{d}r}{\mathrm{d}t} = 0 \end{cases} \tag{1}$$

令

$$\frac{A - C}{A} = m$$

并使得

$$\frac{Mgz_0}{A} = 1$$

此时方程组(1)便化为

$$\begin{cases} \dfrac{\mathrm{d}p}{\mathrm{d}t} - mqr = -\gamma' \\[2mm] \dfrac{\mathrm{d}q}{\mathrm{d}t} + mrp = \gamma \\[2mm] \dfrac{\mathrm{d}r}{\mathrm{d}t} = 0 \end{cases} \tag{2}$$

由方程组(2)中的第三个式子得

$$r = R \tag{3}$$

这就是方程组(2)的第一积分. 这样,在拉格朗日-泊松的情形下,除了有三个

第一积分式（Ⅲ），（Ⅳ），（Ⅴ），还有第四个第一积分式（3）. 故由后添因子理论可知，此时方程组（Ⅰ）与（Ⅱ）的积分法，可以化为积分号来求解.

在所讨论的情形下，积分式（Ⅲ），（Ⅳ），（Ⅴ），（3）具有如下形式

$$\begin{cases} p^2+q^2-2\gamma''=h \\ p\gamma+q\gamma'-(m-1)R\gamma''=k \\ r=R \\ \gamma^2+\gamma'^2+\gamma''^2=1 \end{cases} \tag{4}$$

方程组中的前两式由积分式（Ⅲ）与（Ⅳ）直接得出.

利用方程组（2），由方程组（4）中的第二个与第四个式子消去 γ'，则得

$$\begin{cases} p\dfrac{\mathrm{d}q}{\mathrm{d}t}-q\dfrac{\mathrm{d}p}{\mathrm{d}t}+mR(p^2+q^2)-(m-1)R\gamma''=k \\ \left(\dfrac{\mathrm{d}p}{\mathrm{d}t}\right)^2+\left(\dfrac{\mathrm{d}q}{\mathrm{d}t}\right)^2+2mR\left(p\dfrac{\mathrm{d}q}{\mathrm{d}t}-q\dfrac{\mathrm{d}p}{\mathrm{d}t}\right)+m^2R^2(p^2+q^2)+\gamma''^2=1 \end{cases} \tag{5}$$

这样，方程组（Ⅰ）与（Ⅱ）的积分法便归结于方程组（5）中两个方程的积分法，并且 p,q,γ'' 之间具有关系式

$$p^2+q^2-2\gamma''=h$$

为了将方程组进一步化简，我们可以注意，如果将 p,q 看作辅助平面 (p,q) 上的点的坐标，那么由方程组（5）的形式便联想到受中心力作用的质点的运动方程，此时自然可以改用这个平面上的极坐标，令

$$p=\rho\cos\sigma, \quad q=\rho\sin\sigma \tag{6}$$

由此即得

$$\frac{\mathrm{d}p}{\mathrm{d}t}=\frac{\mathrm{d}\rho}{\mathrm{d}t}\cos\sigma-\rho\sin\sigma\,\frac{\mathrm{d}\sigma}{\mathrm{d}t}$$

$$\frac{\mathrm{d}q}{\mathrm{d}t}=\frac{\mathrm{d}\rho}{\mathrm{d}t}\sin\sigma+\rho\cos\sigma\,\frac{\mathrm{d}\sigma}{\mathrm{d}t}$$

从而

$$p\frac{\mathrm{d}q}{\mathrm{d}t}-q\frac{\mathrm{d}p}{\mathrm{d}t}=p^2\frac{\mathrm{d}\sigma}{\mathrm{d}t}$$

$$p^2+q^2=\left(\frac{\mathrm{d}\rho}{\mathrm{d}t}\right)^2+\rho^2\left(\frac{\mathrm{d}\sigma}{\mathrm{d}t}\right)^2$$

将所得的值代入方程组（5），则得

$$\begin{cases} \rho^2\dfrac{\mathrm{d}\sigma}{\mathrm{d}t}+mR\rho^2-(m-1)R\gamma''=k \\ \left(\dfrac{\mathrm{d}\rho}{\mathrm{d}t}\right)^2+\rho^2\left(\dfrac{\mathrm{d}\sigma}{\mathrm{d}t}\right)^2+2mR\rho^2\dfrac{\mathrm{d}\sigma}{\mathrm{d}t}+m^2R^2\rho^2+\gamma''^2=1 \end{cases} \tag{7}$$

此外又有

$$\rho^2-2\gamma''=h \tag{8}$$

将方程组(7)中的第二个式子乘以 $4\rho^2$ 可将它重写为

$$\left(\frac{d\rho^2}{dt}\right)^2+4\left[\rho^2\frac{d\sigma}{dt}+mR\rho^2\right]^2+4\rho^2\gamma''^2-4\rho^2=0$$

或者用 $\rho^2\dfrac{d\sigma}{dt}$ 代替第一个方程的值,再用 γ'' 代替第三个方程的值,可得

$$\left(\frac{d\rho^2}{dt}\right)^2+[2k+(m-1)R(\rho^2-h)]^2+\rho^2(\rho^2-h)^2-4\rho^2=0 \tag{9'}$$

作某些简化以后,方程(9′)可写成下式

$$\left(\frac{d\rho^2}{dt}\right)^2=-\rho^6+\rho^4[2h-(m-1)^2R^2]+\rho^2[4-h^2-4k(m-1)R+$$
$$2(m-1)^2R^2h]-[2k-(m-1)Rh]^2 \tag{9}$$

方程(9)可以简写为

$$\left(\frac{d\rho^2}{dt}\right)^2=-\rho^6+a\rho^4+b\rho^2+c \tag{10}$$

的形式,其中

$$\begin{cases}a=2h-(m-1)^2R^2\\ b=4-h^2-4k(m-1)R+2(m-1)^2R^2h\\ c=-[2k-(m-1)Rh]^2\end{cases} \tag{11}$$

或者令

$$-\rho^6+a\rho^4+b\rho^2+c=P(\rho^2) \tag{12}$$

得

$$\left(\frac{d\rho^2}{dt}\right)^2=P(\rho^2)$$

从而

$$\frac{d\rho^2}{\sqrt{P(\rho^2)}}=dt \tag{13}$$

这样,按照后添因子理论,方程组(5)的积分法便可以用积分号来做.

在将方程(13)积分时,可以表出 ρ 为 t 的函数. 又因为由方程组(7)可得

$$d\sigma=\frac{(m-1)R(\rho^2-h)-2mR\rho^2+2k}{2\rho^2}dt \tag{14}$$

所以在知道了 ρ 以后,即可用积分号求出 σ 为 t 的函数,从而由方程(6)可以找到 p,q. 最后,根据方程组

$$\begin{cases}\gamma=\dfrac{dq}{dt}+mpR\\[2mm] \gamma'=-\dfrac{dp}{dt}+mqR\\[2mm] \gamma''=\dfrac{\rho^2-h}{2}\end{cases} \tag{15}$$

可以求出函数 $\gamma, \gamma', \gamma''$.

这样,问题最后便归结于椭圆积分

$$\int \frac{\mathrm{d}\rho^2}{\sqrt{P(\rho^2)}} = t + C \tag{16}$$

的反转. 我们现在将这个椭圆积分化成平常的勒让德形式.

像方程(13)所说明的,对于实在的运动而言,必须有

$$P(\rho^2) > 0$$

另外,因为 $|\gamma''| \leqslant 1$,所以

$$\left| \frac{h - \rho^2}{2} \right| \leqslant 1$$

从而

$$h - 2 \leqslant \rho^2 \leqslant h + 2 \tag{17}$$

由表达式(12)与方程组(11)可以看到

$$P(-\infty) > 0$$

$$P(0) = c = -[2k - (m-1)Rh]^2 < 0$$

$$P(\infty) < 0$$

此外又由不等式(17)可知,当 ρ^2 为满足不等式(17)的正数时,便有 $P(\rho^2) > 0$. 因此,$P(\rho^2)$ 具有两个正根与一个负根. 图 5 为函数 $P(\rho^2)$ 的图解.

用 e_1, e_2, e_3 代表函数 $P(\rho^2)$ 的根,并且

$$e_1 > e_2 > 0 > e_3$$

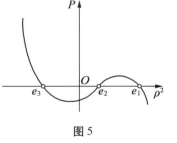

图 5

在实际的运动中,ρ^2 介于 e_1 与 e_2 之间,原因是 $P(\rho^2) > 0, \rho^2 > 0$. 因此,方程(13)便可以写成

$$\frac{\mathrm{d}\rho^2}{\sqrt{(e_1 - \rho^2)(\rho^2 - e_2)(\rho^2 - e_3)}} = \mathrm{d}t \tag{18}$$

的形式.

将变量 ρ^2 进行变换,使得区间 (e_2, e_1) 对应于新变量的区间 $(0, 1)$. 为此,可以令

$$e_1 - \rho^2 = (e_1 - e_2)u^2 \tag{19}$$

此时方程(18)便成为

$$\frac{-(e_1 - e_2)2u\mathrm{d}u}{\sqrt{(e_1 - e_2)u^2(e_1 - e_2)(1 - u^2)[e_1 - e_3 - (e_1 - e_2)u^2]}} = \mathrm{d}t$$

或者

$$\frac{\mathrm{d}u}{\sqrt{(1 - u^2)(1 - k^2 u^2)}} = \mathrm{d}t \sqrt{\frac{e_1 - e_3}{2}} \tag{20}$$

91

其中

$$k^2 = \frac{e_1 - e_2}{e_1 - e_3} \tag{21}$$

并且由 e_1, e_2, e_3 的分布可知

$$0 \leqslant k^2 \leqslant 1$$

这里 $k^2 = 0$ 的情形只有当 $e_1 = e_2$ 时才能成立；$k^2 = 1$ 的情形只有当 $e_2 = e_3 = 0$ 时才能成立.

这样，ρ^2 的决定便归结于椭圆积分（20）的反转.

§5 拉格朗日–泊松的蜕化情形；
动力的对称情形；摆

在动力对称的情形下 $A = B = C$，此时由于对称性可以如此选取物体内的轴，使得重心在 z 轴上，也是 $x_0 = y_0 = 0$. 将上述推演法应用于此种特殊情形，则得

$$m = \frac{A - C}{A} = 0 \tag{1}$$

因此，在目前的情形下，由 §4 中的方程组（11）便得到

$$\begin{cases} a_1 = 2h - R^2 \\ b_1 = 4 - h^2 - 4kR + 2R^2 h \\ c_1 = -(2k + Rh)^2 \end{cases} \tag{2}$$

同样地，§4 中的方程（14）与方程组（15）具有下面的形式

$$\mathrm{d}\sigma = \frac{-R(\rho^2 - h) + k}{2\rho^2} \tag{3}$$

$$\begin{cases} \gamma = \dfrac{\mathrm{d}q}{\mathrm{d}t} \\[2mm] \gamma' = -\dfrac{\mathrm{d}p}{\mathrm{d}t} \\[2mm] \gamma'' = \dfrac{\rho^2 - h}{2} \end{cases} \tag{4}$$

这样，在此种情形下，问题便归结于椭圆积分的反转.

将所得的值代入 §4 中的方程（9'），则该式便成为

$$\left(\frac{\mathrm{d}\rho^2}{\mathrm{d}t} \right)^2 = \rho^2 [4 - (\rho^2 - h)^2] - [2k - R(\rho^2 - h)]^2$$

这里

$$P(\rho^2) = -\rho^6 + (2h - R^2)\rho^4 + (4 - h^2 - 4kR + 2R^2h)\rho^2 - (2k + Rh)^2$$

但由这个关系式立刻可以看出

$$P(h \pm 2) \leqslant 0$$

又

$$P(0) \leqslant 0$$

所以这就决定了 e_1, e_2 两个根所在的区间的边界.

球面摆的运动显然也可以归结于刚体的运动,事实上,设质量为 M 的重点在 $\bar{z}$ 上,它与原点的距离是 l,则有

$$A = B = Ml^2, \quad C = 0, \quad x_0 = y_0 = 0$$

也就是说,我们得到了在 $C = 0$ 的假设下的拉格朗日-泊松情形. 这样

$$m = \frac{A - C}{A} = 1$$

在此种情形下,r 的方程便成为恒等式,这件事实的力学意义是:我们可以不变更问题的意义,而将在轴上的点看作围绕此轴转旋或者关于此轴为不动的. 这样,以后我们可以假设 $R = 0$.

此时 §4 中的方程(9′)成为

$$\left(\frac{\mathrm{d}\rho^2}{\mathrm{d}t}\right)^2 = \rho^2[4 - (\rho^2 - h)^2] - 4k^2 \tag{5}$$

或者

$$\left(\frac{\mathrm{d}\rho^2}{\mathrm{d}t}\right)^2 = -\rho^6 + 2h\rho^4 + (4 - h^2)\rho^2 - 4k^2 \tag{6}$$

利用方程 $\rho^2 - 2\gamma'' = h$,可以将方程(5)或(6)中的 ρ^2 替换为它的 h 的表达式. 在方程(5)施行这种代换,则得

$$\left(\frac{\mathrm{d}\gamma''}{\mathrm{d}t}\right)^2 = (2\gamma'' + h)(1 - \gamma''^2) - k^2 \tag{7}$$

球面摆的方程通常是用这种形式写出来的.

又在 §4 的方程组(7)中令 $R = 0$ 得

$$\rho^2 \frac{\mathrm{d}\sigma}{\mathrm{d}t} = k$$

从而

$$\sigma = k \int \frac{\mathrm{d}t}{2\gamma'' + h} \tag{8}$$

此外,由 §4 中的方程(6)可以找出 p, q,又在 §4 的方程组(2)中令 $m = 0$ 得

$$\begin{cases} \gamma = \dfrac{\mathrm{d}q}{\mathrm{d}t} \\[2mm] \gamma' = -\dfrac{\mathrm{d}p}{\mathrm{d}t} \end{cases} \tag{9}$$

当常数 $k=0$ 时,也就是说,动量关于铅直轴的矩等于零的时候,可以得到美妙的特殊情形. 此时由方程(8)知 $\sigma=0$,因此

$$p=\rho^2\sin\sigma=0$$

由方程组(9)得

$$\gamma'=0 \tag{10}$$

将这些值代入第一章 §5 中的方程(7),(8),(9),有

$$\varphi=\arctan\frac{\gamma}{\gamma'}$$

$$\vartheta=\arccos\gamma''$$

$$\frac{\mathrm{d}\psi}{\mathrm{d}t}=\frac{1}{\gamma''}\left(r-\frac{\mathrm{d}\varphi}{\mathrm{d}t}\right)$$

则在目前的情形下即有

$$\varphi=\frac{\pi}{2},\quad \frac{\mathrm{d}\psi}{\mathrm{d}t}=0 \tag{11}$$

从而 ψ 为常数.

由式(11)可知,在所讨论的情形下,物体的 x 轴在通过 $\bar{z}$ 轴的铅直面内,从而 y 轴是不动的. 如果这样选取不动的轴 $\bar{x}$,使得 $\psi=0$,那么我们便得到了摆锤在铅直面 $\bar{x}\,\bar{z}$ 内的振动,也就是单摆的情形,此种结果也可以由 $k=0$ 的条件直接推出,因为在整个运动的过程中,倘若摆锤在通过 z 轴的平面内振动,则动量关于铅直轴的矩都等于零.

在此种情形下,方程(7)便具有如下形式

$$\left(\frac{\mathrm{d}\gamma''}{\mathrm{d}t}\right)^2=(h+2\gamma'')(1-\gamma''^2) \tag{12}$$

但 $\gamma''=\cos\theta$,其中 θ 是摆与铅直线的倾角,所以方程(12)又可以写成

$$\left(\frac{\mathrm{d}\theta}{\mathrm{d}t}\right)^2=h+2\cos\theta$$

§6 拉格朗日–泊松的一般运动情形化为具有动力对称性的物体的运动情形

像我们所看到的,在拉格朗日的情形下,运动方程的积分法可以归结于方程

$$\left(\frac{\mathrm{d}\rho^2}{\mathrm{d}t}\right)^2=-\rho^6+\rho^4[2h-(1-m)^2R^2]+\rho^2[4-h^2+$$

$$4k(1-m)R+2(1-m)^2R^2h]-[2h+(1-m)Rh]^2 \tag{1}$$

的积分法,参看 §4 中的方程(9). 在这个方程里面,m 与 k 两个数量仅仅用

$(1-m)R$ 的组合形式出现,由此可以导出一些不失兴味的推论. 例如,倘若作代换 $m(1-R)=R_1$,那么方程(1)便显然对应于当 $r=R_1$ 与 $m=0$ 时的刚体运动的情形,也就是具有动力对称性的物体的运动情形.

我们现在证明,在一般的拉格朗日情形下,物体的运动可以用某种变换化为具有动力对称性的物体的运动.

这样,我们考虑在拉格朗日假设下的两个物体的运动情形:第一个是 $m \neq 0, r=R$;第二个是物体具有动力的对称性,并且 $r=(1-m)R$.

用 $\rho, \sigma, \gamma, \gamma', \gamma''$ 与 $\rho_1, \sigma_1, \gamma_1, \gamma_1', \gamma_1''$ 分别代表这两种情形下的变量,则首先由方程(1)可得

$$\frac{\mathrm{d}\rho^2}{\mathrm{d}t} = \frac{\mathrm{d}\rho_1^2}{\mathrm{d}t}$$

于是取同样的积分常数即得

$$\rho^2 = \rho_1^2 \tag{2}$$

又由 §4 中的方程(14)知

$$\mathrm{d}\sigma = \frac{(m-1)R(\rho^2-h)-2mR\rho^2+2k}{2\rho^2}$$

$$\mathrm{d}\sigma_1 = \frac{-R_1(\rho_1^2-h)+2k}{2\rho_1^2}$$

但 $(m-1)R=-R_1, \rho^2=\rho_1^2$,故有

$$\mathrm{d}\sigma_1 - \mathrm{d}\sigma = mR$$

从而

$$\sigma_1 = \sigma + mRt \tag{3}$$

倘若略去任意常数.

由此即得

$$\begin{cases} p_1 = \rho_1 \cos \sigma_1 = \rho\cos(\sigma+mRt) \\ \quad = p\cos \sigma\cos mRt - \rho\sin \sigma\sin mRt \\ \quad = p\cos mRt - q\sin mRt \\ q_1 = p\sin mRt + q\cos mRt \end{cases} \tag{4}$$

另外,由 §4 中的方程组(2)知

$$\gamma = \frac{\mathrm{d}q}{\mathrm{d}t} + mpR, \quad \gamma' = -\frac{\mathrm{d}p}{\mathrm{d}t} + mqR \tag{5}$$

同样地

$$\gamma_1 = \frac{\mathrm{d}q_1}{\mathrm{d}t}, \quad \gamma_1' = -\frac{\mathrm{d}p_1}{\mathrm{d}t} \tag{6}$$

因此由方程组(4)即得

$$\frac{\mathrm{d}p_1}{\mathrm{d}t} = \frac{\mathrm{d}p}{\mathrm{d}t}\cos mRt - \frac{\mathrm{d}q}{\mathrm{d}t}\sin mRt - mR(p\sin mRt + q\cos mRt)$$

或者根据方程(5),(6)可得

$$-\gamma'_1 = (-\gamma' + mqR)\cos mRt - (\gamma - mpR)\sin mRt - mR(p\sin mRt + q\cos mRt)$$

也就是

$$\begin{cases} \gamma'_1 = \gamma\sin mRt + \gamma'\cos mRt \\ \gamma_1 = \gamma\cos mRt - \gamma'\sin mRt \end{cases} \tag{7}$$

于是利用第一章 §5 中的方程(7),即得欧拉角的表达式,如下

$$\tan \varphi_1 = \frac{\gamma_1}{\gamma'_1} = \frac{\gamma\cos mRt - \gamma'\sin mRt}{\gamma\sin mRt + \gamma'\cos mRt}$$

或者

$$\tan \varphi_1 = \frac{\dfrac{\gamma}{\gamma'} - \tan mRt}{1 + \dfrac{\gamma}{\gamma'}\tan mRt} = \frac{\tan \varphi - \tan mRt}{1 + \tan \varphi\tan mRt} = \tan(\varphi - mRt)$$

从而

$$\varphi_1 = \varphi - mRt \tag{8}$$

此外,又因为

$$\gamma''_1 = \frac{h - \rho_1^2}{2}$$

所以由 $\gamma = \cos \vartheta, \rho_1^2 = \rho^2$ 即可推出

$$\cos \vartheta_1 = \cos \vartheta$$

从而

$$\vartheta_1 = \vartheta \tag{9}$$

最后,由公式

$$\sin^2 \vartheta \frac{\mathrm{d}\psi}{\mathrm{d}t} = p\gamma + q\gamma'$$

可得

$$\frac{\mathrm{d}\psi_1}{\mathrm{d}t} = \frac{p_1\gamma_1 + q_1\gamma'_1}{1 - \gamma''^2_1}$$

但由所讨论的情形中的动量矩的积分可以得出

$$p\gamma + q\gamma' - (m-1)R\gamma'' = k$$

故有

$$\frac{\mathrm{d}\psi_1}{\mathrm{d}t} = \frac{k - R_1\gamma''}{1 - \gamma''^2_1} = \frac{k - (1-m)R}{1 - \gamma''^2}$$

也就是

$$\frac{\mathrm{d}\psi_1}{\mathrm{d}t} = \frac{\mathrm{d}\psi}{\mathrm{d}t}$$

于是略去积分常数即得

$$\psi_1 = \psi \tag{10}$$

由推出的关系式(2),(8),(9),(10)可知,所讨论的两个物体的运动彼此的差别是:动力对称的物体,其角速度在物体的对称轴上的分量 R_1 比第一个物体的角速度分量 R 小,其差为 $mR = \left(1 - \dfrac{C}{A}\right)R$,这样便证明了上述情形.

§7　$R=0$ 的情形;物体的运动 与球面摆的运动的关系

我们已经看到,由问题的基本方程的特性能够推出上节的结果;由这种特性也可以建立另一个相仿的结果.

在 §5 内已知,在拉格朗日情形的一般方程中,假设 $m=1, R=0$,即可得出球面摆的情形. 但由于 m, R 仅仅用 $(1-m)R$ 的组合形式出现在基本方程中,所以在下面两种情形下显然也可以得出同样的结果:

(a)当 $m \neq 1, R = 0$ 时.

(b)当 $m = 1, R \neq 0$ 时.

我们容易看出,第二种情形并无多大的兴味,因为在这种情形下讨论了摆的这种运动,但这种运动是关于一组围绕摆旋转的运动而言的.

第一种情形的兴味比较大,因为 $m \neq 1$,所以 $C \neq 0$,从而我们没有得到摆,得到的任意物体这样运动,使得速度在惯性椭球的旋转轴上的投影等于零.

用与上节一样的方法,我们来考虑两个物体的运动:第一个是球面摆,并用 $\rho_1, \sigma_1, p_1, q_1, \gamma_1, \gamma_1', \gamma_1'', \cdots$ 代表决定运动的数量;第二个是某种物体,它满足当 $R=0$ 时的拉格朗日条件,并用 $\rho, \sigma, p, q, \gamma, \gamma', \gamma'', \cdots$ 来代表相应的数量.

因为在两种情形中的基本方程都具有如下形式

$$\left(\frac{\mathrm{d}\rho^2}{\mathrm{d}t}\right)^2 = -\rho^6 + 2h\rho^4 + \rho^2(4 - h^2) - 4h^2 \tag{1}$$

所以,当令 h 相同时,即得

$$\frac{\mathrm{d}\rho_1^2}{\mathrm{d}t} = \frac{\mathrm{d}\rho^2}{\mathrm{d}t}$$

从而可设

$$\rho_1^2 = \rho^2$$

由 §4 中的方程(14)可知,σ 的表达式是

$$\mathrm{d}\sigma_1 = \mathrm{d}\sigma = \frac{k}{\rho^2}$$

故可令

$$\sigma_1 = \sigma \tag{3}$$

因而

$$p_1 = p, \quad q_1 = q \tag{4}$$

又由 §4 中的方程组(15)可得

$$\begin{cases} \gamma_1 = \gamma = \dfrac{\mathrm{d}q}{\mathrm{d}t} \\[2mm] \gamma_1' = \gamma' = -\dfrac{\mathrm{d}p}{\mathrm{d}t} \\[2mm] \gamma_1'' = \gamma'' = \dfrac{\rho^2 - h}{2} \end{cases} \tag{5}$$

于是由决定 φ, ϑ, ψ 的公式便得到

$$\varphi_1 = \varphi, \quad \vartheta_1 = \vartheta, \quad \psi_1 = \psi \tag{6}$$

这样，我们便知道，当 $R=0$ 时，满足拉格朗日条件的物体的 z 轴的运动与球面摆的运动完全相同，倘若这两个运动用同样的初始条件来决定.

§8 欧拉-普安索与拉格朗日-泊松情形下的方程的积分法所得到的一般结论

综合重刚体绕不动点的运动方程的积分法的古典情形，我们便可以看到，在这两种情形下问题都归结于如下积分的反转

$$\int \frac{\mathrm{d}u}{\sqrt{P(u)}} \tag{1}$$

其中 $P(u)$ 是三次或四次多项式. 我们知道，这种积分叫作椭圆积分，因而问题便归结于椭圆积分的反转.

由此可知，当椭圆积分蜕化为初等积分时的情形是很有兴味的，此时所讨论的问题可以用初等函数来解决. 为此，多项式 $P(u)$ 显然必须有两个相等的根.

在欧拉-普安索的情形下，$P(u) = (1-u^2)(1-k^2u^2)$. 因此，欲使积分蜕化为初等的，必须有 $k^2 = 1$ 或者 $k^2 = 0$，但由第三章 §1 中的方程(14)知

$$k^2 = \frac{(A-B)(D-C)}{(A-D)(B-C)}$$

所以蜕化的条件是：

（a）
$$A = B$$

或者

（b）
$$D = B$$

这种情形在上面已经讲过了.

在拉格朗日－泊松情形下,我们已经证明,函数 $P(\rho^2)$ 的图解具有图 5（第 91 页）所示的形状,由此可知,可能有两种蜕变的情形:

（a）当 $e_2 = e_3 = 0$ 时.

（b）当 $e_2 = e_1$ 时.

情形（a）成立的条件是:在多项式

$$-\rho^6 + a\rho^4 + b\rho^2 + c$$

中同时有 $b = 0, c = 0$,也就是说,等式

$$4 - h^2 - 4k(m-1)R + 2(m-1)^2 R^2 h = 0$$

$$2k - (m-1)Rh = 0$$

成立. 消去 k 得

$$h^2 = 4, \quad k = (m-1)R \tag{2}$$

此时

$$a = 2h - k^2$$

又 §4 中的基本方程（10）成为

$$\left(\frac{\mathrm{d}\rho^2}{\mathrm{d}t}\right)^2 = \rho^4 \left[-\rho^2 + (2h - k^2)\right] \tag{3}$$

由此便易于得出

$$\frac{\mathrm{d}\rho^2}{\rho^2 \sqrt{a - \rho^2}} = \mathrm{d}t$$

积分以后即得

$$\rho = \frac{\sqrt{a}}{\mathrm{ch}(C_1 - \sqrt{a}\,t)} \tag{4}$$

其中 C_1 是积分常数.

这种情形从表面上看来是不能一直研究到底的.

如果取一般的方程

$$-\rho^6 + a\rho^4 + b\rho^2 + c = 0 \tag{5}$$

那么有重根的条件是,除了方程（5）,等式

$$-3\rho^4 + 2a\rho^2 + b = 0 \tag{6}$$

也要成立. 由方程（5）与（6）消去 ρ^2,便得到有重根的条件,如下

$$a^2 b^2 - 18abc - 4a^3 c + 4b^3 - 27c^2 = 0 \tag{7}$$

将 a, b, c 的值代入方程 $P(\rho^2) = 0$ 的这个判别式,便得到在一般情形下有

重根的条件.

当 $b=c=0$ 时即可由此得出情形(a).

倘若 b,c,都不等于零,且条件(7)成立,则由 §4 中的方程(18)可知,当 $e_1=e_2$ 时即有

$$\left(\frac{\mathrm{d}\rho^2}{\mathrm{d}t}\right)^2 = -(\rho^2-e_3)(\rho^2-e_1)^2 \tag{8}$$

但 $e_3<0$,所以方程(8)的使 $\frac{\mathrm{d}\rho^2}{\mathrm{d}t}$ 为实数的唯一一个积分便是

$$\rho^2 \equiv e_1 \tag{9}$$

由此又可以推出

$$\gamma'' = \frac{e_1-h}{2} \tag{10}$$

及

$$\mathrm{d}\sigma = \frac{1}{2e_1}\left[(m-1)R(e_1-h)-2mRe_1+2k\right]\mathrm{d}t = S\mathrm{d}t$$

其中 S 是常数,因此我们可以令

$$\sigma = St \tag{11}$$

又

$$p = e_1 St$$
$$q = e_1 St$$

从而

$$\begin{cases} \gamma = e_1 S\cos\,St + mRe_1\cos\,St = e_1(S+mR)\cos\,St \\ \gamma' = e_1(S+mR)\sin\,St \end{cases} \tag{12}$$

于是[参看第一章 §5 中的方程(7)]

$$\tan\varphi = \frac{\gamma}{\gamma'} = \cot\,St$$

从而

$$\varphi = \frac{\pi}{2} - St \tag{13}$$

最后,因为

$$\frac{\mathrm{d}\psi}{\mathrm{d}t} = \frac{k-(1-m)R}{1-\gamma''^2}$$

所以

$$\frac{\mathrm{d}\psi}{\mathrm{d}t} = C_1(C_1 \text{ 为常数})$$

因而

运动方程的积分方法

$$\psi = C_1 t \tag{14}$$

故由方程(10)得 $\vartheta = \vartheta_0$.

这样,在此种情形下物体便绕着一个轴进行等速旋转,而这个轴又围绕 z 轴进行等速旋转(规则的进行运动).

重刚体绕不动点运动方程化为积分式的方法；C. B. 柯瓦列夫斯卡雅情形

§1　一般的注解

在 C. B. 柯瓦列夫斯卡雅情形下，将运动方程化为积分式的方法是相当复杂的. 我们已经证明（第二章§7），在这种情形下，运动方程可以化成如下形式

$$
\begin{cases}
2\dfrac{\mathrm{d}p}{\mathrm{d}t}=qr \\[2mm]
2\dfrac{\mathrm{d}q}{\mathrm{d}t}=-pr-c\gamma'' \\[2mm]
\dfrac{\mathrm{d}r}{\mathrm{d}t}=c\gamma'
\end{cases}
\tag{1}
$$

其中 $c=\dfrac{Mgx_0}{C}$，对于这组方程还要添加另一组方程

$$
\begin{cases}
\dfrac{\mathrm{d}\gamma}{\mathrm{d}t}=r\gamma'-q\gamma'' \\[2mm]
\dfrac{\mathrm{d}\gamma'}{\mathrm{d}t}=p\gamma''-r\gamma \\[2mm]
\dfrac{\mathrm{d}\gamma''}{\mathrm{d}t}=q\gamma-p\gamma'
\end{cases}
\tag{2}
$$

我们已经找出了方程组（1），（2）的下列四个第一积分

$$
\begin{cases}
2(p^2+q^2)+r^2=2c\gamma+6l_1 \\
2(p\gamma+q\gamma')+r\gamma''=2l \\
\gamma^2+\gamma'^2+\gamma''^2=1 \\
\left[(p+qi)^2+c(\gamma+i\gamma')\right]\left[(p-qi)^2+c(\gamma-i\gamma')\right]=k^2
\end{cases}
\tag{3}
$$

积分组（3）中的第四个积分是 C. B. 柯瓦列夫斯卡雅所发现的，它可以写成如下形式

$$\left[\,(p^2+q^2+c\gamma)+\mathrm{i}(2pq+c\gamma')\,\right]\left[\,(p^2+q^2+c\gamma)-\mathrm{i}(2pq-c\gamma')\,\right]=k^2$$

或者

$$(p^2+q^2+c\gamma)^2+(2pq+c\gamma')^2=k^2$$

由此可知,在力学问题的条件中,当 p,q,c,γ,γ' 为实数时,常数 k 也是实数.

　　根据后添因子理论,可以推出这样的结论:在所讨论的情形下,和古典情形一样,方程组(1),(2),(3)的积分法可以归结于一个代表全微分式的方程的积分法以及决定时间的附加积分式. 欲得此方程,必须由方程组(1),(2)与第一积分组(3)消去四个变量,例如利用关系式(3)将它们表示为其余两个变量的式子而消去,但由于纯粹计算上的困难,这种消去变量的方法在实际上并不能使用. 为了解决 C. B. 柯瓦列夫斯卡雅问题,可以用另一种方法:先引入新的变量,然后利用这种变量便可以确实消去变量并将方程组的积分法化为一个方程的积分法.

§2　C. B. 柯瓦列夫斯卡雅变量

　　像 C. B. 柯瓦列夫斯卡雅所指出的,§1 中的方程组(1),(2),(3)可以相当的简化,当我们将变量 p,q,γ,γ' 替换为其他变量时.

　　按照 C. B. 柯瓦列夫斯卡雅的方法,令

$$\begin{cases}x_1=p+q\mathrm{i}\\x_2=p-q\mathrm{i}\end{cases} \tag{1}$$

$$\begin{cases}\xi_1=(p+q\mathrm{i})^2+c(\gamma+\mathrm{i}\gamma')\\\xi_2=(p-q\mathrm{i})^2+c(\gamma-\mathrm{i}\gamma')\end{cases} \tag{2}$$

或者

$$\begin{cases}\xi_1=x_1^2+c(\gamma+\mathrm{i}\gamma')\\\xi_2=x_2^2+c(\gamma-\mathrm{i}\gamma')\end{cases} \tag{2'}$$

由方程组(1)得

$$p^2+q^2=x_1x_2 \tag{3}$$

又由方程组(2′)得

$$\begin{cases}2c\gamma=\xi_1+\xi_2-x_1^2-x_2^2\\2\mathrm{i}c\gamma'=\xi_1-\xi_2-x_1^2+x_2^2\end{cases} \tag{4}$$

利用关系式(3),(4),即可将 §1 中的方程组(3)的第一个积分的表达式化为

$$r^2=6l_1+\xi_1+\xi_2-x_1^2-x_2^2-2x_1x_2$$

或者

$$r^2=6l_1-(x_1+x_2)^2+\xi_1+\xi_2 \tag{5}$$

103

此外,又由方程组(1)得

$$\begin{cases} p = \dfrac{x_1 + x_2}{2} \\ q\mathrm{i} = \dfrac{x_1 - x_2}{2} \end{cases} \tag{6}$$

故由方程组(4)与(6)即知

$$2pc\gamma = \frac{x_1 + x_2}{2}(\xi_1 + \xi_2 - x_1^2 - x_2^2)$$

$$-2qc\gamma' = \frac{x_1 - x_2}{2}(\xi_1 - \xi_2 - x_1^2 + x_2^2)$$

将所得的值代入方程

$$2(p\gamma + q\gamma') + r\gamma'' = 2l$$

便得到

$$cr\gamma'' = 2cl - \frac{x_1 + x_2}{2}(\xi_1 + \xi_2 - x_1^2 - x_2^2) + \frac{x_1 - x_2}{2}(\xi_1 - \xi_2 - x_1^2 + x_2^2)$$

或者

$$cr\gamma'' = 2cl + x_1 x_2 (x_1 + x_2) - x_2 \xi_1 - x_1 \xi_2 \tag{7}$$

又将方程组(4)中的 γ 与 γ' 的表达式代入方程 $\gamma^2 + \gamma'^2 + \gamma''^2 = 1$,则得

$$4c^2 \gamma''^2 = 4c^2 + [(\xi_1 - \xi_2) - x_1^2 + x_2^2]^2 - [(\xi_1 + \xi_2) - x_1^2 - x_2^2]^2$$

或者

$$4c^2 \gamma''^2 = 4c^2 - (2\xi_1 - 2x_1^2)(2\xi_2 - 2x_2^2)$$

也就是

$$c^2 \gamma''^2 = c^2 - \xi_1 \xi_2 - x_1^2 x_2^2 + \xi_1 x_2^2 + \xi_2 x_1^2 \tag{8}$$

最后,由方程组(2)可将 C. B. 柯瓦列夫斯卡雅积分写成

$$\xi_1 \xi_2 = k^2 \tag{9}$$

于是在 C. B. 柯瓦列夫斯卡雅变量下,方程的一组四个第一积分便具有如下的最后形式

$$\begin{cases} r^2 = 6l_1 - (x_1 + x_2)^2 + \xi_1 + \xi_2 \\ cr\gamma'' = 2cl + x_1 x_2 (x_1 + x_2) - x_2 \xi_1 - x_1 \xi_2 \\ c^2 \gamma''^2 = c^2 - k^2 - x_1^2 x_2^2 + \xi_1 x_2^2 + \xi_2 x_1^2 \\ \xi_1 \xi_2 = k^2 \end{cases} \tag{10}$$

将问题再作进一步的化简,可在方程组(10)中消去变量 r 与 γ''. 此时一组具有六个变量的四个方程便成为具有四个变量的两个方程,由此即可将所余的四个变量中的两个用另外两个表示出来.

§3 C. B. 柯瓦列夫斯卡雅基本方程；变量 s_1 , s_2

最后的计算过程是将 §2 的方程组（10）中的变量 r 与 γ'' 消去. 为了计算简便起见，我们引用下列记号

$$E = 6l_1 - (x_1 + x_2)^2$$
$$F = 2cl + x_1 x_2 (x_1 + x_2)$$
$$G = c^2 - k^2 - x_1^2 x_2^2$$

此时 §2 中的方程组（10）便成为

$$\begin{cases} r^2 = E + \xi_1 + \xi_2 \\ cr\gamma'' = F - x_2\xi_1 - x_1\xi_2 \\ c^2\gamma''^2 = G + x_2^2\xi_1 + x_1^2\xi_2 \\ \xi_1\xi_2 = k^2 \end{cases} \tag{1}$$

于是由本节最前面的三个式子消去 r 与 γ'' 即得

$$(E + \xi_1 + \xi_2)(G + x_2^2\xi_1 + x_1^2\xi_2) - (F - x_2\xi_1 - x_1\xi_2)^2 = 0$$

将括号解开，并按 ξ_1 , ξ_2 的方幂排列，则有

$$[(\xi_1 + \xi_2)(x_2^2\xi_1 + x_1^2\xi_2) - (x_2\xi_1 + x_1\xi_2)^2] + [(\xi_1 + \xi_2)G +$$
$$(x_2^2\xi_1 + x_1^2\xi_2)E + 2(x_2\xi_1 + x_1\xi_2)F] + EG - F^2 = 0 \tag{2}$$

但

$$(\xi_1 + \xi_2)(x_2^2\xi_1 + x_1^2\xi_2) - (x_2\xi_1 + x_1\xi_2)^2 = \xi_1\xi_2(x_1^2 + x_2^2 - 2x_1x_2)$$
$$= k^2(x_1 - x_2)^2$$

故方程（2）的左边为 ξ_1 , ξ_2 的一次多项式，将含 ξ_1 , ξ_2 的项分开，则得

$$\xi_1(x_2^2E + 2x_2F + G) + \xi_2(x_1^2E + 2x_1F + G) + EG - F^2 + k^2(x_1 - x_2)^2 = 0 \tag{3}$$

但

$$x_1^2E + 2x_1F + G = x_1^2[6l_1 - (x_1 + x_2)^2] + 2x_1[2cl + x_1x_2(x_1 + x_2)] + c^2 - k^2 - x_1^2x_2^2$$
$$= [-(x_1 + x_2)^2x_1^2 + 2x_1^2x_2(x_1 + x_2) - x_1^2x_2^2] + 6l_1x_1^2 + 4clx_1 + c^2 - k^2$$

又因为

$$-(x_1 + x_2)^2x_1^2 + 2x_1^2x_2(x_1 + x_2) - x_1^2x_2^2 = -[(x_1 + x_2)x_1 - x_1x_2]^2 = -x_1^4$$

所以表达式 $x_1^2E + 2x_1F + G$ 仅仅是 x_1 的函数，用 $R(x_1)$ 代表这个函数，则得

$$R(x_1) = x_1^2E + 2x_1F + G = -x_1^4 + 6l_1x_1^2 + 4clx_1 + c^2 - k^2 \tag{4}$$

并注意到，方程（3）关于 ξ_1 , ξ_2 与 x_1 , x_2 都是对称的，故可将方程（3）写成

$$R(x_2)\xi_1 + R(x_1)\xi_2 + EG - F^2 + k^2(x_1 - x_2)^2 = 0 \tag{5}$$

的形式. 我们再引用下列记号

$$R(x_1, x_2) = Ex_1x_2 + F(x_1 + x_2) + G \tag{6}$$

$$R_1(x_1,x_2)=EG-F^2=-6l_1x_1^2x_2^2-(c^2-k^2)(x_1+x_2)^2-$$
$$4lc(x_1+x_2)x_1x_2+6l_1(c^2-k^2)-4l^2c^2 \qquad (7)$$

将表达式 $R(x_1)R(x_2)-R(x_1,x_2)^2$ 加以变换.

此时我们有
$$R(x_1)R(x_2)-R(x_1,x_2)^2=(Ex_1^2+2Fx_1+G)(Ex_2^2+2Fx_2+G)-$$
$$[Ex_1x_2+F(x_1+x_2)+G]^2$$
$$=[E^2x_1^2x_2^2+2EFx_1x_2(x_1+x_2)+4F^2x_1x_2+$$
$$EG(x_1^2+x_2^2)+2FG(x_1+x_2)+G^2]-$$
$$[E^2x_1^2x_2^2+2EFx_1x_2(x_1+x_2)+F^2(x_1+x_2)^2+$$
$$2EGx_1x_2+2FG(x_1+x_2)+G^2]$$
$$=EG(x_1^2-2x_1x_2+x_2^2)-F^2(x_1^2-2x_1x_2+x_2^2)$$
$$=(EG-F^2)(x_1-x_2)^2$$

这样,我们便有了恒等式
$$R(x_1)R(x_2)-R(x_1,x_2)^2=(x_1-x_2)^2R_1(x_1,x_2) \qquad (8)$$

于是在消去 r,γ'' 以后,便得到方程
$$R(x_2)\xi_1+R(x_1)\xi_2+R_1(x_1,x_2)+k^2(x_1-x_2)^2=0 \qquad (9)$$

其中
$$R(x)=Ex^2+2Fx+G \qquad (10)$$
$$R_1(x_1,x_2)=EG-F^2 \qquad (11)$$

再令
$$R(x_1,x_2)=Ex_1x_2+F(x_1+x_2)+G \qquad (12)$$

便得到恒等式
$$R(x_1)R(x_2)-R(x_1,x_2)^2=(x_1-x_2)^2R_1(x_1,x_2) \qquad (13)$$

在消去 r 与 γ'' 以后,我们便剩下了方程组
$$\begin{cases} R(x_2)\xi_1+R(x_1)\xi_2+R_1(x_1,x_2)+k^2(x_1-x_2)^2=0 \\ \xi_1\xi_2=k^2 \end{cases} \qquad (14)$$

由此可以确定 ξ_1,ξ_2 为 x_1,x_2 的函数,也就是说,所有的 C. B. 柯瓦列夫斯卡雅变量都可以用 x_1 与 x_2 表出.

但在进一步的计算中,C. B. 柯瓦列夫斯卡雅用了稍稍不同的方法. 方程组 (14)具有形式
$$\begin{cases} \alpha\xi_1+\beta\xi_2=\gamma \\ \xi_1\xi_2=k^2 \end{cases} \qquad (15)$$

欲解此组方程,显然可以用如下方法进行:

先将它们化为

$$(\sqrt{\alpha}\,\sqrt{\xi_1})^2+(\sqrt{\beta}\,\sqrt{\xi_2})^2=\gamma$$

$$2\sqrt{\alpha\beta}\,\sqrt{\xi_1\xi_2}=2\sqrt{\alpha\beta}\,k$$

然后由方程组(15)即可推出方程

$$(\sqrt{\alpha}\sqrt{\xi_1}\pm\sqrt{\beta}\sqrt{\xi_2})^2=\gamma\pm2\sqrt{\alpha\beta}\,k \qquad (16)$$

在所讨论的情形下,令

$$\alpha=R(x_2)$$

$$\beta=R(x_1)$$

$$\gamma=-R_1(x_1,x_2)-k^2(x_1-x_2)^2$$

则得方程

$$[\sqrt{R(x_2)}\,\sqrt{\xi_1}\pm\sqrt{R(x_1)}\,\sqrt{\xi_2}]^2$$

$$=-R_1(x_1,x_2)-k^2(x_1-x_2)^2\pm2\sqrt{R(x_1)}\,\sqrt{R(x_2)}\,k$$

或者除以$(x_1-x_2)^2$得

$$\left[\sqrt{\xi_1}\frac{\sqrt{R(x_2)}}{x_1-x_2}\pm\sqrt{\xi_2}\frac{\sqrt{R(x_1)}}{x_1-x_2}\right]^2=-\frac{R_1(x_1,x_2)}{(x_1-x_2)^2}\pm2k\frac{\sqrt{R(x_1)}\,\sqrt{R(x_2)}}{(x_1-x_2)^2}-k^2 \quad (17)$$

将右边分解为k的一次因子. 为此,需求方程

$$w^2\pm2w\frac{\sqrt{R(x_1)}\,\sqrt{R(x_2)}}{(x_1-x_2)^2}+\frac{R_1(x_1,x_2)}{(x_1-x_2)^2}=0 \qquad (18)$$

的根. 但由恒等式(13)知

$$\frac{R_1(x_1,x_2)}{(x_1-x_2)^2}=\frac{R(x_1)R(x_2)}{(x_1-x_2)^4}-\frac{R(x_1,x_2)^2}{(x_1-x_2)^4}$$

因此,方程(18)便呈如下形式

$$w^2\pm2w\frac{\sqrt{R(x_1)}\,\sqrt{R(x_2)}}{(x_1-x_2)^2}+\frac{R(x_1)R(x_2)}{(x_1-x_2)^4}=\frac{R(x_1,x_2)^2}{(x_1-x_2)^4}$$

或者

$$\left[w\pm\frac{\sqrt{R(x_1)}\,\sqrt{R(x_2)}}{(x_1-x_2)^2}\right]^2=\frac{R(x_1,x_2)^2}{(x_1-x_2)^4}$$

从而它的根便是

$$w_1=\frac{R(x_1,x_2)-\sqrt{R(x_1)}\,\sqrt{R(x_2)}}{(x_1-x_2)^2} \qquad (19)$$

$$w_2=\frac{R(x_1,x_2)+\sqrt{R(x_1)}\,\sqrt{R(x_2)}}{(x_1-x_2)^2} \qquad (20)$$

w_1,w_2 显然也是方程

$$w^2-\frac{2R(x_1,x_2)}{(x_1-x_2)^2}w-\frac{R_1(x_1,x_2)}{(x_1-x_2)^2}=0 \qquad (21)$$

的根.

在以后的计算中,方程(3)和它的解答(19),(21)占着主导的地位,我们将方程(21)叫作 C. B. 柯瓦列夫斯卡雅基本方程.

将数值 w_1,w_2 代入方程(17),可将该式化为

$$\left[\sqrt{\xi_1}\frac{\sqrt{R(x_2)}}{x_1-x_2}\pm\sqrt{\xi_2}\frac{\sqrt{R(x_1)}}{x_1-x_2}\right]^2=w_1w_2\pm k(w_1-w_2)-k^2$$

或者

$$\left[\sqrt{\xi_1}\frac{\sqrt{R(x_2)}}{x_1-x_2}\pm\sqrt{\xi_2}\frac{\sqrt{R(x_1)}}{x_1-x_2}\right]^2=(w_1\pm k)(w_2\pm k) \tag{22}$$

又像方程(19)和(20)所指出的

$$\begin{cases} 2\dfrac{\sqrt{R(x_1)}\sqrt{R(x_2)}}{(x_1-x_2)^2}=-(w_1-w_2) \\[2mm] 2\dfrac{R(x_1,x_2)}{(x_1-x_2)^2}=w_1+w_2 \end{cases} \tag{23}$$

根据这些方程,在理论上可以将 x_1,x_2 用 w_1,w_2 表出;又由方程组(14)或者方程(22)可将变量 ξ_1,ξ_2 用 w_1 或 w_2 表出;最后,方程组(Ⅱ)容许将 γ'',r 也用 w_1,w_2 表出. 这样,我们便总可以用 w_1,w_2 表出问题中的一切变量.

C. B. 柯瓦列夫斯卡雅方程(21)在以后具有主导价值,它可以写成

$$(x_1-x_2)^2w^2-2R(x_1,x_2)w-R_1(x_1,x_2)=0 \tag{24}$$

的形式. 将它的左边记作 $Q(w,x_1,x_2)$,即

$$Q(w,x_1,x_2)=(x_1-x_2)^2w^2-2R(x_1,x_2)w-R_1(x_1,x_2)$$

现在我们证明,Q 对于每个变量 w,x_1,x_2 而言,都是二次多项式.

关于 w 是显然的;另外

$$R_1(x_1,x_2)=-6l_1x_1^2x_2^2-(c^2-k^2)(x_1+x_2)^2-$$
$$4lc(x_1+x_2)x_1x_2+6l_1(c^2-k^2)-4l^2c^2$$

又

$$R(x_1,x_2)=Ex_1x_2+F(x_1+x_2)+G=[6l_1-(x_1+x_2)^2]x_1x_2+$$
$$[2cl+x_1x_2(x_1+x_2)](x_1+x_2)+[c^2-k^2-x_1^2x_2^2]$$

或者

$$R(x_1,x_2)=-x_1^2x_2^2+6l_1x_1x_2+2cl(x_1+x_2)+(c^2-k^2) \tag{25}$$

于是

$$Q(w,x_1,x_2)=(x_1-x_2)^2w^2-2[-x_1^2x_2^2+6l_1x_1x_2+2cl(x_1+x_2)+$$
$$(c^2-l^2)]w-[-6l_1x_1^2x_2^2-(c^2-k^2)(x_1+x_2)^2-$$
$$4cl(x_1+x_2)x_1x_2+6l_1(c^2-k^2)-4l^2c^2] \tag{26}$$

运动方程的积分方法

由此便推出了关于 x_1, x_2 的断语.

这样,在提出一个或另一个变量时,我们便可以将 $Q(w, x_1, x_2)$ 写成下列三种形式

$$\begin{cases} Q(w, x_1, x_2) = Kw^2 + Lw + N \\ Q(w, x_1, x_2) = K_1 x_1^2 + L_1 x_1 + N_1 \\ Q(w, x_1, x_2) = K_2 x_2^2 + L_2 x_2 + N_2 \end{cases} \tag{27}$$

其中 K, L, N 是 x_1, x_2 的多项式,K_1, L_1, N_1 是 x_2, w 的多项式,K_2, L_2, N_2 是 x_1, w 的多项式.

倘若在多项式 K_1, L_1, N_1 中提出 w 的最高项,那么便得到

$$\begin{cases} K_1 = w^2 + 2x_2^2 + \cdots \\ L_1 = -2x_2 w^2 + \cdots \\ N_1 = x_2^2 w^2 + \cdots \end{cases} \tag{28}$$

但 C. B. 柯瓦列夫斯卡雅并不用 w_1, w_2 作为基本的变量,而用两个与它们有关的数目 s_1, s_2

$$\begin{cases} s_1 = w_1 + 3l_1 \\ s_2 = w_2 + 3l_1 \end{cases} \tag{29}$$

在这种记号下

$$\left[\sqrt{\xi_1} \frac{\sqrt{R(x_2)}}{x_1 - x_2} + \sqrt{\xi_2} \frac{\sqrt{R(x_1)}}{x_1 - x_2} \right]^2 = (s_1 - 3l_1 + k)(s_2 - 3l_1 - k)$$

或者令

$$e_4 = 3l_1 - k, \quad e_5 = 3l_1 + k \tag{30}$$

得

$$\left[\sqrt{\xi_1} \frac{\sqrt{R(x_2)}}{x_1 - x_2} + \sqrt{\xi_2} \frac{\sqrt{R(x_1)}}{x_1 - x_2} \right]^2 = (s_1 - e_4)(s_2 - e_5) \tag{31}$$

同样地

$$\left[\sqrt{\xi_1} \frac{\sqrt{R(x_2)}}{x_1 - x_2} - \sqrt{\xi_2} \frac{\sqrt{R(x_1)}}{x_1 - x_2} \right]^2 = (s_1 - e_5)(s_2 - e_4) \tag{32}$$

由方程(31)与(32)得

$$2\sqrt{\xi_1} \frac{\sqrt{R(x_2)}}{x_1 - x_2} = \sqrt{(s_1 - e_4)(s_2 - e_5)} + \sqrt{(s_1 - e_5)(s_2 - e_4)} \tag{33}$$

$$2\sqrt{\xi_2} \frac{\sqrt{R(x_1)}}{x_1 - x_2} = \sqrt{(s_1 - e_4)(s_2 - e_5)} - \sqrt{(s_1 - e_5)(s_2 - e_4)} \tag{34}$$

此时方程(22)可以用 s_1, s_2 写成如下形式

$$\begin{cases} 2\dfrac{\sqrt{R(x_1)}\,\sqrt{R(x_2)}}{(x_1-x_2)^2}=-(s_1-s_2) \\ 2\dfrac{R(x_1,x_2)}{(x_1-x_2)^2}=s_1+s_2-6l_1 \end{cases} \tag{35}$$

§4　x_1,x_2 的微分方程

因为我们提出的问题是要将问题中所有的变量都用 s_1,s_2 表出,所以下一步便要做出 s_1,s_2 的微分方程.

我们取 §1 中的方程组(1)作为出发的方程

$$\begin{cases} 2\dfrac{\mathrm{d}p}{\mathrm{d}t}=qr \\ 2\dfrac{\mathrm{d}q}{\mathrm{d}t}=-pr-c\gamma'' \end{cases} \tag{1}$$

注意到 $x_1=p+q\mathrm{i}$ 与 $x_2=p-q\mathrm{i}$,则由方程组(1)可以得到 x_1,x_2 的方程.

因为由方程组(1)可知

$$2\frac{\mathrm{d}}{\mathrm{d}t}(p+q\mathrm{i})=qr-pr\mathrm{i}-c\mathrm{i}\gamma''$$

也就是

$$2\frac{\mathrm{d}}{\mathrm{d}t}(p+q\mathrm{i})=-\mathrm{i}r(p+q\mathrm{i})-c\mathrm{i}\gamma''$$

同样地

$$2\frac{\mathrm{d}}{\mathrm{d}t}(p-q\mathrm{i})=\mathrm{i}r(p-q\mathrm{i})+c\mathrm{i}\gamma''$$

故得下列方程组

$$\begin{cases} 2\dfrac{\mathrm{d}x_1}{\mathrm{d}t}=-\mathrm{i}(rx_1+c\gamma'') \\ 2\dfrac{\mathrm{d}x_2}{\mathrm{d}t}=\mathrm{i}(rx_2+c\gamma'') \end{cases} \tag{2}$$

但 $rx_1+c\gamma''$,$rx_2+c\gamma''$ 的表达式可以由 §2 中的方程组(10)得到

$$r^2=6l_1+\xi_1+\xi_2-(x_1+x_2)^2=E+\xi_1+\xi_2$$
$$c r\gamma''=2l-x_2\xi_1-x_1\xi_2+x_1x_2(x_1+x_2)=F-x_2\xi_1-x_1\xi_2$$
$$c^2\gamma''^2=c^2-k^2+x_2^2\xi_1+x_1^2\xi_2-x_1^2x_2^2=G+x_2^2\xi_1+x_1^2\xi_2$$

由这些方程即可推出

$$r^2x_1^2+2rx_1c\gamma''+c^2\gamma''^2=Ex_1^2+2Fx_1+G+\xi_1(x_1^2-2x_1x_2+x_2^2)$$

也就是

$$(rx_1+c\gamma'')^2 = R(x_1)+\xi_1(x_1-x_2)^2 \tag{3}$$

同样地

$$(rx_2+c\gamma'')^2 = R(x_2)+\xi_2(x_1-x_2)^2 \tag{4}$$

由 §3 中的方程组(35)的第一个方程得

$$4\frac{R(x_1)R(x_2)}{(x_1-x_2)^4} = (s_1-s_2)^2 \tag{5}$$

所以

$$R(x_1) = \frac{(s_1-s_2)^2(x_1-x_2)^4}{4R(x_2)}$$

因此

$$(rx_1+c\gamma'')^2 = \frac{(x_1-x_2)^4}{4R(x_2)}\left[(s_1-s_2)^2+\frac{4\xi_1 R(x_2)}{(x_1-x_2)^2}\right]$$

但由 §3 中的方程(33)知

$$\frac{4\xi_1 R(x_2)}{(x_1-x_2)^2} = \left[\sqrt{(s_1-e_4)(s_2-e_5)}+\sqrt{(s_1-e_5)(s_2-e_4)}\right]^2$$

又由方程(5)知

$$\frac{(x_1-x_2)^4}{4R(x_2)} = \frac{R(x_1)}{(s_1-s_2)^2}$$

所以

$$(rx_1+c\gamma'')^2 = \frac{R(x_1)}{(s_1-s_2)^2}\{(s_1-s_2)^2+$$
$$\left[\sqrt{(s_1-e_4)(s_2-e_5)}+\sqrt{(s_1-e_5)(s_2-e_4)}\right]^2\}$$

但

$$(s_1-s_2)^2+\left[\sqrt{(s_1-e_4)(s_2-e_5)}+\sqrt{(s_2-e_4)(s_1-e_5)}\right]^2$$
$$=s_1^2-2s_1s_2+s_2^2+s_1s_2-s_1e_5-s_2e_4+e_4e_5+s_1s_2-$$
$$s_1e_4-s_2e_5+e_4e_5+2\sqrt{(s_1-e_4)(s_1-e_5)(s_2-e_4)(s_2-e_5)}$$
$$= (s_1^2-s_1e_4-s_1e_5+e_4e_5)+(s_2^2-s_2e_4-s_2e_5+e_4e_5)+$$
$$2\sqrt{(s_1-e_4)(s_1-e_5)(s_2-e_4)(s_2-e_5)}$$
$$= \left[\sqrt{(s_1-e_4)(s_1-e_5)}+\sqrt{(s_2-e_4)(s_2-e_5)}\right]^2$$

于是最后便得到

$$(rx_1+c\gamma'') = \frac{R(x_1)}{(s_1-s_2)^2}\left[\sqrt{(s_1-e_4)(s_1-e_5)}+\sqrt{(s_2-e_4)(s_2-e_5)}\right]^2 \tag{6}$$

同样可得

$$(rx_2+c\gamma'')^2 = \frac{R(x_2)}{(s_1-s_2)^2}\left[\sqrt{(s_1-e_4)(s_1-e_5)}-\sqrt{(s_2-e_4)(s_2-e_5)}\right]^2 \tag{7}$$

由此便可以得到表达式

$$2\frac{dx_1}{dt} = -i\frac{\sqrt{R(x_1)}}{s_1-s_2}[\sqrt{(s_1-e_4)(s_1-e_5)} + \sqrt{(s_2-e_4)(s_2-e_5)}] \tag{8}$$

$$2\frac{dx_2}{dt} = i\frac{\sqrt{R(x_2)}}{s_1-s_2}[\sqrt{(s_1-e_4)(s_1-e_5)} - \sqrt{(s_2-e_4)(s_2-e_5)}] \tag{9}$$

§5 s_1, s_2 的微分方程

由 §4 中的方程(8),(9)可知

$$\frac{dx_1}{\sqrt{R(x_1)}} + \frac{dx_2}{\sqrt{R(x_2)}} = -i\frac{\sqrt{(s_2-e_4)(s_2-e_5)}}{s_1-s_2}dt \tag{1}$$

$$\frac{dx_1}{\sqrt{R(x_1)}} - \frac{dx_2}{\sqrt{R(x_2)}} = -i\frac{\sqrt{(s_1-e_4)(s_1-e_5)}}{s_1-s_2}dt \tag{2}$$

我们现在证明,方程(1),(2)的左边可以用 s_1, s_2 表示出来. C. B. 柯瓦列夫斯卡雅所给出的这个命题的证法与椭圆函数的加法定理有关系.

得出这种关系式的最简单的方法如下:

我们考虑 C. B. 柯瓦列夫斯卡雅基本方程

$$Q(w, x_1, x_2) = 0 \tag{3}$$

其中

$$Q(w, x_1, x_2) = (x_1-x_2)^2 w^2 - 2R(x_1, x_2)w - R_1(x_1, x_2) \tag{4}$$

而

$$R(x_1, x_2) = -x_1^2 x_2^2 + 6l_1 x_1 x_2 + 2lc(x_1+x_2) + c^2 - k^2 \tag{5}$$

$$R_1(x_1, x_2) = -6l_1 x_1^2 x_2^2 - (c^2-k^2)(x_1+x_2)^2 - $$
$$4clx_1 x_2(x_1+x_2) + 6l_1(c^2-k^2) - 4c^2 l^2 \tag{6}$$

由按 x_1, x_2 决定 w 的方程(3)可得

$$\frac{\partial Q}{\partial w}dw + \frac{\partial Q}{\partial x_1}dx_1 + \frac{\partial Q}{\partial x_2}dx_2 = 0 \tag{7}$$

现在我们来找 $\frac{\partial Q}{\partial w}, \frac{\partial Q}{\partial x_1}, \frac{\partial Q}{\partial x_2}$. 由方程(4)可得

$$\frac{\partial Q}{\partial w} = 2(x_1-x_2)^2 w - 2R(x_1, x_2)$$

于是

$$\left(\frac{\partial Q}{\partial w}\right)^2 = 4(x_1-x_2)^2[(x_1-x_2)^2 w^2 - 2R(x_1, x_2)w] + 4R(x_1, x_2)^2$$

但由方程(3)知

$$(x_1 - x_2)^2 w^2 - 2R(x_1, x_2) w = R_1(x_1, x_2)$$

所以上式可以写成

$$\left(\frac{\partial Q}{\partial w}\right)^2 = 4(x_1 - x_2)^2 R_1(x_1, x_2) + 4R(x_1, x_2)^2$$

又由 §3 中的等式(7)知

$$R(x_1) R(x_2) - R(x_1, x_2)^2 = (x_1 - x_2)^2 R_1(x_1, x_2)$$

故有

$$\left(\frac{\partial Q}{\partial w}\right)^2 = 4R(x_1) R(x_2)$$

从而

$$\frac{\partial Q}{\partial w} = 2\sqrt{R(x_1)} \sqrt{R(x_2)} \qquad (8)$$

方程(8)给出 w_1, w_2 两个值,此时由 §3 中的等式(19),(20)可知,对于 w_1,根式之积取负号,对于 w_2,根式之积取正号.

仿此可以求出 $\frac{\partial Q}{\partial x_1}$. 因为我们可以写[参看 §3 中的等式(28)]

$$Q(w, x_1, x_2) = K_1 x_1^2 + L_1 x_1 + N_1 \qquad (9)$$

所以

$$\frac{\partial Q}{\partial x_1} = 2K_1 x_1 + L_1$$

从而

$$\left(\frac{\partial Q}{\partial x_1}\right)^2 = 4K_1(K_1 x_1^2 + L_1 x_1) + L_1^2$$

又由方程(9)知

$$K_1 x_1^2 + L_1 x_1 = -N_1$$

所以

$$\left(\frac{\partial Q}{\partial x_1}\right)^2 = L_1^2 - 4K_1 N_1$$

注意到 L_1, K_1 是 w 与 x_2 的二次多项式,我们便可以看出 $\left(\frac{\partial Q}{\partial x_1}\right)^2$ 是 w 与 x_2 的四次多项式;但易于证明,这个多项式关于 w 是三次的,事实上,由 §3 中的方程(26)可得

$$K_1 = w^2 + 2x_2^2 w + \cdots$$

$$L_1 = -2x_2 w^2 - (12l_1 x_2 + 4cl) w + \cdots$$

$$N_1 = x_2^2 w^2 - [4lcx_2 + 2(c^2 - k^2)] w + \cdots$$

故有

$$L_1^2 - 4K_1N_1 = 8w^3 \left[-x_2^4 + 6l_1x_2^2 + 4lcx_2 + (c^2 - k^2) \right] + w^2(\cdots) + \cdots$$

从而

$$\left(\frac{\partial Q}{\partial x_1} \right)^2 = 8R(x_2)w^3 + \cdots \tag{10}$$

这样, $\left(\dfrac{\partial Q}{\partial x_1} \right)^2$ 关于 w 是三次多项式, 关于 x_2 是四次多项式.

现在我们证明, 对于多项式 $R(x)$ 的所有四个根, $\left(\dfrac{\partial Q}{\partial x_1} \right)^2$ 都等于零. 事实上, 由方程 $Q(w, x_1, x_2) = 0$ 可知, 如果 $R(x_1) = 0$(或者 $R(x_2) = 0$), 那么 $w_1 = w_2$, 且

$$Q(w, x_1, x_2) = (x_1 - x_2)^2 \left[w - \frac{R(x_1, x_2)}{(x_1 - x_2)^2} \right]^2$$

(参看 §3 中的方程(19)与(20)).

但如果此时 Q 是 w, x_1, x_2 的某个多项式的完全平方, 那么多项式 $K_1x_1^2 + L_1x_1 + N_1$ 显然也是完全平方, 从而 $\left(\dfrac{\partial Q}{\partial x_1} \right)^2 = 0$, 这样, $\left(\dfrac{\partial Q}{\partial x_1} \right)^2$ 便可以被 $R(x_2)$ 整除——对于第一项而言, 这可由等式(10)看出来. 于是

$$\left(\frac{\partial Q}{\partial x_1} \right)^2 = R(x_2)\varphi(w, x_2)$$

但多项式 $\varphi(w, x_2)$ 不能包含 x_2, 因为 $\left(\dfrac{\partial Q}{\partial x_1} \right)^2$ 关于 x_2 是四次多项式, 且 $\varphi(w, x_2)$ 是 $\left(\dfrac{\partial Q}{\partial x_1} \right)^2$ 除以 $R(x_2)$ 所得的商, 所以它仅仅是 w 的多项式.

于是

$$\left(\frac{\partial Q}{\partial x_1} \right)^2 = L_1^2 - 4K_1N_1 = R(x_2)\varphi(w) \tag{11}$$

其中 $\varphi(w)$ 是 w 的三次多项式.

同样地, 也有

$$\left(\frac{\partial Q}{\partial x_2} \right)^2 = R(x_1)\varphi(w) \tag{12}$$

此式由 Q 关于 x_1, x_2 的对称性是可以直接看出来的.

这样, 等式(7)便可以写成

$$2dw\sqrt{R(x_1)}\sqrt{R(x_2)} + dx_1\sqrt{R(x_2)}\sqrt{\varphi(w)} + dx_2\sqrt{R(x_1)}\sqrt{\varphi(w)} = 0$$

或者

$$2\frac{dw}{\sqrt{\varphi(w)}} + \frac{dx_1}{\sqrt{R(x_1)}} + \frac{dx_2}{\sqrt{R(x_2)}} = 0 \tag{13}$$

我们注意到, 对于 w_1, 根式 $\sqrt{R(x_1)}$ 与 $\sqrt{R(x_2)}$ 的符号是相反的, 而对于 w_2 它们

的符号是相同的,故在取 $\sqrt{\varphi(w)}$ 的适当的符号时,便得到等式

$$
\begin{cases}
-\dfrac{\mathrm{d}x_1}{\sqrt{R(x_1)}}+\dfrac{\mathrm{d}x_2}{\sqrt{R(x_2)}}=2\,\dfrac{\mathrm{d}w_1}{\sqrt{\varphi(w_1)}} \\[4mm]
\dfrac{\mathrm{d}x_1}{\sqrt{R(x_1)}}+\dfrac{\mathrm{d}x_2}{\sqrt{R(x_2)}}=2\,\dfrac{\mathrm{d}w_2}{\sqrt{\varphi(w_2)}}
\end{cases} \tag{14}
$$

于是利用方程组(1),(2),并注意到 $\mathrm{d}w_1=\mathrm{d}s_1$,$\mathrm{d}w_2=\mathrm{d}s_2$,多项式 $\varphi(w)=\varphi(s-3l_1)=\varphi_1(s)$,其中 φ_1 是 s 的三次多项式,则得

$$
2\,\frac{\mathrm{d}s_1}{\sqrt{\varphi_1(s_1)}}=\mathrm{i}\,\frac{\sqrt{(s_1-e_4)(s_1-e_5)}}{s_1-s_2}\mathrm{d}t
$$

$$
2\,\frac{\mathrm{d}s_2}{\sqrt{\varphi_1(s_2)}}=-\mathrm{i}\,\frac{\sqrt{(s_2-e_4)(s_2-e_5)}}{s_1-s_2}\mathrm{d}t
$$

或者令

$$
\varphi_1(s)(s-e_4)(s-e_5)=\varPhi(s)
$$

其中 $\varPhi(s)$ 是 s 的五次多项式,则有

$$
2\,\frac{\mathrm{d}s_1}{\sqrt{\varPhi(s_1)}}=\mathrm{i}\,\frac{\mathrm{d}t}{s_1-s_2} \tag{15}
$$

$$
2\,\frac{\mathrm{d}s_2}{\sqrt{\varPhi(s_2)}}=-\mathrm{i}\,\frac{\mathrm{d}t}{s_1-s_2} \tag{16}
$$

由方程(15),(16)可得最后的结果,如下

$$
\frac{\mathrm{d}s_1}{\sqrt{\varPhi(s_1)}}+\frac{\mathrm{d}s_2}{\sqrt{\varPhi(s_2)}}=0 \tag{17}
$$

$$
\frac{s_1\mathrm{d}s_1}{\sqrt{\varPhi(s_1)}}+\frac{s_2\mathrm{d}s_2}{\sqrt{\varPhi(s_2)}}=\frac{\mathrm{i}}{2}\mathrm{d}t \tag{18}
$$

于是事情便归结于下面的问题:

根据积分(17),(18)可将 s_1,s_2 用 t 表示出来,然后利用 s_1,s_2 即可将问题中的所有变量都用 t 表示出来.

由后添因子理论可知,消去 $\mathrm{d}t$ 并利用问题的四个第一积分,便可以将方程组的积分法化为一个方程的积分法,这个方程是全微分方程. 我们知道,方程(17)显然是雅可比定理所必须存在的方程.

115

§6   一般的结论

由本章的研究可知,在 C. B. 柯瓦列夫斯卡雅情形下,运动方程的积分法的问题比古典情形要复杂得多,像在古典情形下,方程的积分法可以归结于椭圆积分的反转一样,在 C. B. 柯瓦列夫斯卡雅情形中,问题可以归结于下列方程组的积分法

$$\begin{cases} \dfrac{\mathrm{d}s_1}{\sqrt{\varPhi(s_1)}} + \dfrac{\mathrm{d}s_2}{\sqrt{\varPhi(s_2)}} = 0 \\[2mm] \dfrac{s_1\,\mathrm{d}s_1}{\sqrt{\varPhi(s_1)}} + \dfrac{s_2\,\mathrm{d}s_2}{\sqrt{\varPhi(s_2)}} = \dfrac{\mathrm{i}}{2}\mathrm{d}t \end{cases} \tag{1}$$

令变量 s_1 与 s_2 在初始时刻 t_0 的值为 s_{10}, s_{20},则方程组(1)也可以写成

$$\begin{cases} \displaystyle\int_{s_{10}}^{s_1} \dfrac{\mathrm{d}s_1}{\sqrt{\varPhi(s_1)}} + \int_{s_{20}}^{s_2} \dfrac{\mathrm{d}s_2}{\sqrt{\varPhi(s_2)}} = 0 \\[2mm] \displaystyle\int_{s_{10}}^{s_1} \dfrac{s_1\,\mathrm{d}s_1}{\sqrt{\varPhi(s_1)}} + \int_{s_{20}}^{s_2} \dfrac{s_2\,\mathrm{d}s_2}{\sqrt{\varPhi(s_2)}} = \dfrac{\mathrm{i}}{2}(t-t_0) \end{cases} \tag{2}$$

因此,欲解决所提出的问题,必须由方程组(2)求出变量 s_1, s_2 为 t 的函数. 前面已经证明了 $\varPhi(s)$ 是五次多项式.

在一般情形下,形式如

$$\int R(x, \sqrt{P(x)})\,\mathrm{d}x$$

的积分,其中 R 是 x 与 $w = \sqrt{P(x)}$ 的有理函数,$P(x)$ 是高于四次的多项式,通常叫作超椭圆积分;特别地,如果 $P(x)$ 是五次或者六次多项式,那么这种积分便叫作外椭圆积分. 这样 C. B. 柯瓦列夫斯卡雅问题的解法便归结于由方程组(2)所决定的外椭圆积分的反转法.

于是在上面所讲过的一切情形下,重刚体的运动微分方程的积分法都可以化为椭圆积分或者外椭圆积分的反转的问题. 下面各章便要讲这个问题.

代数函数论的原理；黎曼曲面；椭圆积分与超椭圆积分

第五章

§1　代数函数；阿贝尔积分

倘若两个变量 z, w 之间由方程

$$P(z, w) = 0 \tag{1}$$

相连，其中 P 是 z 与 w 的多项式，那么一个变量便叫作另一个变量的代数函数；以后我们恒设 z 为自变量，w 为函数，从而 w 便是 z 的代数函数. 以后我们假设 z, w 都是复数，P 的系数通常也是复数.

设 $R(w, z)$ 为 z 与 w 的任何有理函数，考虑积分

$$\int_L R(w, z)\, \mathrm{d}z \tag{2}$$

其中 L 是复变量 z 的平面内的某条求积路线，则对于由方程 (1) 所决定的代数函数 w 而言，上述积分通常叫作阿贝尔积分.

最简单的情形，并且在所讨论的力学问题中必须应用的，便是这样的情形：函数 w 由方程

$$w^2 - P_n(z) = 0 \tag{3}$$

决定，其中 $P_n(z)$ 是 z 的 n 次多项式，当 n 为任意数目的时候，对于由方程 (3) 所决定的代数函数 w 而言，阿贝尔积分叫作超椭圆积分，在 $n = 3$ 或 4 的特殊情形下，它叫作椭圆积分；当 $n = 5$ 或 6 时，它有时也叫作外椭圆积分. 最后，在 $n = 2$ 或 1 的情形下，方程 (3) 成为

$$w^2 = az^2 + bz + c$$

从而对应的阿贝尔积分便具有如下形式

$$\int R(\sqrt{az^2 + bz + c}, z)\, \mathrm{d}z$$

我们知道,这种积分(譬如说利用欧拉的代换法)可以化为 z 的有理函数的积分.

我们在前面已经看到,刚体绕不动点运动问题的解法可以归结于阿贝尔积分的反转;在 C. B. 柯瓦列夫斯卡雅情形下是外椭圆积分,而在所有其他讲过的情形下是椭圆积分.

利用变量的变换,可以将阿贝尔积分化为一些典型的简单情形;在超椭圆积分的情形下,这种化法是特别简单的.

为此,我们可以注意,w 与 z 的任何有理函数显然都可以写成

$$R(w,z) = \frac{A_N(z)w^N + A_{N-1}(z)w^{N-1} + \cdots + A_0(z)}{B_M(z)w^M + B_{M-1}(z)w^{M-1} + \cdots + B_0(z)} \tag{4}$$

其中 M,N 是正整数,$A_N(z),\cdots,A_0(z),B_M(z),\cdots,B_0(z)$ 都是 z 的多项式. 另外,由方程(3)可得

$$w^2 = P_n(z), \quad w^4 = [P_n(z)]^2, \quad w^6 = [P_n(z)]^3, \quad \cdots$$

又

$$w^3 = P_n(z)w, \quad w^5 = [P_n(z)]^2 w, \quad w^7 = [P_n(z)]^3 w, \quad \cdots$$

将这些值代入表达式(4),便可以将它化为

$$R(w,z) = \frac{S(z)w + T(z)}{S_1(z)w + T_1(z)} \tag{5}$$

其中 $S(z),S_1(z),T(z),T_1(z)$ 都是 z 的多项式,再将表达式(5)的分子和分母同时乘以 $S_1(z)w - T_1(z)$,并在所得的表达式中将 w^2 替换为方程(3),于是式(5)便化为

$$R(w,z) = R_1(z) + R_2(z)w \tag{6}$$

的形式,其中 $R_1(z),R_2(z)$ 都是 z 的有理函数;表达式(6)也可以写成

$$R(w,z) = R_1(z) + \frac{R_2(z)P_n(z)}{w}$$

也就是

$$R(w,z) = R_1(z) + R(z)\frac{1}{w} \tag{7}$$

其中 $R_1(z)$ 与 $R(z)$ 都是 z 的有理函数.

由此可知,超椭圆积分恒能化为

$$\int_L R(w,z)\,\mathrm{d}z = \int_L R_1(z)\,\mathrm{d}z + \int R(z)\frac{\mathrm{d}z}{w} \tag{8}$$

的形式,但积分

$$\int_L R_1(z)\,\mathrm{d}z \tag{9}$$

是 z 的有理整函数的积分,所以任何超椭圆积分都可以减去有理函数的积分

（9）来化为如下形式

$$\int \frac{R(z)}{w} \mathrm{d}z \qquad (10)$$

在超椭圆积分的理论中,只要考虑形如式(10)的积分. 另外,因为任何有理分式都可以写成多项式(也就是有理函数的整式部分)与一些形如 $A_{kl}/(z-a_k)^l$ 的项之和,所以积分(10)可以分成下列两部分之和

$$\int \frac{b_0 z^m + b_1 z^{m-1} + \cdots + b_m}{w} \mathrm{d}z \qquad (11)$$

与

$$A_{kl} \int \frac{\mathrm{d}z}{(z-a_k)^l w} \qquad (12)$$

我们更详细地研究形如式(11)的积分. 首先我们证明,当提出某个代数函数时,可以将方幂的次数 m 减小到 $n-2$.

事实上,因为

$$\frac{\mathrm{d}}{\mathrm{d}z}(z^k \sqrt{a_0 z^n + a_1 z^{n-1} + \cdots + a_n}) = k z^{k-1} \sqrt{a_0 z^n + a_1 z^{n-1} + \cdots + a_n} +$$

$$z^k \frac{1}{2} \frac{n a_0 z^{n-1} + \cdots + a_{n-1}}{\sqrt{a_0 z^n + a_1 z^{n-1} + \cdots + a_n}}$$

$$= \frac{a_0 \left(k + \frac{n}{2}\right) z^{n+k-1} + \cdots}{\sqrt{a_0 z^n + a_1 z^{n-1} + \cdots + a_n}}$$

所以当选使得

$$n+k-1 = m \qquad (13)$$

的 k 时,即有

$$\frac{b_0 z^m + b_1 z^{m-1} + \cdots + b_m}{w} - \frac{b_m}{k + \frac{n}{2}} \frac{\mathrm{d}}{\mathrm{d}z}(z^k w) = \frac{Q(z)}{w} \qquad (14)$$

其中 $Q(z)$ 是低于 m 次的多项式,由方程(13)得

$$k = m - n + 1$$

从而当 $m-n+1 \geq 0$ 时,也就是 $m \geq n-1$ 的时候,这种变换总可以施行. 所以恒可将次数 m 减小到 $(n-1)-1 = n-2$. 又因为由方程(14)可得

$$\int \frac{b_0 z^m + b_1 z^{m-1} + \cdots + b_m}{w} \mathrm{d}z = \frac{b_m}{k + \frac{n}{2}} z^k w + \int \frac{Q(z) \mathrm{d}z}{w}$$

所以形如式(11)的积分,它的计算便归结于积分

$$\int \frac{Q(z)}{w} \mathrm{d}z$$

的计算,其中 $Q(z)$ 的次数不大于 $n-2$,也就是说,归到对形如

$$\int \frac{c_0 z^{n-2} + c_1 z^{n-3} + \cdots + c_{n-2}}{w} \mathrm{d}z \tag{15}$$

的积分的计算.

对于任何有限的 z 而言,积分(15)都是有限的. 事实上,只有当 z 的值是 w 的有限根的时候,积分才可能成为无穷大的. 设多项式 $P_n(z)$ 的根分别等于 α_1, $\alpha_2,\cdots,\alpha_n$;由假设可知,所有的根都是单根,这样,由方程(3)便得到

$$w = \sqrt{a_0}\sqrt{(z-\alpha_1)(z-\alpha_2)\cdots(z-\alpha_n)}$$

我们研究积分(15)在点 α_1 的邻域内的性质. 令 $z-\alpha_1 = t^2$,则积分(15)便化为

$$\int \frac{Q(t)2t\mathrm{d}t}{\sqrt{a_0}\,t\sqrt{(t^2+\alpha_1-\alpha_2)(t^2+\alpha_1-\alpha_3)\cdots(t^2+\alpha_1-\alpha_n)}}$$
$$= \frac{2}{\sqrt{a_0}}\int \frac{Q(t)\mathrm{d}t}{\sqrt{(t^2+\alpha_1-\alpha_2)\cdots(t^2+\alpha_1-\alpha_n)}} \tag{16}$$

其中 $Q(t)$ 是多项式. 但积分(16)中的被积函数在点 $t=0$ 的邻域内是解析函数,所以积分(16)在 $t=0$ 的邻域内显然具有限值,从而便证明了以上我们的断语.

现在我们证明,在形如式(11)的积分当中,也有这样的积分存在,它在 $z=\infty$ 时是有限的,从而在整个平面 z 上都是有限的. 事实上,作代换 $z=\frac{1}{t}$,则积分式(11)化为

$$-\int \frac{b_0 + b_1 t + \cdots + b_m t^m}{t^{m-\frac{n}{2}}\sqrt{a_0(1-\alpha_1 t)(1-\alpha_2 t)\cdots(1-\alpha_n t)}} \frac{\mathrm{d}t}{t^2}$$

在 $z=\infty$ 的邻域内,也就是在 $t=0$ 的邻域内,被积函数具有如下形式

$$\frac{b_0}{\sqrt{a_0}} \frac{1+At+Bt^2+\cdots}{t^{m+2-\frac{n}{2}}}$$

欲使积分值是有限的,必须且只需

$$m+2-\frac{n}{2}<1$$

也就是

$$m<\frac{n}{2}-1$$

由此可知,当 n 为偶数时,m 可以具有不大于 $\frac{n}{2}-2$ 的值;当 n 为奇数时,m 的最大值是 $\frac{n-1}{2}-1$. 于是,当 n 为偶数时的积分

$$\int \frac{1}{w} \left(b_0 z^{\frac{n}{2}-2} + b_1 z^{\frac{n}{2}-3} + \cdots + b_{\frac{n}{2}-2} \right) \mathrm{d}z \tag{17}$$

或者当 n 为奇数时的积分

$$\int \frac{1}{w} \left(b_0 z^{\frac{n-1}{2}-1} + b_1 z^{\frac{n-1}{2}-2} + \cdots + b_{\frac{n-1}{2}-1} \right) \mathrm{d}z \tag{18}$$

在 $z = \infty$ 的邻域内都是有限的,由上述可知,它在平面的整个有限域内也是有限的.

这样,积分式(17)或(18)便是 z 的此种函数,它在整个平面 z 上,包括无穷远点在内,都是有限的. 它们显然代表 z 的多值函数;以后我们要研究它们的多值性.

形如式(17)或(18),在整个平面上有限的积分叫作第一类积分;所有其余形如式(11)的积分叫作第二类积分.

积分(17)或(18)显然可以看作形如

$$J_k = \int \frac{z^k \mathrm{d}z}{w} \tag{19}$$

的积分的线性组合,其中当 n 为偶数时,k 取遍

$$0, 1, 2, \cdots, \frac{n}{2} - 2 \tag{20}$$

各值;当 n 为奇数时,k 取遍

$$0, 1, 2, \cdots, \frac{n-1}{2} - 1 \tag{21}$$

各值. 形如式(19)的各个积分是线性独立的,因为如果存在着关系式

$$C_0 J_0 + C_1 J_1 + \cdots + C_m J_m = 0$$

那么取导数即得

$$C_0 + C_1 z + C_2 z^2 + \cdots + C_m z^m = 0$$

这个显然是不可能的.

于是我们便得到最后的结果,如下:

对于由方程

$$w^2 = P_n(z)$$

决定的代数函数,当 n 为偶数时,存在着 $\frac{n}{2} - 1$ 个形如式(19)的线性独立的积分,k 取遍式(20)各值;又当 n 为奇数时,存在着 $\frac{n-1}{2}$ 个形如式(19)的线性独立的第一类积分. 所有其他的第一类积分都是这种基本的第一类积分的一次函数.

最后的断语的理由如下:

第二类积分在 $z = \infty$ 处是无穷大的,且形如式(12)的所谓第三类的积分,在

121

$z=a_k$ 处显然是无穷大的,从而第一类的积分只能具有形式(17)或(18).

在结束本节时,我们指出,在第三类积分中取出某个代数的部分时,可以将它化为一个形式如下的积分

$$\int \frac{\mathrm{d}z}{(z-a)w}$$

§2　黎　曼　曲　面

我们知道,用复数平面上或者复数球面上的几何表现法,可以使复数的理论明朗化. 在研究复变函数时,复数的几何表现法具有更大的明朗性. 由函数完全决定的奇点的位置,代表函数的级数的收敛区,在单值函数的情形下,在复数平面上都有清楚的表现.

但对于多值函数而言,情形便有根本的不同. 如果利用复数平面,那么由于函数具有各种不同的分支,使得对它们的性质的研究非常复杂. 例如,对于双值函数

$$f(z) = \frac{1}{\sqrt{z}-1}$$

而言,$z=1$ 是这一支的极点;对于该支,当 $z=1$ 时,$\sqrt{z}=+1$;对于另一支,当 $z=1$ 时,$\sqrt{z}=-1$,点 $z=1$ 却是正规点. 因此,在说明多值函数的奇点时,如果它们的表现级数的收敛区相等,那么我们随时都要指出,所说的是函数的哪一支. 这种复杂化的原因,显然是由于复变量平面上的点与函数的值并非单值对应:同一点或者同一个值 z 对应于函数的几个不同的值.

这里自然出现一个问题:是否可以做出和复数平面一样清楚的几何图形,使得这个图形的元素与所讨论的函数的值之间有单值关系. 黎曼[①]所指出的复数平面概念的拓展,便是这个问题的美妙的解答. 我们现在就形如 $R(z,w)$ 的函数来研究黎曼曲面,其中 w 是由方程

$$w^2 = P_n(z) \tag{1}$$

所决定的双值函数,其中 $P_n(z)$ 是 n 次多项式.

如果将方程(1)写成

$$w^2 = a(z-\alpha_1)(z-\alpha_2)\cdots(z-\alpha_n) \tag{2}$$

的形式,并且以后恒设各个 α_k 全不相同,那么对于与 α_k 不相等的任何值 z 而言,w 都有两个值,且彼此异号;倘若 $z=\alpha_k$,那么 z 便只有一个等于零的值.

欲作由方程(2)所定的双值函数的黎曼曲面,可以考虑两个互相叠合的复

---

① 参看 Риман Б. 的著作《Основы общей теории функций одной комплексной переменной》.

变量平面,我们研究由等式

$$w = \pm \sqrt{(z-\alpha_1)(z-\alpha_2)\cdots(z-\alpha_n)}$$

所决定的函数,并设根号下面的多项式的各个根全
不相同. 在平面 z 上将 α_1 与 α_2,α_3 与 α_4,$\cdots$ 联结成
两两不相交的线,例如图 6 中的直线段;此时,如果
n 是偶数,那么这样便联结了所有各点 α_k 的对偶,
如果 n 是奇数,那么剩下的一点便用同样的方法与
点 $z=\infty$ 相连. 将平面 z 用上述的线这样割开,使得
在平面上的移动不能经过各线,再考虑函数 w 的两
个值当中的一个值的变化,当我们沿任一条与所作
的割口不相交的路线上走动时. 易于看出,双值函

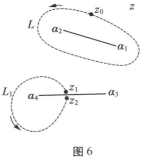

图 6

数 w 的每一支在平面 z 上的每一点都有唯一一个值,当 z 沿着任一条与所作的
割口不相交的路线上变化的时候.

事实上,令

$$z-\alpha_1 = \rho_1 e^{\varphi_1 i}$$
$$z-\alpha_2 = \rho_2 e^{\varphi_2 i}$$
$$\vdots$$
$$z-\alpha_n = \rho_n e^{\varphi_n i}$$

并注意到 w 的两支的值彼此异号,我们便可以写出

$$w_1 = \sqrt{\rho_1\rho_2\cdots\rho_n}\, e^{\frac{\varphi_1+\varphi_2+\cdots+\varphi_n}{2}i}$$
$$w_2 = \sqrt{\rho_1\rho_2\cdots\rho_n}\, e^{\frac{\varphi_1+\varphi_2+\cdots+\varphi_n}{2}i+\pi i}$$

倘若由某个初始值 z_0 开始,令 z 沿某个与割口不相交的闭合的路线 L 变化
(图 6),则此时有两种可能情形:

(a)在闭路 L 内部没有临界点 α_k,此时沿 L 走过一周以后,所有各值 ρ_k,φ_k
都回到它们在 z_0 的原有的值.

(b)在闭路 L 内部有若干个割口,从而有偶数个临界点(在图 6 中,L 内部
包含一个割口与两个临界点 α_1,α_2);此时与所走的方向有关,对于这些在 L 内
部的临界点而言,幅角变了 $+2\pi$ 或 -2π,从而

$$\frac{\varphi_1+\varphi_2+\cdots+\varphi_n}{2}$$

成为

$$\frac{\varphi_1+\varphi_2+\cdots+\varphi_n}{2} \pm 2\pi N$$

其中 N 是 L 内部所含割口的个数(在图 6 中有一个割口,走动的方向是使得 $\pm$

$2\pi N$ 成为 $2\pi \cdot 1$);于是在这样的走动以后,w_1 与 w_2 都得到了乘数 $e^{\pm 2\pi iN} = 1$,也就是说,它们仍旧回到原有的值.

这样,当 z 沿着割开的平面内的任何路线走动时,w_1 与 w_2 都保持单值.

但易于看出,在割口两侧的点处,函数 w_1 或 w_2 的值都异号.事实上,欲由 z_1 走到 z_2 且不经过割口(如图 6 所示,z_1, z_2 都在割口的边缘上),那么必须沿某一个方向绕过对应割口的一个端点(在图 6 中必须沿路线 L_1 绕过点 α_4,此时 φ_4 角的变化为 $+2\pi$),或者在一般情形下,如果在所走的路线 L_1 内部有 M 个割口的话,那么便要绕过 $(2M \pm 1)$ 个临界点.此时表达式

$$\frac{\varphi_1 + \varphi_2 + \cdots + \varphi_n}{2}$$

便成为

$$\frac{1}{2}\left[\varphi_1 + \varphi_2 + \cdots + \varphi_n \pm 2\pi(2M \pm 1)\right] = \frac{1}{2}(\varphi_1 + \varphi_2 + \cdots + \varphi_n) \pm 2\pi M \pm \pi$$

因此,在走动以后 w_1 与 w_2 便得到了乘数

$$e^{\pm 2\pi iM \pm \pi i} = e^{\pm \pi i}$$

从而 w_1 这支在点 z_2 处的值与 w_1 在点 z_1 处的值相同.

我们设想,具有相应割口的平面 z 是由两层互相叠合的平面构成的,并且假设函数 w 的两支的值对应于这种曲面的一层与另一层的点,这种曲面是由两层互相叠合的平面 z 构成的(图 7).这样,这种两层曲面上的点,在割口外面单值地对应于双值函数 w 的两支的值.这样的双叶曲面,叫作双值函数的黎曼曲面.

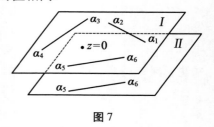

图 7

现在我们考虑平面 I 上的任一个割口的边缘,例如联结 α_1, α_2 两点的割口.我们已经证明了,在割口的两侧,函数在割口的相合点的值彼此异号.因此,如果在第一层上的点 z 处,函数 w 的值是 w_1,那么在割口另一侧的与 z 相合的点处,函数 w 的值便是 $-w_1$.另外,在对应于函数第二支的那一层上的点 z 处,函数 w 的值是 $-w_1$,从而在割口的另一侧的与 z 相合的点处,函数 w 的值便是 w_1.在图 8 中,指出了 w_1 值在 z 点处沿割口两侧的分布情形,并且为了清楚起见,将割口的边缘分开.

这样,我们便得到了下面的重要结果:在第一层上割口的某一侧的点处,函数的值 w_1 等于在第二层上的割口的另一侧的点处之值.

由此可知,如果将第一层的割口的某一侧的点与第二层的同一割口的另一侧的点相联,像图 9 所指出的一样,那么当我们穿过此种"缝合"的曲面上的割

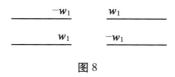

图 8

口时,函数 w 的值便连续地变化. 但此时必须取所得的曲面的自身相交线上的点(在图9内为点 M)是两个点的重合,这两点是当我们由平面 I 走到平面 II 时的两侧上的点,并且这种点必须看作本质上是不相同的. 根据这种说明,我们便可以从所得的"缝合"曲面的一层走到另一层,走动的方向如图 10(a)所示,但不能沿着如图 10(b)所示的方向走动.

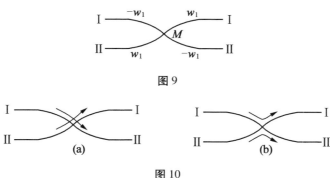

图 9

图 10

　　沿着所有的割口将一个复数平面与另一个复数平面作同样的"缝合",并且令一个平面上的所有临界点 α_k 都与另一个平面上的对应点相合,这样便得到了一个相关联的双叶曲面,它沿着割口与自身相交,并且具有下面的性质:

　　(a)双叶曲面上每一点都对应着双值函数 w 的唯一一个完全确定的值.

　　(b)当变量 z 沿着所作的双叶曲面连续变化时,函数 w 的对应的支也连续变化.

　　我们可以证明,对于任何代数函数,甚至于任何的多值超越函数,用同样的方法也可以做出具有性质(a)和(b)的多叶曲面,具有性质(a)和(b)的这种多叶曲面,便叫作已给的多值函数 w 的黎曼曲面.

　　这样,黎曼曲面上的每一点都决定唯一一个值 z,以及按照方程(1)与 z 相应的一个值 w.

　　这种结果也可以解释得稍微广泛一点,我们考虑任意一个有理函数 $R(z, w)$,其中的变量 z, w 用关系式(1)相关联. 此时对于黎曼曲面上的每一点而言,都有完全确定的值 w 与 z,因而也有完全确定的函数值 $R(z, w)$. 这样,我们便有了下面的一般结果.

　　设有由方程

$$P(w, z) = 0$$

125

所决定的代数函数. 如果做出这个函数的黎曼曲面, 那么 z, w 的任何有理函数 $R(z, w)$ 都是这个黎曼曲面上的点的单值函数.

§3 代数函数的奇点

上面已经给了一类代数函数

$$R(w, z) = R_1(z) + R_2(z) \frac{1}{w} \tag{1}$$

的解析表示法, 其中

$$w^2 = P_n(z) \tag{2}$$

这种表示法现在可以用来说明函数 $R(w, z)$ 的奇点的性质. 因为 $R_1(z), R_2(z)$ 都是 z 的有理函数, 所以它在复数平面上, 从而在黎曼曲面上, 这种函数都只能有有限个极点作为奇点.

当函数 $R_2(z)$ 具有因子 $\frac{1}{w}$ 时, 情形比较复杂. 若将多项式 $P_n(z)$ 分解因子, 则方程(2)即可写成

$$w^2 = a(z - \alpha_1)(z - \alpha_2) \cdots (z - \alpha_n) \tag{3}$$

的形式, 从而

$$\frac{1}{w} = \frac{1}{\sqrt{a}} \frac{1}{\sqrt{(z - \alpha_1)(z - \alpha_2) \cdots (z - \alpha_n)}} \tag{4}$$

其中 $\alpha_1, \alpha_2, \cdots, \alpha_n$ 各点是函数 $\frac{1}{w}$ 的奇点. 在点 α_k 的邻域内, 我们不难将函数 $\frac{1}{w}$ 展开为 $(z - \alpha_k)$ 的幂级数; 此时和以前一样, 我们假设所有的 α_k 各不相同, 从而多项式 $P_n(z)$ 的零点都是单重的. 令

$$z - \alpha_1 = t^2 \tag{5}$$

则

$$\frac{1}{\sqrt{(z - \alpha_1) \cdots (z - \alpha_n)}} = \frac{1}{t \sqrt{(\alpha_1 - \alpha_2 + t^2)(\alpha_1 - \alpha_3 + t^2) \cdots (\alpha_1 - \alpha_n + t^2)}} \tag{6}$$

在点 $t = 0$ 的邻域内, 函数的两支

$$\pm \frac{1}{\sqrt{(\alpha_1 - \alpha_2 + t^2) \cdots (\alpha_1 - \alpha_n + t^2)}}$$

都是 t^2 的解析函数, 从而成立着如下展开式

$$\pm \frac{1}{\sqrt{(\alpha_1 - \alpha_2 + t^2) \cdots (\alpha_1 - \alpha_n + t^2)}} = \pm (A_0 + A_1 t^2 + A_2 t^4 + \cdots)$$

因而也有展开式

$$\frac{1}{w} = \pm \left(\frac{A_0}{t} + A_1 t + A_2 t^3 + \cdots \right)$$

或者将 t 替换为 z, 得

$$\frac{1}{w} = \pm \left(\frac{A_0}{\sqrt{z-\alpha_1}} + A_1 \sqrt{z-\alpha_1} + A_2 (\sqrt{z-\alpha_1})^3 + \cdots \right)$$

因为当绕着临界点 α_1 走一周时, 表达式 $\sqrt{z-\alpha_1}$ 变号, 所以函数 $\frac{1}{w}$ 的两支都可以写成下面的形式

$$\frac{1}{w} = \frac{A_0}{\sqrt{z-\alpha_1}} + A_1 \sqrt{z-\alpha_1} + A_2 (\sqrt{z-\alpha_1})^3 + \cdots \tag{7}$$

现在我们考虑函数 $R_2(z) \frac{1}{w}$. 倘若在点 α_1 处, 函数 $R_2(z)$ 既无零点也无奇点, 那么在 $z=\alpha_1$ 的邻域内, 便有展开式

$$R_2(z) = B_0 + B_1(z-\alpha_1) + B_2(z-\alpha_1)^2 + \cdots \tag{8}$$

由展开式 (7) 与 (8), 便得到下面的展开式

$$R_2(z) \frac{1}{w} = \frac{A_0 B_0}{\sqrt{z-\alpha_1}} + (A_0 B_1 + A_1 B_0) \sqrt{z-\alpha_1} + \cdots$$

如果在点 α_1 处, 函数 $R_2(z)$ 具有极点, 那么便有展开式

$$R_2(z) = \frac{B_0}{(z-\alpha_1)^m} + \frac{B_1}{(z-\alpha_1)^{m-1}} + \cdots$$

从而

$$R_2(z) \frac{1}{w} = \frac{A_0 B_0}{\sqrt{(z-\alpha_1)^{2m+1}}} + \frac{A_0 B_1 + A_1 B_0}{\sqrt{(z-\alpha_1)^{2m-1}}} + \cdots$$

在两种情形下, 我们都可以将展开式写成

$$R_2(z) \frac{1}{w} = \frac{C_{-(2m+1)}}{(\sqrt{z-\alpha_1})^{2m+1}} + \frac{C_{-(2m-1)}}{(\sqrt{z-\alpha_1})^{2m-1}} + \cdots + \frac{C_{-1}}{\sqrt{z-\alpha_1}} +$$
$$C_0 + C_1 \sqrt{z-\alpha_2} + \cdots \tag{9}$$

此外, 如果函数 $R_1(z)$ 在 α_1 处也有极点, 那么在函数 $R(w,z)$ 的展开式中, 便包含了如下形式的项

$$\frac{C_{-2}}{(\sqrt{z-\alpha_1})^2} = \frac{C_{-2}}{z-\alpha_1}, \quad \frac{C_{-4}}{(\sqrt{z-\alpha_1})^4} = \frac{C_{-4}}{(z-\alpha_1)^2}, \quad \cdots$$

从而展开式便是

$$R(w,z) = \frac{C_{-m}}{(\sqrt{z-\alpha_1})^m} + \frac{C_{-(m-1)}}{(\sqrt{z-\alpha_1})^{m-1}} + \cdots + \frac{C_{-1}}{\sqrt{z-\alpha_1}} +$$
$$C_0 + C_1 \sqrt{z-\alpha_1} + \cdots \tag{10}$$

127

在这种情形下,点 α_1 叫作临界极点;这样,展开式(10)便是代数函数在临界极点的邻域内的展开式的一般形式.

倘若在 $z=\alpha_1$ 处,函数 $R_2(z)$ 具有任何重数的零点,那么情形便有所不同.此时

$$R_2(z) = B_k(z-\alpha_1)^k + B_{k+1}(z-\alpha_1)^{k+1} + B_{k+2}(z-\alpha_1)^{k+2} + \cdots$$

从而

$$R_2(z)\frac{1}{w} = A_0 B_k(z-\alpha_1)^{k-\frac{1}{2}} + (A_0 B_{k+1}+A_1 B_k)(z-\alpha_1)^{k+\frac{1}{2}} + \cdots$$

此时,如果 α_1 是函数 $R_1(z)$ 的解析点,那么在 α_1 的邻域内通常有展开式

$$R(w,z) = C_m(\sqrt{z-\alpha_1})^m + C_{m+1}(\sqrt{z-\alpha_1})^{m+1} +$$
$$C_{m+2}(\sqrt{z-\alpha_1})^{m+2} + \cdots \qquad (11)$$

在这种情形下,α_1 叫作平常的临界点,展开式(11)便是代数函数在临界点邻域内的展开式.

对于各点 $\alpha_1,\alpha_2,\cdots,\alpha_n$ 都可以应用同样的论证;因此,这些点或者是函数 $R(w,z)$ 的平常临界点,或者是临界的极点. 除了各点 $\alpha_1,\alpha_2,\cdots,\alpha_n$,函数 $R(w,z)$ 的奇点显然只能是函数 $R_1(z),R_2(z)$ 的极点.

现在我们考虑下面的最一般的情形:设 β 是函数 $R_1(z)$ 与 $R_2(z)$ 的极点,那么便成立着展开式

$$R_1(z) = \frac{A_{-m}}{(z-\beta)^m} + \frac{A_{-(m-1)}}{(z-\beta)^{m-1}} + \cdots + \frac{A_{-1}}{z-\beta} + A_0 + A_1(z-\beta) + \cdots$$

但 w 具有彼此异号的两支,所以

$$R_2(z)\frac{1}{w} = \pm\left[\frac{B_{-m}}{(z-\beta)^m} + \frac{B_{-(m-1)}}{(z-\beta)^{m-1}} + \cdots + \frac{B_{-1}}{z-\beta} + B_0 + B_1(z-\beta) + \cdots\right]$$

于是对于函数 $R(w,z)$ 的两支,便有展开式

$$R(\pm w,z) = \frac{A_{-m}+B_{-m}}{(z-\beta)^m} + \frac{A_{-(m-1)}\pm B_{-(m-1)}}{(z-\beta)^{m-1}} +$$
$$\frac{A_{-1}+B_{-1}}{z-\beta} + (A_0 \pm B_0) + \cdots \qquad (12)$$

其中系数 A_k,B_k 中可能有一些等于零.

这样,在一般的情形下,黎曼曲面的两叶上的点 $z=\beta$ 处的极点的展开式通常具有不同的极点部分.

特别地,例如 $A_{-m}=B_{-m},A_{-(m-1)}=B_{-(m-1)},\cdots,A_1=B_1$,那么只在黎曼曲面的一叶上得到极点:在 (w,β) 处有极点,在 $(-w,\beta)$ 处没有极点.

综合上面所讲的,我们便得到了一般的结论,如下:

形式如 $R(w,z)$ 的任何代数函数,在黎曼曲面上可能有下面的奇点:

（a）正常的临界点.

（b）极点.

（c）临界的极点.

逆定理也成立：倘若函数 $\varphi(w,z)$ 在两叶的黎曼曲面上具有有限个极点（临界的或者平常的），那么它便是变量 z 与 w 的有理函数. 事实上，函数

$$\varphi(z,w)+\varphi(z,-w)$$

与

$$\varphi(z,w)\varphi(z,-w)$$

都是 z 的单值函数，并且它们在两叶的黎曼曲面上的奇点只有极点. 因此，它们一定是 z 的有理函数，从而

$$\varphi(z,w)+\varphi(z,-w)=R_1(z)$$

$$\varphi(z,w)\varphi(z,-w)=R_2(z)$$

其中 $R_1(z),R_2(z)$ 都是 z 的有理函数. 由此可知，$\varphi(z,w)$ 与 $\varphi(z,-w)$ 是方程

$$\varphi^2-R_1(z)\varphi+R_2(z)=0$$

或者将函数 $R_1(z),R_2(z)$ 的分母取消，即方程

$$P_0(z)\varphi^2-P_1(z)\varphi+P_2(z)=0$$

的根，其中 $P_0(z),P_1(z),P_2(z)$ 都是多项式，于是

$$\varphi(z,w)=\varphi=\frac{P_1(z)+\sqrt{P_1^2(z)-4P_0(z)P_2(z)}}{2P_0(z)}$$

表达式 $P_1^2(z)-4P_0(z)P_2(z)$ 是多项式，倘若将它分解因子，并将重复的因子提到根号外面，那么 φ 便成为

$$\varphi(z,w)=\frac{P_1(z)+Q(z)\sqrt{(z-\beta_1)(z-\beta_2)\cdots(z-\beta_m)}}{2P_0(z)} \tag{13}$$

假设有方程

$$w^2=A(z-\alpha_1)(z-\alpha_2)\cdots(z-\alpha_n) \tag{14}$$

由方程（14）可知，当围绕 $\alpha_1,\alpha_2,\cdots,\alpha_n$ 各点走动时，函数 $\varphi(z,w)$ 便化为 $\varphi(z,-w)$. 另外，由表达式（13）可知，当围绕 $\beta_1,\beta_2,\cdots,\beta_m$ 各点走动时，$\varphi(z,w)$ 化为 $\varphi(z,-w)$. 因此，$\beta_1,\beta_2,\cdots,\beta_m$ 各点的全体与 $\alpha_1,\alpha_2,\cdots,\alpha_n$ 各点的全体相合，从而

$$\varphi(z,w)=\frac{P_1(z)+\dfrac{1}{\sqrt{A}}Q(z)w}{2P_0(z)}$$

也就是说，$\varphi(z,w)$ 是 z 与 w 的有理函数，故得所求的证明.

用类似的方法也可以证明下面的定理：

倘若 z,w 的有理函数 $R(w,z)$ 在函数 w 的黎曼曲面上没有极点，则函数

$R(w,z)$ 即为常数.

事实上,在此种情形下,函数

$$r_1(z) = R(w,z) + R(-w,z)$$
$$r_2(z) = R(w,z)R(w,-z)$$

是 z 的有理函数,并且在复数平面上没有奇点,所以 $r_1(z)$ 与 $r_2(z)$ 都是常数,从而即可推知, $R(w,z)$ 也是常数.

我们又注意到,黎曼曲面上的平常临界点在很多方面都像解析点.例如,在黎曼曲面上沿着闭合路线的积分等于零,如果在闭路内部只有代数临界点而无极点.欲证此事,我们可以注意,只需考虑如此的闭路,它在黎曼曲面上仅仅包含一个临界点.

设 a 为临界点,在它的邻域内,有理函数 $R(z,w)$ 具有形如式(11)的展开式

$$R(w,z) = C_m(\sqrt{z-a})^m + C_{m+1}(\sqrt{z-a})^{m+1} + \cdots \quad (m \geqslant 0)$$

在黎曼曲面上选取围绕点 a 的闭路 L(图11),则因为在割口 ab 上的点必须当作相异的,看我们从哪一侧走向割口而定,所以黎曼曲面上围绕点 a 的闭路一定绕着它走两周.

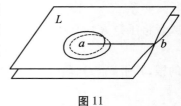

图 11

作代换

$$z - a = t^2 \qquad (15)$$

则函数 $R(w,z)$ 便具有展开式

$$R(w,z) = C_m t^m + C_{m+1} t^{m+1} + \cdots$$

这个级数在点 $t=0$ 的邻域内,也就是在点 $z=a$ 的邻域内收敛.代换式(15)使得函数 $R(w,z)$ 在点 $z=a$ 的邻域内单值化,因此变量 t 便叫作局部的单值化变量.

令 $z-a = re^{\alpha i}, t = \rho e^{\varphi i}$,则由方程(15)得

$$r = \rho^2, \quad \alpha = 2\varphi$$

因此,要想沿着路线 L 围绕 $z=a$ 走动且使角 α 由零增加到 4π,只需在平面 (t) 上围绕点 $t=0$ 走一周即可;这样,曲线 L 便对应于平面 (t) 上的曲线 L_1,它的内部包含 $t=0$(图12).

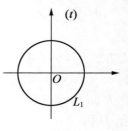

图 12

由上面的一切,可以得到如下结论

$$\int_L R(w,z)\,\mathrm{d}z = 2\int_{L_1}(C_m t^m + C_{m+1} t^{m+1} + \cdots)t\,\mathrm{d}t = 0$$

也就是说,临界点好像柯西定理中的解析点一样.

将局部单值化的变量引入临界极点邻域内的展开式中,则由等式(12)可得

$$R(w,z) = \frac{C_{-m}}{t^m} + \frac{C_{-(m-1)}}{t^{m-1}} + \cdots + \frac{C_{-2}}{t^2} + \frac{C_{-1}}{t} + C_0 + C_1 t + \cdots$$

从而

$$\int_L R(w,z)\,\mathrm{d}z = 2\int_{L_1}\left(\frac{C_{-m}}{t^m} + \frac{C_{-(m-1)}}{t^{m-1}} + \cdots + \frac{C_{-2}}{t^2} + \frac{C_{-1}}{t} + C_0 + \cdots\right)t\mathrm{d}t = 2\pi\mathrm{i}(2C_{-2})$$

这样,在所讨论的情形下,$2C_{-2}$便相当于残数,但其中C_{-2}是展开式的项

$$\frac{C_{-2}}{(\sqrt{z-a})^2} = \frac{C_{-2}}{z-a}$$

的系数.

显然的,在所作的补充下,柯西定理对于黎曼曲面上的任何闭路仍旧成立,广义的柯西定理以及关于残数的定理也一样.

最后我们再指出,本节的结论都可以推广到形如$R(w,z)$的函数的情形,其中w与z具有一般的代数方程

$$P(w,z) = 0$$

的联系.

§4　黎曼曲面的拓扑变换;广义圆环

图 13 为代数函数

$$w^2 = a(z-\alpha_1)(z-\alpha_2)\cdots(z-\alpha_{2l}) \qquad (1)$$

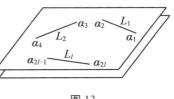

图 13

的黎曼曲面的示意图. 在这种情形下,黎曼曲面是双叶的,且$L_1,L_2,\cdots,L_l$各线是由一叶走到另一叶的线,并且在临界点α_k处,上下两叶的点彼此黏合. 如果在黎曼曲面上任取一点m,那么由这点在复数平面上的位置便定出变量z的相应值,并且由在一叶或另一叶上的点的位置可以定出函数$w = \sqrt{a(z-\alpha_1)\cdots(z-\alpha_{2l})}$的与所给的点相应的值. 这样,黎曼曲面上每点便对应于一对完全确定的值(z,w). 我们再注意,由上面可知,转换线$L_1,L_2,\cdots,L_l$都是二重的因子,如果所取的点m在线L_k上,那么必须说清楚,我们在相重的两条线L_k中的哪一条线上选取这点.

易于看出,反过来说,如果我们取一对由方程(1)所联系的值(z,w),那么这对数值便对应于黎曼曲面上的唯一一个完全确定的点,并且z决定复数平面上的点的位置,这个复数平面代表黎曼曲面的上一叶或者下一叶,又由对应的值w可知,所取的点究竟是在上一叶还是在下一叶. 这样,在黎曼曲面上的点与满足关系式(1)的数值对(z,w)之间便存在着一一对应的关系. 因此,在周知的意义下,数值z与由方程(1)所定的对应值w便可以看作黎曼曲面上的点的坐

标；根据这种情形，满足方程(1)的数值对(z,w)有时便叫作关系式(1)的解析点，或者具有方程(1)的代数曲线的解析点．但黎曼曲面上的每一点m都对应于完全确定的值z与w，所以也可以说，由关系式(1)相联系的数值z,w是黎曼曲面上的点的单值函数，也就是说，黎曼曲面的点具有参数的作用，由它可以单值地表出满足方程(1)的z与w．

黎曼曲面显然也可以具有各种不同的形式．事实上，我们可以将上面所作的双叶曲面施以任何的此种连续变换，使得原有的双叶曲面（我们将它叫作R）上的点，与变换以后的曲面（我们将它叫作R_1）上的点之间，存在着相互单值和连续的对应关系．此时变换后的曲面上的每一点m_1，显然也可以与满足方程(1)的数值对(z,w)一一对应，简言之，对应于这样的数值对，它在未变换以前对应于点m，而m是转到m_1的．例如，我们可以将曲面R伸展而不产生裂口，或者将它压缩而不产生褶皱；也可以用反形变换，或者作透视投影，或者作镜面反射，等等．将一个曲面化为另一个曲面的相互单值且连续的变换，叫作曲面的拓扑变换．这样，对于由方程(1)所决定的函数而言，我们不仅仅可以取上面所作的曲面（沿L_k线由一叶转到另一叶的双叶曲面R来作为它的黎曼曲面），还可以取R的任何拓扑变换曲面R_1．

但是在这种变换之下，产生了如下的不方便的地方．原有的曲面是由两个互相贴合并且沿着原有割口互相缝合而转换的复数平面所构成的（我们以后叫将这种黎曼曲面叫作贴合的曲面）；在这种曲面上，由自变量z可以定出复数平面上的点的位置，此时根据z可以利用方程(1)来决定w的值，而根式前面的符号由z所在的那一叶决定．我们可以这样使事情清楚化：在贴合曲面的第一个点上粘一个纸条，其上注明该点所对应的w值．在黎曼曲面的拓扑变换下，由点的位置显然不能决定它的对应值z；要找这个值，必须知道贴合曲面上的哪一点在变形以后才得到变换后的黎曼曲面上的已知点．继续使用上面所说的表示法，我们在与贴合曲面的已知点相联系的纸条上，不仅要注明数值w，还要注明与已知点相应的数值z；在以后的变换中，我们必须将黎曼曲面上的变动点用纸条来表现，其上注明了与已知点相应的数值w,z．上述的不便之处也可以弥补：在黎曼曲面的拓扑变换之下，可以得到非常简单明了的形式．

首先我们可以如此变换黎曼曲面：将它的相接的割口加以伸缩，使得它们在同一条直线AB上（图14）．其次一步是：通过直线AB作平面S垂直于黎曼曲面，再将黎曼曲面的第二叶上的点替换为它们关于平面S的对称点．图15指出黎曼曲面的第一叶上的点（m与n）和第二叶上的点（m_1与n_1）的位置，如果在变换以前沿着AB线看；图16指出这些点在变换以后的位置．

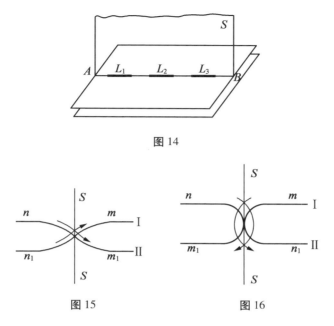

图 14

图 15   图 16

再下一步是：利用伸长法将转换的割口由平面 I 分裂到平面 II，从而图 16 便成为图 17，图 15，图 16，图 17 中的箭头指出由一叶到另一叶的转换方向；此时可以看出，图 15 中的沿割口上面与本身相交的曲面，化为图 17 中的自身不相交的两叶曲面. 此时整个贴合的曲面显然化为厚的双叶无限曲面，其上具有沿洞口由一侧到另一侧的转换，这些洞是由割口变成的. 图 18 指出了具有三个洞口的这种曲面，λ 是由第一层曲面上的点 m 走到第二层上的点 n_1 的转换线.

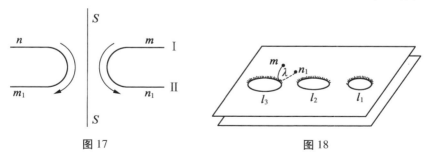

图 17   图 18

为了以后的研讨，找出所得的曲面上的洞口的个数是很重要的. 我们考虑两种情形，倘若方程(1)中的多项式的次数是偶数 $2l$，那么

$$w^2 = a(z-\alpha_1)(z-\alpha_2)\cdots(z-\alpha_{2l-1})(z-\alpha_{2l})$$

此时有 l 个裂口，从而也有 l 个洞，原因是每个裂口都化为洞. 倘若方程(1)的次数是奇数，那么

$$w^2 = a(z-\alpha_1)(z-\alpha_2)\cdots(z-\alpha_{2l-1})$$

此时在 $z=\infty$ 处有临界点,这点可以用 α_{2l} 代表,因此,我们仍旧有 l 个裂口与 l 个洞,并且有一个洞走到无穷远. 这样,如果将方程(1)写成

$$w^2 = P_n(z) \tag{2}$$

的形式,其中 n 是多项式的次数,那么当 n 为偶数时有 $\dfrac{n}{2}$ 个洞,当 n 为奇数时有 $\dfrac{n+1}{2}$ 个洞.

黎曼曲面的进一步的变换为:利用透视投影曲面,可将上面所作的厚的两叶曲面变换为具有 l 个洞的厚球形曲面(图 19);从表面上看,这种曲面是具有 l 个洞的橡皮球,它的内外两面代表最初的黎曼曲面的两叶.

我们还可以将一个洞的边缘伸长,使得曲面成为饼形的厚曲面(图 20). 此时该洞的边缘成为饼形的边缘,其余的洞在它里面.

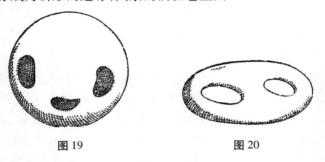

图 19　　　　　　　　　　图 20

当方程(1)具有如下形式时

$$w^2 = a(z-\alpha_1)(z-\alpha_2)(z-\alpha_3)(z-\alpha_4)$$

则有 $l=2$,从而变换后的饼形曲面便呈现如图 21 所示的形状;这种曲面可以用连续变换化为平常的圆环面(图 22).

图 21　　　　　　　　　　图 22

在一般情形下,图 20 和图 21 中所示的饼形曲面叫作广义的圆环. 因为在广义的圆环内,洞的个数比原有黎曼曲面的割口的个数少 1,故当 n 为偶数时,共有 $\dfrac{n}{2}-1 = \dfrac{n-2}{2}$ 个洞,当 n 为奇数时,共有 $\dfrac{n+1}{2}-1 = \dfrac{n-1}{2}$ 个洞.

广义圆环中的洞的这种个数,在以后的整个理论中都占主导地位,这个数

目叫作曲面的格数,或者叫作函数的格数,这个函数的黎曼曲面正是所讨论的广义圆环.

这样,我们便得到了下面的重要结果:由方程

$$w^2 = a_0 z^n + a_1 z^{n-1} + \cdots + a_n \tag{3}$$

所决定的代数函数,它的黎曼曲面可以化为广义的圆环;当 n 为偶数时有 $\dfrac{n-2}{2}$ 格,当 n 为奇数时有 $\dfrac{n-1}{2}$ 格. 以后我们用 p 代表曲面的格数;这样,在所讨论的情形下,便有

$$\begin{cases} p = \dfrac{n-2}{2}, & \text{当 } n \text{ 为偶数时} \\[2mm] p = \dfrac{n-1}{2}, & \text{当 } n \text{ 为奇数时} \end{cases} \tag{4}$$

但在§1 中已经证明,我们也可以同样地决定线性独立的第一类积分的个数. 因此,我们便有如下结果:

对于由方程(1)确定的代数函数而言,线性独立的第一类阿贝尔积分的个数等于格数.

本节关于由方程(1)所确定的代数函数所得的结果,对于任何代数函数也能成立. 我们可以证明,任何代数函数的贴合曲面都可以由拓扑变换化为广义的圆环. 同样也可以证明,对于任何代数函数而言,第一类积分的个数等于格数. 由这个注解可知,函数的格数可以用两种方式来定义:或者是线性独立的第一类阿贝尔积分的个数;或者用几何的定义,例如,是代表已知函数的黎曼曲面的广义圆环所含的洞数. 前一种定义是属于黎曼的,他是首先引入格数概念的人.

我们现在考虑几个例子. 倘若多项式 $P(z)$ 的次数等于 1 或 2,则由式(4)知,格数等于零,从而函数

$$w^2 = a_0 z + a_1$$

与

$$w^2 = a_0 z^2 + a_1 z + a_2$$

是零格的;它们的黎曼曲面可以化为不含洞口的圆环. 这种曲面显然可以变换为球面. 这样的函数没有第一类积分.

若 $n = 3$ 或 4,则 $p = 1$;因此,函数

$$w^2 = a_0 z^3 + a_1 z^2 + a_2 z + a_3$$
$$w^2 = a_0 z^4 + a_1 z^3 + a_2 z^2 + a_3 z + a_4$$

是 1 格的函数;它们的黎曼曲面可以化为平常的圆环. 在此种情形下,存在着唯一一个第一类积分 $\displaystyle\int \dfrac{\mathrm{d}z}{w}$.

若 $n=5$ 或 6，则 $p=2$. 这样，在函数

$$w^2 = a_0 z^5 + a_1 z^4 + a_2 z^3 + a_3 z^2 + a_4 z + a_5$$

或者

$$w^2 = a_0 z^6 + a_1 z^5 + a_2 z^4 + a_3 z^3 + a_4 z^2 + a_5 z + a_6$$

的情形下，$p=2$，且黎曼曲面可以化为具有两个洞的广义圆环（图 20）. 此时有两个线性独立的第一类积分 $\int \dfrac{\mathrm{d}z}{w}$，$\int \dfrac{z\mathrm{d}z}{w}$.

在所讨论的力学问题里，1 格函数出现于重刚体绕不动点运动的问题的古典情形中，2 格函数出现于 C. B. 柯瓦列夫斯卡雅情形中.

最后我们指出，格数是闭曲面的拓扑不变量，也就是说，在所有一切拓展变换之下，格数是不变的. 例如，圆环不能用拓扑变换变为球面. 由下面的论断可知，这种性质在几何上是很明显的. 在圆环上任取一条闭曲线 L（图 23）. 如果圆环可以拓扑地变换为球面的话，那么在球面上一定有闭曲线 L_1，当将 L_1 变形

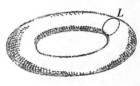

图 23

时，它的对应曲线 L 也变形，但用连续变换可以将 L_1 变为一点，所以 L 也可以变为一点，但这个显然是不可能的.

§5　将黎曼曲面变为单围连区的变换

我们知道，如下的曲面叫作单围的：

这种曲面由某些边界所围成，或者是闭合且无边界的；并且在它里面的任何闭合曲线都可以连续地变为一点，且恒不走出曲面的边界以外. 复数平面的单围区在函数论里面具有重大价值；例如，只有在这种区域的内部，关于复变函数积分的柯西基本定理才恒能应用.

格数大于零的黎曼曲面不是单围的. 事实上，如果取一个具有广义圆环形式的黎曼曲面，那么在 1 格的黎曼曲面上的闭曲线 L 或者 L_1（图 24）便不能连续地变为一点；在任何有洞的广义圆环上，显然也有这种曲线.

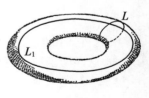

图 24

非单围的曲面也可以化为单围的，只需在曲面上作某些割口即可，也就是作这样的线，使得在曲面上变动的点不能穿过它，我们不难说明，在广义的圆环上应该如何作这种割口，使得它成为单围的区域. 例

如考虑 3 格的曲面(图 25);如果沿着洞口的边缘(图 25 中的割口 a_1, a_2, a_3)割开,并沿如此的闭合路线 b_1, b_2, b_3 割开,它们连接洞口的边缘与曲面的外缘,然后再用曲线 c_1 连接 b_1, b_2,又用 c_2 连接 b_2, b_3,便得到了单围区. 事实上,倘若添入割口 d_1, d_2,并将曲面进行变形,使得没有割开的外缘(图 25 中的虚线 l)化为直线,然后将曲面的上下两部分围绕 l 展开成平面图形,便得到如图 26 所示的区域. 在图 26 中,用同一个字母所代表的线段,是同一个割口的相对的边缘;此时,例如,b_1 与 b_1' 在一面,b_2' 与 b_2'' 在另一面,代表割口 b_1 所分成的两个部分割口,等等. 以后我们把割口的相对的边缘叫作区域的等价边界;边缘上由同侧观察到的同一点,它们的表现点叫作等价点.

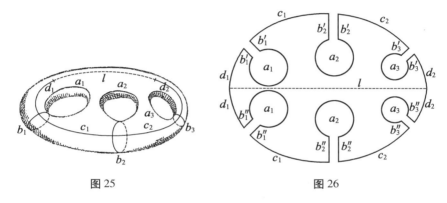

图 25　　　　　　　　　　　　图 26

但为了以后的便利起见,最好用稍微不同的方法将广义的圆环化为单围区.

我们考虑具有一个洞的广义圆环的一部分(图 27). 作割口 b_1,并将割口的边缘分开,则得到变形的圆环部分,如图 28 所示. 再作割口 a_1,并将割口的边缘分开,则得图 29;用连续的变换可以将这个图形化为广义圆环上的四角形割口,如图 30 所示.

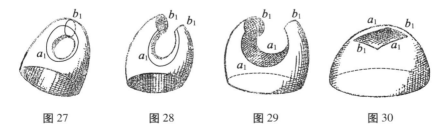

图 27　　　　　图 28　　　　　图 29　　　　　图 30

倘若对广义圆环的所有洞口都作如此的割开法,那么便得到一个闭曲面,其上所含四角形割口的个数,等于曲面的格数. 欲作进一步的变换而得单围区,只需将各不相交的割口上的一点,例如每个四角形的一个顶点,与曲面上某一点相联;如图 31 所示,为对于 3 格曲面的这种作法;利用辅助的割口 l_1, l_2, l_3 将四角形的顶点与曲面上的一点 A 相连. 我们不难理解,这样所得的曲面可以化为平面上的何种图形,因为在变换以后,每个四角形都对应于平面上的具有四条边的图形,并且每个割口的两边都对应于两条边,因此,所得的曲面便化为平面上的多角形,其边数为 $4 \times 3 + 2 \times 3 = 18$. 在 p 格的情形下,同样也可以得到具有 $4p + 2p = 6p$ 条边的多角形. 如图 32 所示,为 $p = 3$ 格的情形下的 18 角形;图中的箭头代表互相等价的边,当多角形用逆变换变为广义圆环时,它们必须缝合.

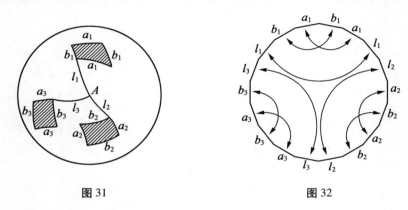

图 31   图 32

我们注意,用平面上的伸缩也可以将图 26 所示的平面图形化为具有 26 条边的多角形. 如图 33 所示,便是这个 26 角形,其中用箭头指出等价的边,当多角形用逆变换化为广义圆环时,这种边必须缝合.

由上面所学的 3 格曲面的例子可知,由于所作的割口不同,3 格曲面可以变换为 18 角形或者 26 角形. 这里自然出现了一个问题,要怎样选取割口,那么展开于平面上以后才能得到边数最少的多角形.

我们可以得到这种多角形,如果将割口变动,使得图 31 中的所有联结点 A 与四角形顶点的割口 l_1, l_2, l_3 都消失. 为此,只需如此做出各个割口 a, b,使得它们全都经过同一点.

如图 34 所示,为 3 格曲面的例子,此时指出了这种作法应该如何施行. 为此,只需将割口如此变形,使得每对割口 $a_1, b_1; a_2, b_2$ 与 a_3, b_3 都移到同一点 A 处. 因为在这种作法下,连接的割口消失了,所以剩下的只有四条边,它们对应于广义圆环的每个洞的两个割口的边缘;也就是说,在 p 格曲面的情形下,我们展开于平面上以后,便得到了具有 $4p$ 条边的多角形;如图 35 所示,为对应于 3 格的 12 角形.

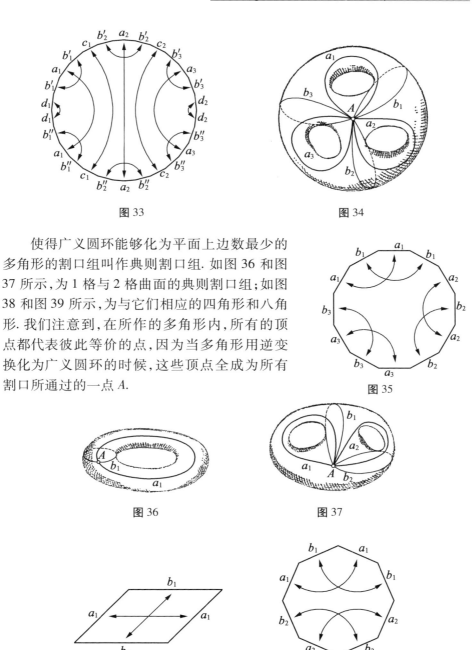

图 33

图 34

使得广义圆环能够化为平面上边数最少的多角形的割口组叫作典则割口组. 如图 36 和图 37 所示,为 1 格与 2 格曲面的典则割口组;如图 38 和图 39 所示,为与它们相应的四角形和八角形. 我们注意到,在所作的多角形内,所有的顶点都代表彼此等价的点,因为当多角形用逆变换化为广义圆环的时候,这些顶点全成为所有割口所通过的一点 A.

图 35

图 36

图 37

图 38

图 39

将具有割口的广义圆环展开所得的多角形显然也可以看作黎曼曲面,但需将多角形的边上的等价点看作同一点. 例如,在对应于 1 格情形的四角形中,四

139

角形的四条边只看作两条属于四角形的边,四个顶点只看作一个,如图 40 所示,其中属于四角形的边用粗线表出[①].

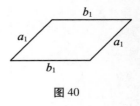

图 40

我们再注意,因为所得的一切多角形都可以施行任意的拓扑变换,所以我们总可以把所作的多角形画成正多角形.

最后,我们总结一切得到下面的重要结论.

已知代数函数的黎曼曲面可以表现为下列三种形式:

(a) 贴合曲面的形式,代数函数论的创始者黎曼便是考虑的这种形式.

(b) 广义圆环的形式,克里佛德(Clifford)首先考虑到黎曼曲面的这种形式,其后,克莱因在他的研究中也考虑过这种形式(呈克里佛德–克莱因形式的黎曼曲面).

(c) 平面上的多角形的形式,并考虑到上面所说的关于等价边与等价顶点的注解;庞加莱用这样的形式将黎曼曲面理论应用到他的研究中并获得了很大的成功;黎曼曲面的这种形式叫作庞加莱多角形.

§6 贴合曲面上的典则割口;阿贝尔积分的周期

我们以前曾经用一组典则割口将黎曼曲面化为单围区,现在将这种割口用到原有的贴合曲面上.

现在仍旧用 3 格的曲面作为例子来讨论;如图 41 所示,为呈广义圆环形式的对应曲面,并且 a_1, b_1;a_2,b_2;a_3,b_3 是对应的一组典则割口.

假设圆环的洞 L_1,L_2,L_3 及边缘 L_4 在原有的贴合曲面上对应于同名的转换线. 此时我们注意到,环上由点 A 开始的割口 $a_k(k=1,2,3)$ 是围绕着洞 L_k 的 $(k=1,2,3)$,而由点 A 出发的

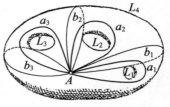

图 41

割口 b_k 则与洞口 L_k 相交后 $(k=1,2,3)$ 再转到另一侧,然后与 L_4 相交再回到 A,此外,各个割口 a_k,b_k 只有一个公共点 A 而别无其他交点. 这样便得到了如图 42 所示的贴合曲面上的典则交口. 在图 42 中,割口 $b_k(k=1,2,3)$ 的走在贴合曲面的第二叶(下叶)上的部分用虚线表示;实线代表割口 $a_k(k=1,2,3)$,以及割口 b_k 的走在上面一叶上的部分. 对于任意格数的情形,显然也可以得到相似的割口组.

---

① 这种条件相当于椭圆函数论中的周期平行四边形的定义.

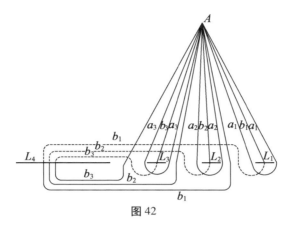

图 42

2 格的情形对于以后来说是特别重要的；如图 43 所示，便是对于这种情形所作的割口 $a_k, b_k (k=1,2)$. 由上节的结果可知，这种割口将两叶的曲面化为八

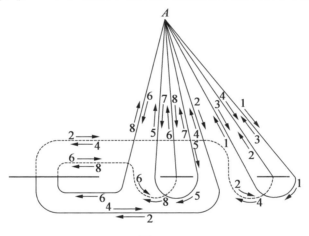

图 43

角形所围的区域. 图 44 中给出了对应的庞加莱八角形，并且在贴合曲面上的割口边缘与庞加莱多角形上的对应边用同一个号码表出：此时必须记取每个割口都有两条边，在图 44 中，各边的走向是如此指出的，使得割开以后所得的单围区的边界沿这样的方向走遍，且令所包含的区域保持在观测者的左方，当他沿区域的边界走过时，由所作的圆可以清楚地看出，利用庞加莱多角形可以简单地表出边界上各边的关系；因此它在相似的研究中便具有独占的地位.

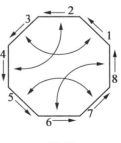

图 44

以后,按照上述方向走过的单围区的边界(使得当观测者沿此方向走一周时,内区恒在他的左侧),我们将它叫作边界 K;这种边界显然可以作在贴合曲面上,也可以作在广义的圆环上,也可以作在庞加莱多角形上. 图43与图44给出了贴合曲面上与对应的庞加莱多角形上边界 K;这个八边形由 $1,2,3,4,5,6,7,8$ 各边构成.

用 R 代表黎曼曲面,R_1 代表由 R 作典则割口而得到的单围区.

我们考虑表达式

$$\frac{Az+B}{w} \tag{1}$$

其中

$$w^2 = P_6(z) \tag{2}$$

并且多项式 $P_6(z)$ 没有重根. 由§1中的结果可知,表达式(1)在黎曼曲面 R 上是单值的;又由§2中的结果可知,积分

$$\int \frac{az+b}{w} \mathrm{d}z \tag{3}$$

在 R 上的任一点处都是有限的. 因此,沿 R_1 内的任何闭合路线的积分(3)都等于零. 事实上,R_1 上的任何闭合路线 C 都可以化为庞加莱多角形内的闭合曲线,从而可以用连续变形将它化为一点,因此 C 也可以化为一点,所以对于沿 C 求积的积分(3)便可以应用柯西定理.

由此还可以推出,由 R_1 内某一点起(例如点 A)沿 R_1 内的路线 L 所取的积分

$$\int_L \frac{az+b}{w} \mathrm{d}z$$

的值与路线无关,而是区域 R_1 内的有限点 (z,w) 的单值函数,也就是说

$$\int_{(z_0,w_0)}^{(z,w)} \frac{az+b}{w} \mathrm{d}z = J(z,w) \tag{4}$$

这样,在区域 R_1 内的第一类阿贝尔积分,是区域内的点 (z,w) 的单值函数.

当 $p=2$ 时得到的这种结果对于任何 p 显然也成立.

第一类阿贝尔积分具有如下一个重要性质:在任一个割口上的两个等价点处的阿贝尔积分值的差与这点在割口上的位置无关,它对于已知割口而言是一个常数.

事实上,设 L 为一个割口(图45),m,m_1 与 n,n_1 是它上面的两对等价点. 我们考虑阿贝尔积分在 m,m_1 两点与 n,n_1 两点的值. 这种相应的阿贝尔积分值可以简写为 $J(m),J(m_1)$,等等. 于是

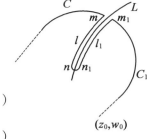

$$J(m) = \int_C \frac{az+b}{w}\mathrm{d}z$$

$$J(m_1) = \int_{C_1} \frac{az+b}{w}\mathrm{d}z$$

但阿贝尔积分的值与 R_1 内的路线无关,所以有

$$J(n) = J(m) + \int_l \frac{az+b}{w}\mathrm{d}z \tag{5}$$

$$J(n_1) = J(m_1) + \int_{l_1} \frac{az+b}{w}\mathrm{d}z \tag{6}$$

图 45

其中 l 为 L 上由 m 到 n 的一段,l_1 是与它等价的由 m_1

到 n_1 的一段. 但在(未割开的)曲面 R 上,表达式 $\frac{az+b}{w}$ 是单值的,也就是说,它在

l 与 l_1 两弧上取得同样的值;此外,在 l 与 l_1 上 $\mathrm{d}z$ 显然也是相同的.

因此

$$\int_l \frac{az+b}{w}\mathrm{d}z = \int_{l_1} \frac{az+b}{w}\mathrm{d}z$$

从而由方程(5),(6)即得

$$J(m) - J(m_1) = J(n) - J(n_1)$$

这就是所要证明的.

差值 $J(m)-J(m_1)$ 或者与它异号的 $J(m_1)-J(m)$,叫作第一类阿贝尔积分的循回周期,阿贝尔积分的这种循回周期的个数,显然等于它所有的典则割口的个数,也就是 $2p$. 这样,在 $p=1$ 的情形下有两个循回周期,在 $p=2$ 的情形下有四个循回周期,等等. 以后我们可以看到,循回周期不能都等于零.

现在我们证明,循回周期可以用沿割口的积分(3)表出.

用如下方式记沿割口的边所取的积分

$$\begin{cases} \int_1 \mathrm{d}J = -\int_3 \mathrm{d}J = \Omega_1 \\ \int_5 \mathrm{d}J = -\int_7 \mathrm{d}J = \Omega_2 \\ \int_2 \mathrm{d}J = -\int_4 \mathrm{d}J = H_1 \\ \int_6 \mathrm{d}J = -\int_8 \mathrm{d}J = H_2 \end{cases} \tag{7}$$

这里沿着边界 K 的各边所取的积分都顺着这样的方向,如图 46 所示;因此,沿着割口的相对边缘的积分彼此异号,因为割口的相对边缘的走向是彼此相反的.

图 46 中表出了相应于 A 的八个割口的端点,用 J_1, J_3 代表积分 J 在割口边

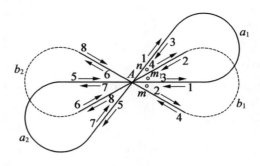

图 46

缘 a_1 上的点 m 与 m_1 处的值. 假定 m, m_1 两点无限接近于点 A, 我们便可以看到, 欲使点 m 在 R_1 上转到点 m_1, 必须经过边 2.

于是便得到了下面的关系式

$$J_1 + \int_2 \mathrm{d}J = J_3 \tag{8}$$

同样地, 假定 m_1, n 两点无限接近于 A, 则欲使点 m_1 转到点 n (从而点 m_1 既是边 2 的终点, 又是边 3 的起点), 必须经过边 3. 这样便有

$$J_2 + \int_3 \mathrm{d}J = J_4 \tag{9}$$

由关系式(7), (8), (9)可知

$$J_3 = J_1 + H_1, \quad J_4 = J_2 - \Omega_1 \tag{10}$$

同样地, 考虑边 5, 6, 7, 8 可得

$$J_7 = J_5 + H_2, \quad J_8 = J_6 - \Omega_2 \tag{11}$$

但由上述可知, $J_3 - J_1, J_4 - J_2$ 等都是周期, 所以 $H_1, \Omega_1, H_2, \Omega_2$ 便是形如式(4)的第一类阿贝尔积分的周期.

综合上面所说的一切, 便得到如下命题:

2 格的第一类阿贝尔积分(外椭圆积分)具有四个周期, 它们可以按照公式(7)用沿着边界 K 的各边的积分表示出来; 积分在割口的相对边缘上的等价点处的值, 用等式(10)与(11)相联系.

上面我们只考虑了 2 格的超椭圆积分的情形. 但由上述显然可知, 对于任意格数的超椭圆积分, 上面的一切论证都可以毫无改变地使用. 我们可以证明, 上述一切结论都可以推到任何代数函数的情形中.

最后我们再指出, 关系式(10)与(11)可以用非常清楚的方法来证明, 此时不考虑曲面 R_1, 但考虑它的表现形状——庞加莱多角形.

§7 阿贝尔积分的周期之间的关系

前面已经证明, 在 2 格的情形下, 存在着两个线性独立的第一类积分, 它们

可以写成,譬如说,下列形式

$$J = \int \frac{\mathrm{d}z}{w} \tag{1}$$

$$J' = \int \frac{z\mathrm{d}z}{w} \tag{2}$$

将上节的结论应用到积分(1),(2)即知,它们每个都有四个循回的周期.这些周期我们分别叫作 $\Omega_1, H_1, \Omega_2, H_2$(对于第一个积分 J)与 $\Omega'_1, H'_1, \Omega'_2, H'_2$(对于第二个积分 J').

按照§6中的公式(10)与(11),可以得到关系式

$$\begin{cases} J_3 = J_1 + H_1 \\ J_4 = J_2 - \Omega_1 \\ J_7 = J_5 + H_2 \\ J_8 = J_6 - \Omega_2 \end{cases} \tag{3}$$

同样也有

$$\begin{cases} J'_3 = J'_1 + H'_1 \\ J'_4 = J'_2 - \Omega'_1 \\ J'_7 = J'_5 + H'_2 \\ J'_8 = J'_6 - \Omega'_2 \end{cases} \tag{4}$$

在积分 J 与 J' 的周期之间,存在着重要的关系,现在我们便来推导这种关系.

我们已经看到,在区域 R_1 内,函数 J 与 J' 总是单值且有限的,我们考虑函数

$$J\mathrm{d}J' = J\frac{z\mathrm{d}z}{w} \tag{5}$$

由函数 J 的性质可知,在区域 R_1 的任一点 α 的邻域内,它可以展开为如下级数

$$J = a_0 + a_1(z-\alpha)^{\frac{1}{2}} + a_2(z-\alpha) + a_3(z-\alpha)^{\frac{3}{2}} + \cdots$$

因而 $J\mathrm{d}J'$ 可以写成

$$J\mathrm{d}J' = \frac{1}{w}\left[b_0 + b_1(z-\alpha)^{\frac{1}{2}} + \cdots \right]\mathrm{d}z$$

的形式. 由此即可推知,对于任何闭合路线而言,其中也有路线 K,便有

$$\int_K J\mathrm{d}J' = 0 \tag{6}$$

另外,这个积分也可以直接算出来

$$\int_K J\mathrm{d}J' = \sum_{j=1}^{\infty} \int_j J\mathrm{d}J' \tag{7}$$

但

$$\sum_{j=1}^{\infty} \int_j J\mathrm{d}J' = \left(\int_1 J\mathrm{d}J' + \int_3 J\mathrm{d}J' \right) + \left(\int_2 J\mathrm{d}J' + \int_4 J\mathrm{d}J' \right) +$$

$$\left(\int_5 J\mathrm{d}J' + \int_7 J\mathrm{d}J' \right) + \left(\int_6 J\mathrm{d}J' + \int_8 J\mathrm{d}J' \right) \tag{8}$$

根据§6中的关系式(10)与(11)可得

$$\int_1 J\mathrm{d}J' + \int_3 J\mathrm{d}J' = \int_1 J_1\mathrm{d}J' + \int_3 J_3\mathrm{d}J' = \int_1 J_1\mathrm{d}J' - \int_1 (J_1 + H_1)\mathrm{d}J'$$

$$= -\int_1 H_1\mathrm{d}J' = -H_1 \int_1 \mathrm{d}J' = -H_1 \Omega_1'$$

又

$$\int_2 J\mathrm{d}J' + \int_4 J\mathrm{d}J' = \int_2 J_2\mathrm{d}J' - \int_2 (J_2 - \Omega_1)\mathrm{d}J'$$

$$= \int_2 \Omega_1\mathrm{d}J' = \Omega_1 \int_2 \mathrm{d}J' = \Omega_1 H_1'$$

因此

$$\left(\int_1 J\mathrm{d}J' + \int_3 J\mathrm{d}J' \right) + \left(\int_2 J\mathrm{d}J' + \int_4 J\mathrm{d}J' \right) = \Omega_1 H_1' - \Omega_1' H_1 \tag{9}$$

同样也可以证明

$$\left(\int_5 J\mathrm{d}J' + \int_7 J\mathrm{d}J' \right) + \left(\int_6 J\mathrm{d}J' + \int_8 J\mathrm{d}J' \right) = \Omega_2 H_2' - \Omega_2' H_2 \tag{10}$$

由关系式(7),(8),(9),(10),便得到基本的等式,如下

$$\Omega_1 H_1' - \Omega_1' H_1 + \Omega_2 H_2' - \Omega_2' H_2 = 0 \tag{11}$$

为了推导第二个基本关系式,我们先引出一个引理.

设有解析函数

$$f(z) = X(x,y) + \mathrm{i}Y(x,y)$$

则由柯西–黎曼方程知

$$\frac{\partial X}{\partial x} = \frac{\partial Y}{\partial y}, \quad \frac{\partial X}{\partial y} = -\frac{\partial Y}{\partial x} \tag{12}$$

考虑积分

$$\int_K X\mathrm{d}Y = \int_K X\left(\frac{\partial Y}{\partial x}\mathrm{d}x + \frac{\partial Y}{\partial y}\mathrm{d}y \right) = \int_K X \frac{\partial Y}{\partial x}\mathrm{d}x + \int_K X \frac{\partial Y}{\partial y}\mathrm{d}y \tag{13}$$

但由著名的格林定理知

$$\int_C P\mathrm{d}x + Q\mathrm{d}y = \iint_S \left(\frac{\partial Q}{\partial x} - \frac{\partial P}{\partial y} \right) \mathrm{d}x\mathrm{d}y$$

因此

$$\int_K X \frac{\partial Y}{\partial x}\mathrm{d}x = -\int_K X \frac{\partial X}{\partial y}\mathrm{d}x = \iint_{R_1} \frac{\partial}{\partial y}\left(X \frac{\partial X}{\partial y} \right) \mathrm{d}x\mathrm{d}y$$

$$\int_K X \frac{\partial Y}{\partial y}\mathrm{d}y = \int_K X \frac{\partial X}{\partial x}\mathrm{d}y = \iint_{R_1} \frac{\partial}{\partial x}\left(X \frac{\partial X}{\partial x} \right) \mathrm{d}x\mathrm{d}y$$

从而

$$\int_K X \mathrm{d}Y = \iint_{R_1} \left[\frac{\partial}{\partial y}\left(X \frac{\partial X}{\partial y} \right) + \frac{\partial}{\partial x}\left(X \frac{\partial X}{\partial x} \right) \right] \mathrm{d}x\mathrm{d}y$$

$$= \iint_{R_1} \left[\left(\frac{\partial X}{\partial x} \right)^2 + \left(\frac{\partial X}{\partial y} \right)^2 \right] \mathrm{d}x\mathrm{d}y + \iint_{R_1} \left(\frac{\partial^2 X}{\partial x^2} + \frac{\partial^2 X}{\partial y^2} \right) X \mathrm{d}x\mathrm{d}y$$

但 X 为调和函数,故

$$\frac{\partial^2 X}{\partial x^2} + \frac{\partial^2 X}{\partial y^2} = 0$$

因而即有

$$\int_K X \mathrm{d}Y = \iint_{R_1} \left[\left(\frac{\partial X}{\partial x} \right)^2 + \left(\frac{\partial X}{\partial y} \right)^2 \right] \mathrm{d}x\mathrm{d}y > 0 \tag{14}$$

并且表达式只有在

$$\frac{\partial X}{\partial x} = 0, \quad \frac{\partial X}{\partial y} = 0$$

的时候才能等于零;此时 X 为常数,由柯西-黎曼方程可知,Y 也等于常数,也就是说,只有当 $f(z)$ 为常数时式(14)才等于零.

现在将公式(14)应用于

$$f(z) = J = X + \mathrm{i}Y$$

的情形,其中 J 是任一个第一类积分. 将 J 的周期分解为实虚二部,并将它们写成

$$\Omega_k = \omega_k + \mathrm{i}\omega'_k, \quad H_k = \eta_k + \mathrm{i}\eta'_k$$

的形式. 此时实数周期 ω_k 与 η_k 是实函数 X 的周期,ω'_k 与 η'_k 为实函数 Y 的周期. 因此,由 §6 中的方程(10)与(11)即得

$$X_3 = X_1 + \eta_1, \quad X_4 = X_2 - \omega_1$$

又

$$Y_3 = Y_1 + \eta'_1, \quad Y_4 = Y_2 - \omega'_1$$

对于 X_5, X_8 等也有类似的等式. 另外,和推导方程(11)的情形一样,也可以写出

$$\int_K X \mathrm{d}Y = \left(\int_1 X \mathrm{d}Y + \int_3 X \mathrm{d}Y \right) + \left(\int_2 X \mathrm{d}Y + \int_4 X \mathrm{d}Y \right) +$$

$$\left(\int_5 X \mathrm{d}Y + \int_7 X \mathrm{d}Y \right) + \left(\int_6 X \mathrm{d}Y + \int_8 X \mathrm{d}Y \right)$$

但

$$\int_1 X \mathrm{d}Y + \int_3 X \mathrm{d}Y = \int_1 X_1 \mathrm{d}Y - \int_1 (X_1 + \eta_1) \mathrm{d}Y = -\eta_1 \int_1 \mathrm{d}Y = -\eta_1 \omega'_1$$

又

$$\int_2 X\mathrm{d}Y + \int_4 X\mathrm{d}Y = \int_2 X_2\mathrm{d}Y - \int_2 (X_2 - \omega_1)\,\mathrm{d}Y = \omega_1 \int_2 \mathrm{d}Y = \omega_1 \eta_1'$$

因此

$$\left(\int_1 X\mathrm{d}Y + \int_3 X\mathrm{d}Y\right) + \left(\int_2 X\mathrm{d}Y + \int_4 X\mathrm{d}Y\right) = \omega_1 \eta_1' - \eta_1 \omega_1'$$

仿此可得

$$\left(\int_5 X\mathrm{d}Y + \int_7 X\mathrm{d}Y\right) + \left(\int_6 X\mathrm{d}Y + \int_8 X\mathrm{d}Y\right) = \omega_2 \eta_2' - \eta_2 \omega_2'$$

于是

$$\int_K X\mathrm{d}Y = \omega_1 \eta_1' - \omega_1' \eta_1 + \omega_2 \eta_2' - \omega_2' \eta_2$$

但由公式(14)知

$$\int_K X\mathrm{d}Y > 0$$

所以这样我们便得到了第二个基本关系:对于任一个 2 格的第一类阿贝尔积分(外椭圆积分),都有下面的相关式

$$\omega_1 \eta_1' - \omega_1' \eta_1 + \omega_2 \eta_2' - \omega_2' \eta_2 > 0 \tag{15}$$

由不等式(15)可以导出下面的重要结论:

对于 2 格的第一类积分而言, $\Omega_1 = 0$ 与 $\Omega_2 = 0$ 不可能同时成立.

事实上,如果 $\Omega_1 = 0$,则 $\omega_1 = 0$, $\omega_1' = 0$;同样地,当 $\Omega_2 = 0$ 时,即有 $\omega_2 = 0$, $\omega_2' = 0$. 所以此时 $\omega_1 \eta_1' - \omega_1' \eta_1 + \omega_2 \eta_2' - \omega_2' \eta_2 = 0$,与不等式(15)矛盾. 这种结论显然也可以应用于 $H_1 = H_2 = 0$ 的情形. 特别地,由此可以推出,不能有如此的第一类阿贝尔积分存在,使得它的所有四个周期都等于零.

§8 正常的第一类积分

我们考虑两个第一类积分

$$J = \int_{(z_0, w_0)}^{(z, w)} \frac{\mathrm{d}z}{w}, \quad J' = \int_{(z_0, w_0)}^{(z, w)} \frac{z\mathrm{d}z}{w} \tag{1}$$

其中 $w^2 = P_6(z)$.

设第一个积分的周期为 $\Omega_1, H_1, \Omega_2, H_2$,第二个积分的周期为 Ω_1', H_1', Ω_2', H_2'. 我们容易证明

$$\Omega_1 \Omega_2' - \Omega_2 \Omega_1' \neq 0 \tag{2}$$

事实上,假定等式

$$\Omega_1 \Omega_2' - \Omega_2 \Omega_1' = 0$$

成立,也就是

$$\frac{\Omega_1}{\Omega_1'} = \frac{\Omega_2}{\Omega_2'}$$

或者

$$\Omega_1 = k\Omega_1', \quad \Omega_2 = k\Omega_2' \tag{3}$$

那么阿贝尔积分 $J-kJ'$ 便具有如下的周期 $\overline{\Omega}_1, \overline{\Omega}_2$

$$\overline{\Omega}_1 = \Omega_1 - k\Omega_1' = 0, \quad \overline{\Omega}_2 = \Omega_2 - k\Omega_2' = 0$$

由上节的结果可知,这是不可能的.

利用这种注解,即可得到两个第一类积分,它们的周期具有这种值,对于以后的研究特别方便. 对于这种积分而言,Ω_1 与 Ω_2 当中有一个周期可以使它等于零,另一个等于某个常数,我们取这个数为 πi. 这样,由积分 J 与 J' 可以作两个新的积分 j, j'

$$j = \alpha J + \beta J', \quad j' = \gamma J + \delta J'$$

并选这样的系数 $\alpha, \beta, \gamma, \delta$,使得

$$\begin{cases} \alpha\Omega_1 + \beta\Omega_1' = \pi i \\ \alpha\Omega_2 + \beta\Omega_2' = 0 \end{cases} \tag{4}$$

又

$$\begin{cases} \gamma\Omega_1 + \delta\Omega_1' = 0 \\ \gamma\Omega_2 + \delta\Omega_2' = \pi i \end{cases} \tag{5}$$

因为由上面已经知道 $\Omega_1\Omega_2' - \Omega_2\Omega_1' \neq 0$,所以由方程组(4)与(5)总可以求出 $\alpha, \beta, \gamma, \delta$. 设

$$\alpha H_1 + \beta H_1' = a, \quad \alpha H_2 + \beta H_2' = b$$

又

$$\gamma H_1 + \delta H_1' = b_1, \quad \gamma H_2 + \delta H_2' = c$$

则对于积分 j 与 j' 的周期值而言,即有表 1.

表 1

周期	Ω_1	H_1	Ω_2	H_2
j	πi	a	0	b
j'	0	b_1	πi	c

将 §7 中的等式(11)应用于积分 j 与 j',则得

$$\pi i b_1 - \pi i b = 0$$

从而 $b_1 = b$.

积分 j 与 j' 叫作正常的第一类积分. 它们具有如表 2 所示的周期.

表 2

周期	Ω_1	H_1	Ω_2	H_2
j	πi	a	0	b
j'	0	b	πi	c

积分 j,j' 是线性独立的. 事实上, 倘若存在着如下关系式

$$Aj+Bj'=0$$

那么由此即可推出周期之间的关系式

$$A\pi i+B\cdot 0=0, \quad A\cdot 0+B\pi i=0$$

从而 $A=0,B=0$.

周期 a,b,c 是某些复数; 将它们分成实虚二部, 则得

$$a=a'+ia'', \quad b=b'+ib'', \quad c=c'+ic''$$

我们再考虑一个第一类积分

$$I=mj+nj'$$

其中 m,n 是实数. 积分 I 的周期由下面的表 3 决定, 其中所有各个周期都分解为实虚二部.

表 3

周期	$\Omega_1=\omega_1+i\omega_1'$	$H_1=\eta_1+i\eta_1'$	$\Omega_2=\omega_2+i\omega_2'$	$H_2=\eta_2+i\eta_2'$
I	$m\pi i$ $=0+m\pi i$	$ma+nb$ $=(ma'+nb')+$ $i(ma''+nb'')$	$n\pi i$ $=0+n\pi i$	$mb+nc$ $=(mb'+nc')+$ $i(mb''+nc'')$

将 §6 中的关系式 (15)

$$\omega_1\eta_1'-\omega_1'\eta_1+\omega_2\eta_2'-\omega_2'\eta_2>0$$

应用于这种情形, 则得

$$0\cdot(ma''+nb'')-m\pi(ma'+nb')+0\cdot(mb''+nc'')-n\pi(mb'+nc')>0$$

也就是

$$a'm^2+2b'mn+c'n^2<0 \tag{6}$$

这样, 便得到了下面的基本关系:

由正常的第一类积分的周期的实数部分 a',b',c' 得到的二次形式 $a'm^2+2b'mn+c'n^2$ 是负定式.

§9 当格数为 $p=1$ 时的第一类积分的周期

上节对于 2 格的情形所得到的结果也容易推广到任意格数的情形里面. 当格数为 $p=1$ 时, 我们可以得到特别简单的关系. 此时典则割口组由具有四条边

的两个割口 a_1, b_1 组成(图47),从而对应的庞加莱多角形便是四边形;图48中指出了共轭边的相应位置.

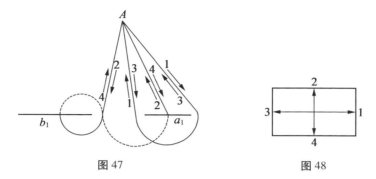

图47   图48

在这种情形下,有一个线性独立的第一类积分

$$J = \int \frac{\mathrm{d}z}{w} \tag{1}$$

它的周期是

$$\Omega_1 = \int_1 \frac{\mathrm{d}z}{w}, \quad H_1 = \int_2 \frac{\mathrm{d}z}{w} \tag{2}$$

积分 J 在割口的相对边上的值用下列关系式联系

$$J_3 = J_1 + H_1, \quad J_4 = J_2 - \Omega_1 \tag{3}$$

将 J 乘以常数因子 α,并恒可选取如此的 α,使得对于 $j = \alpha J$ 而言,周期 Ω_1 成为 $\pi \mathrm{i}$;此时第二个周期 H_1 具有某个值 $a = a' + \mathrm{i}a''$. 在这种情形下,积分 j 叫作正常的第一类积分;这样,正常的积分的周期由表4决定.

表4

周期	$\Omega_1 = \omega_1 + \mathrm{i}\omega_1'$	$H_1 = \eta_1 + \mathrm{i}\eta_1'$
j	$0 + \pi \mathrm{i}$	$a' + \mathrm{i}a''$

将 §7 中的不等式应用于这种情形,此时该式为

$$\omega_1 \eta_1' - \omega_1' \eta_1 > 0 \tag{4}$$

应用此式即得

$$a' < 0 \tag{5}$$

我们注意到,正常积分的周期的比值为

$$\frac{H_1}{\Omega_1} = \frac{a + \mathrm{i}a''}{\pi \mathrm{i}} = \frac{a''}{\pi} - \mathrm{i}\frac{a'}{\pi}$$

这样,由不等式(5)即知,第一类椭圆积分的周期之比恒为复数(或者是纯虚数,当 $a'' = 0$ 时).

这种性质对于任何的第一类椭圆积分都成立,原因是

$$\frac{H_1}{\Omega_1} = \frac{\eta_1\omega_1 + \eta_1'\omega_1'}{\omega_1^2 + \omega_1'^2} + \mathrm{i}\,\frac{\omega_1\eta_1' - \omega_1'\eta_1}{\omega_1^2 + \omega_1'^2}$$

我们只讨论了对于以后有用处的第一类积分,对于第二类与第三类积分而言,类似的论证也可以应用,只需稍加补充即可.

泽塔函数、椭圆积分与超椭圆 积分的反转法问题

第 六 章

§1 第一类椭圆积分

在第三章中我们已经证明,刚体绕不动点运动的问题可以归到第一类椭圆积分的反转,这种积分可以写成勒让德的形式

$$\int_0^u \frac{\mathrm{d}u}{\sqrt{(1-u^2)(1-k^2 u^2)}} = z \tag{1}$$

其中的模数 k^2 是小于 1 的实数. 这样,问题便是由方程(1)找出 u 为 z 的函数. 此时自然有一个问题:这种函数有什么特性.

方程(1)中所含的积分,是施瓦兹－克里斯托费尔(Schwarz-Christoffel)公式中所含的积分

$$z = \int (u-a_1)^{\alpha_1-1}(u-a_2)^{\alpha_2-1}\cdots(u-a_n)^{\alpha_n-1}\mathrm{d}u \tag{2}$$

的特例;这个公式将上半面(u)映射到平面 z 上的多角形内区,这个多角形的各角为 $\alpha_1\pi,\alpha_2\pi,\cdots,\alpha_n\pi$,并且显然有

$$\alpha_1+\alpha_2+\cdots+\alpha_n=1 \tag{3}$$

的条件. 在所讨论的情形下 $n=4$, $\alpha_1=\alpha_2=\alpha_3=\alpha_4=\dfrac{1}{2}$. 这样,积分(1)便将上半面映射到平面 z 的矩形内. 以后我们可以看到,在力学问题的应用中,k^2 恒为满足 $0<k^2<1$ 的实数.

因为积分(1)可以写成

$$\int_0^u \frac{\mathrm{d}u}{w} \tag{4}$$

的形式,其中代数函数 w 由方程

$$w^2 = (1-u^2)(1-k^2 u^2)$$

153

决定,也就是

$$w^2 = k^2(u^2-1)\left(u^2 - \frac{1}{k^2}\right) \tag{5}$$

所以函数 w 具有四个临界点 $u = \pm 1$, $u = \pm\frac{1}{k}$.

现在将前一章的一般结论应用于这种情形,作黎曼曲面,如下:

在平面 (u) 上作两个割口,一个是由 $u = -1$ 到 $u = +1$ 的割口 l_1,另一个是在 $u = +\frac{1}{k}$ 与 $u = -\frac{1}{k}$ 之间的割口 l_2;这两个割口都沿实数轴走,并且第二个割口 l_2 经过点 $u = \infty$. 再将两叶平面 (u) 沿割口上面缝合.

作典则割口 a_1, b_1,并将两叶曲面化为单围区. 图 49 中指出了在所讨论情形下的典则割口.

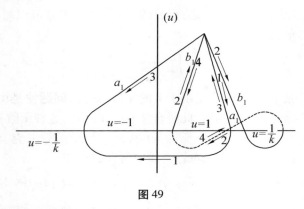

图 49

周期 Ω_1 与 H_1 可以用积分表出

$$\Omega_1 = \int_1 \frac{\mathrm{d}u}{w}, \quad H_1 = \int_2 \frac{\mathrm{d}u}{w} \tag{6}$$

因为沿路线 1 的积分(图 49)可以用沿路线 I 的积分(图 50)来代替,并注意到围绕 $u = +1$ 走一周以后函数 w 变号,所以

$$\Omega_1 = \int_{-1}^{+1} \frac{\mathrm{d}u}{w} + \int_{+1}^{-1} \frac{\mathrm{d}u}{-w} = 2\int_{-1}^{+1} \frac{\mathrm{d}u}{w} = 4\int_0^1 \frac{\mathrm{d}u}{w} \tag{7}$$

同样地,因为沿路线 2 的积分(图 49)可以用沿路线 II 的积分(图 50)来代替,故有

$$H_1 = \int_1^{\frac{1}{k}} \frac{\mathrm{d}u}{w} + \int_{\frac{1}{k}}^1 \frac{\mathrm{d}u}{-w} = 2\int_1^{\frac{1}{k}} \frac{\mathrm{d}u}{w} \tag{8}$$

令

$$u - \frac{1}{k} = r_1 \mathrm{e}^{\varphi_1 \mathrm{i}}, \quad u - 1 = r_2 \mathrm{e}^{\varphi_2 \mathrm{i}}, \quad u + 1 = r_3 \mathrm{e}^{\varphi_3 \mathrm{i}}, \quad u + \frac{1}{k} = r_4 \mathrm{e}^{\varphi_4 \mathrm{i}} \tag{9}$$

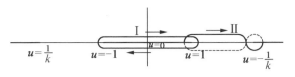

图 50

（图 51），我们可以将方程（5）所决定的函数 w 的两支写成下面的形式

$$w_1 = k\sqrt{r_1 r_2 r_3 r_4}\, \mathrm{e}^{\frac{1}{2}(\varphi_1+\varphi_2+\varphi_3+\varphi_4)\mathrm{i}+\pi\mathrm{i}} \tag{10}$$

$$w_2 = k\sqrt{r_1 r_2 r_3 r_4}\, \mathrm{e}^{\frac{1}{2}(\varphi_1+\varphi_2+\varphi_3+\varphi_4)\mathrm{i}} \tag{11}$$

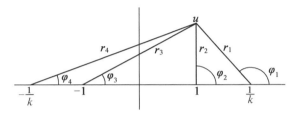

图 51

当 u 由上半面趋近于实数轴上的线段 $-1 \leqslant u \leqslant +1$ 时，$\varphi_1 = \varphi_2 = \pi, \varphi_3 = \varphi_4 = 0$，从而上述两支即为

$$w_1 = k\sqrt{r_1 r_2 r_3 r_4}\, \mathrm{e}^{2\pi\mathrm{i}} = k\sqrt{r_1 r_2 r_3 r_4}$$

$$w_2 = k\sqrt{r_1 r_2 r_3 r_4}\, \mathrm{e}^{\pi\mathrm{i}} = -k\sqrt{r_1 r_2 r_3 r_4}$$

又因为在实数轴的这个线段上

$$r_1 = \frac{1}{k} - u, \quad r_2 = 1 - u, \quad r_3 = u+1, \quad r_4 = u+\frac{1}{k}$$

所以

$$w_1 = k\sqrt{\left(\frac{1}{k}-u\right)(1-u)(u+1)\left(u+\frac{1}{k}\right)} = \sqrt{(1-u^2)(1-k^2 u^2)} \tag{12}$$

又

$$w_2 = -\sqrt{(1-u^2)(1-k^2 u^2)} \tag{13}$$

同样地，当 u 由上半面趋近于实数轴上的线段 $1 \leqslant u \leqslant \dfrac{1}{k}$ 时，$\varphi_1 = \pi, \varphi_2 = \varphi_3 = \varphi_4 = 0$，从而

$$w_1 = k\sqrt{r_1 r_2 r_3 r_4}\, \mathrm{e}^{\frac{3\pi}{2}\mathrm{i}} = -\mathrm{i}k\sqrt{r_1 r_2 r_3 r_4}$$

并且在实轴的这个线段上

$$r_1 = \frac{1}{k} - u, \quad r_2 = u-1, \quad r_3 = u+1, \quad r_4 = u+\frac{1}{k}$$

所以

$$w_1 = -ik\sqrt{(u^2-1)\left(\frac{1}{k^2}-u^2\right)} = -i\sqrt{(u^2-1)(1-k^2u^2)} \qquad (14)$$

同样地,也有

$$w_2 = i\sqrt{(u^2-1)(1-k^2u^2)}$$

我们假定,贴合曲面的上面一叶与数值 w_1 相联系;此时对于周期 Ω_1 与 H_1 而言,即有如下的表达式

$$\Omega_1 = 4\int_0^1 \frac{du}{\sqrt{(1-u^2)(1-k^2u^2)}}$$

$$H_1 = 2\int_1^{\frac{1}{k}} \frac{du}{-i\sqrt{(u^2-1)(1-k^2u^2)}}$$

$$= 2i\int_1^{\frac{1}{k}} \frac{du}{\sqrt{(u^2-1)(1-k^2u^2)}}$$

我们采用椭圆函数论中的雅可比所用的记号,令

$$\int_0^1 \frac{du}{\sqrt{(1-u^2)(1-k^2u^2)}} = K \qquad (15)$$

$$\int_1^{\frac{1}{k}} \frac{du}{\sqrt{(u^2-1)(1-k^2u^2)}} = K' \qquad (16)$$

则得周期 Ω_1 与 H_1 的表达式

$$\Omega_1 = 4K \qquad (17)$$

$$H_1 = 2iK' \qquad (18)$$

现在回到由积分(1)所决定的保角映射,来决定上半面所化成的矩形的边长. 当 u 沿着实轴从 $u=-1$ 变到 $u=1$ 时,变量 z 也在实轴上描出一条线段,由一点

$$z_1 = \int_0^{-1} \frac{du}{\sqrt{(1-u^2)(1-k^2u^2)}} = -\int_0^1 \frac{du}{\sqrt{(1-u^2)(1-k^2u^2)}} = -K$$

描到另一点

$$z_2 = \int_0^1 \frac{du}{\sqrt{(1-u^2)(1-k^2u^2)}} = K$$

当 u 沿着线段 $1 \leqslant u \leqslant \frac{1}{k}$ 变化,并由上半面的点接近这个线段时,由上面所证明的可知,$w = -i\sqrt{(u^2-1)(1-k^2u^2)}$,所以对于点 u 而言,便有

$$z = \int_0^u \frac{du}{w} = \int_0^1 \frac{du}{\sqrt{(1-u^2)(1-k^2u^2)}} + i\int_1^u \frac{du}{\sqrt{(u^2-1)(1-k^2u^2)}}$$

因此,当 u 从 1 变到 $\frac{1}{k}$ 时,变量 z 便描出一个平行于虚轴的线段,由一点

$$z_2 = \int_0^1 \frac{\mathrm{d}u}{\sqrt{(1-u^2)(1-k^2u^2)}} = K$$

描到另一点

$$z_3 = \int_0^1 \frac{\mathrm{d}u}{\sqrt{(1-u^2)(1-k^2u^2)}} + \mathrm{i}\int_1^{\frac{1}{k}} \frac{\mathrm{d}u}{\sqrt{(u^2-1)(1-k^2u^2)}} = K + \mathrm{i}K'$$

同样地,当 u 从 $\frac{1}{k}$ 变到 ∞ ,又从 ∞ 变到 $-\frac{1}{k}$ 时,变量 z 描出一条线段,由 z_3 描到

$$z_4 = -K + \mathrm{i}K'$$

又当 u 从 $-\frac{1}{k}$ 变到 -1 时,变量 z 描出从 z_4 到 z_1 的线段. 这样,u 的上半面便化为平面 z 上的矩形,这个矩形的顶点是 z_1, z_2, z_3, z_4 ,各边的长度为 $2K$ 和 K' (图 52);又 z_1, z_2, z_3, z_4 各点分别对应于平面 u 上的各点 $-1, 1, \frac{1}{k}, -\frac{1}{k}$.

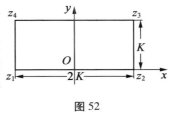

图 52

按照周知的对称性原理,如果我们在实轴的任何线段上将函数 $z(u)$ 加以推广,也就是说,在线段 $-1 \leqslant u \leqslant 1$,或者线段 $1 \leqslant u \leqslant \frac{1}{k}$,或者线段 $-\frac{1}{k} \leqslant u \leqslant -1$,或者从 $\frac{1}{k}$ 起经过无穷远到 $-\frac{1}{k}$ 的线段上将 $z(u)$ 推广,那么我们便得到这样的函数,它将 u 的下半面保角映射到平面 z 上的矩形内,这个矩形与矩形 $z_1 z_2 z_3 z_4$ 关于它的一边对称. 图 53 中将下半面所映射的矩形用斜线标出,并且注明了,z 平面上的点 z_1, z_2, z_3, z_4 对应于 u 的何种值. 由此可以看出,矩形 I 是下半面的映射,这个映射是将函数 $z(u)$ 由实数轴的线段 $-1 \leqslant u \leqslant 1$ 上推广到下半面而得的;同样地,矩形 II 也由函数 $z(u)$ 推广而得,此时在实轴的线段 $1 \leqslant u \leqslant \frac{1}{k}$ 上推广;又矩形

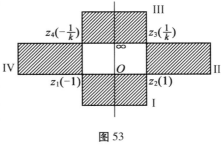

图 53

III 是将函数 $z(u)$ 沿线段 $\frac{1}{k}, \infty, -\frac{1}{k}$ 推广而得的;最后,矩形 IV 是将函数 $z(u)$ 沿线段 $-\frac{1}{k} \leqslant u \leqslant -1$ 推广而得的.

如果将函数 $z(u)$ 沿实数轴的各个线段由下半面推广到上半面,那么在重复上述论断时,便得到上半面的映射矩形,这些矩形与矩形 Ⅰ, Ⅱ, Ⅲ, Ⅳ 相接,并且和它们是合同的. 重复类似的作法,我们便得到平面 z 上的相等的矩形网,这些矩形盖满整个平面 z,并且它们彼此各不相交,并且交错地代表 u 的上半面的映射(图 54 中未用斜线画出的部分)与下半面的映射(图 54 中用斜线画出的部分).

利用相仿的论断即知,如果 $\bar{z}_1$ 与 z 关于 AB 对称,且 z_1 与 $\bar{z}_1$ 关于 MN 对称,那么 z, z_1 两点便对应于平面 u 上的同一点 u.

现在我们来求 z 与 z_1 的关系(图 55). 显然有 $K-z=\bar{z}_1-K$,也就是 $\bar{z}_1=2K-z$;同样也有 $3K-\bar{z}_1=z_1-3K, z_1=6K-\bar{z}_1$,从而 $z_1=4K+z$.

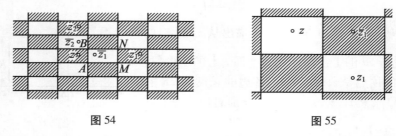

图 54　　　　　　　　图 55

同样地,$iK'-z=\bar{z}_2-iK', \bar{z}_2=2K'i-z$,又 $2iK'-\bar{z}_2=z_2-2iK', z_2=4iK'-\bar{z}_2=2iK'+z$. 这样,$z$ 与 $z+4K$ 以及 z 与 $z+2iK'$ 都对应于同一个值 u.

由图形可知,每个值 z 对应于一个值 u,并且所有各点 $z+4KN+2iK'M$ 都对应于同一个值 u.

综合上面所得的一切,便可以看出,由积分
$$F(u)=z$$
所决定的解析函数,是具有无穷个值的函数:每个值 u 对应无穷个形如 $z+4KM+2iK'N$ 的值 z,其中 M, N 为任何整数. 这种函数的临界点是 $\pm 1, \pm\dfrac{1}{k}$ 四点.

反函数 $u=f(z)$ 是具有两个周期 $4K, 2iK'$ 的单值函数.

在周期平行四边形内,函数 $f(z)$ 在 z 与 z_1 两点处取得两次任意值. 因为 $K-z=z_1-K$,所以 $z_1=2K-z$;这样便有 $f(z)=f(2K-z)$[①]. 又由平面 (z) 与 (u) 的点的对应关系可以看出
$$f(0)=0, \quad f(K)=1, \quad f(-K)=-1, \quad f(iK')=f(-iK')=\infty$$
$$f(K+iK')=\frac{1}{k}, \quad f(-K+iK')=-\frac{1}{k}$$

---

① 　此与函数 $\sin z$ 完全相似. 正弦函数具有周期 2π,且 $\sin z=\sin(\pi-z)$.

我们由保角映射的问题得到了函数 $f(z)$；这里自然会提出这样一个问题：周期矩形表现什么图形，周期矩形网又表现什么图形？

§2 雅可比的泽塔函数

上面我们用来导出单值函数 $f(z)$ 的一切论断，都具有明显的几何性质与定性的性质. 我们现在的问题是要找函数 $f(z)$ 的解析表达式，使得对于任何数 z 都能定出这个函数的值来.

函数 $f(z)$ 是二阶的椭圆函数，从而也是 z 的逊整函数. 由魏尔斯特拉斯的著名定理可知，这样的函数可以写成两个全整超越函数的商，后者可以用各种方法选取.

因为我们以后要利用这种函数来解决应用的数学问题，所以这种函数必须写成这样的形式，使得便于计算. 准此观点，所提的问题得到了一个美妙的解答，当我们利用一种特殊的全整函数——雅可比的泽塔函数时.

设复数 δ 的实数部分小于零，考虑级数

$$\sum_{n=-\infty}^{\infty} e^{\delta n^2 + 2n\zeta} = \theta(\zeta, \delta)$$

不难证明，对于任何有限的 ζ 而言，这个级数都是绝对一致收敛的.

事实上，设 $\delta = -\alpha + i\beta, \zeta = \xi + i\eta$，则

$$\left| e^{\delta n^2 + 2n\zeta} \right| = e^{-\alpha n^2 + 2n\xi} = e^{-\alpha n^2} e^{1 - \frac{2\xi}{\alpha n}} < e^{-\alpha n^2} e^{1 + \frac{2R}{\alpha n}} ①$$

其中 $R > |\xi|$. 设

$$e^{1 + \frac{2R}{\alpha n}} = M$$

则

$$\left| e^{\delta n^2 - 2n\zeta} \right| < M e^{-\alpha n^2}$$

从而

$$\left| \theta(\zeta, \theta) \right| < 1 + 2M \sum_{n=1}^{\infty} e^{-\alpha n^2}$$

但右边的级数收敛，原因是

$$\lim_{n \to \infty} \sqrt[n]{e^{-\alpha n^2}} = \lim_{n \to \infty} e^{-\alpha n} = 0$$

由此即知，$\theta(\zeta, \delta)$ 是全整超越函数.

这个函数具有下列性质：

（a）$\theta(\zeta, \delta) = \theta(-\zeta, \delta)$，也就是说，$\theta$ 为偶函数.

---

① 此种证法不太对，可以参看本书本章 §9.

事实上

$$\theta(-\zeta) = \sum_{n=-\infty}^{\infty} e^{\delta n^2 - 2n\zeta} = \sum_{m=\infty}^{-\infty} e^{\delta m^2 + 2m\zeta} = \sum_{-m=-\infty}^{\infty} e^{\delta m^2 + 2m\zeta} \quad (m=-n)$$

（b）$\theta(\zeta+\pi i)=\theta(\zeta)$，也就是说，$\theta$ 具有周期 πi.

事实上

$$\theta(\zeta+\pi i) = \sum_{n=-\infty}^{\infty} e^{\delta n^2 + 2n\zeta + 2n\pi i} = \sum_{n=-\infty}^{\infty} e^{\delta n^2 + 2n\zeta}$$

（c）$\theta(\zeta+\delta)=\theta(\zeta) e^{-(\delta+2\zeta)}$.

事实上

$$\theta(\zeta+\delta) = \sum_{n=-\infty}^{\infty} e^{\delta n^2 + 2\zeta n + 2\delta n} = \sum_{n+1=-\infty}^{\infty} e^{\delta(n+1)^2 + 2\zeta(n+1)} e^{-2\zeta-\delta}$$

$$= e^{-(\delta+2\zeta)} \sum_{m=-\infty}^{\infty} e^{\delta m^2 + 2\zeta m} \quad (m=n+1)$$

（d）$\theta\left(\dfrac{\delta}{2}+\dfrac{\pi i}{2}\right)=0$.

事实上，设 $\zeta=-\dfrac{\delta}{2}+\dfrac{\pi i}{2}$；则由性质（c）与（b）可知

$$\theta\left(\frac{\delta}{2}+\frac{\pi i}{2}\right) = \theta\left(-\frac{\delta}{2}+\frac{\pi i}{2}\right) e^{-\pi i} = -\theta\left(\frac{\delta}{2}-\frac{\pi i}{2}\right) = -\theta\left(\frac{\delta}{2}+\frac{\pi i}{2}\right)$$

由此即可推出性质（d）.

如图 56 所示，为这样的平行四边形网，在这些平行四边形中，函数 θ 具有相同的值. 函数 θ 在下列各点（图 56）的值为零

$$\frac{\delta}{2}+\frac{\pi i}{2}+N\pi i+M\delta = \frac{2M+1}{2}\delta + \frac{2N+1}{2}\pi i$$

其中 M,N 都是整数.

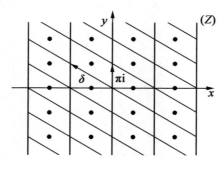

图 56

（e）在每个平行四边形内，函数 θ 具有一个零点.

事实上，零点的个数 n 必须等于

$$\frac{1}{2\pi i}\int_L \frac{\theta'}{\theta}d\zeta$$

其中 L 是平行四边形的边界(图 57). 这样

$$n=\frac{1}{2\pi i}\Big(\int_{AB}\frac{\theta'(\zeta)}{\theta(\zeta)}d\zeta+\int_{BC}\frac{\theta'(\zeta)}{\theta(\zeta)}d\zeta+\int_{CD}\frac{\theta'(\zeta)}{\theta(\zeta)}d\zeta+\int_{DA}\frac{\theta'(\zeta)}{\theta(\zeta)}d\zeta\Big)$$

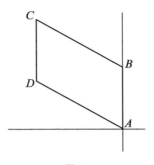

图 57

但

$$\int_{DA}\frac{\theta'(\zeta)}{\theta(\zeta)}d\zeta+\int_{BC}\frac{\theta'(\zeta)}{\theta(\zeta)}d\zeta$$

$$=\int_{DA}\frac{\theta'(\zeta)}{\theta(\zeta)}d\zeta-\int_{DA}\frac{\theta'(\zeta+\pi i)}{\theta(\zeta+\pi i)}d\zeta$$

$$=\int_{DA}\frac{\theta'(\zeta)}{\theta(\zeta)}d\zeta-\int_{DA}\frac{\theta'(\zeta)}{\theta(\zeta)}d\zeta=0$$

又

$$\int_{CD}\frac{\theta'(\zeta)}{\theta(\zeta)}d\zeta+\int_{AB}\frac{\theta'(\zeta)}{\theta(\zeta)}d\zeta=\int_{AB}\frac{\theta'(\zeta)}{\theta(\zeta)}d\zeta-\int_{AB}\frac{\theta'(\zeta+\delta)}{\theta(\zeta+\delta)}d\zeta$$

由性质(c)可知

$$\ln\theta(\zeta+\delta)=\ln\theta(\zeta)-(\delta+2\zeta)$$

故

$$\frac{\theta'(\zeta+\delta)}{\theta(\zeta+\delta)}=\frac{\theta'(\zeta)}{\theta(\zeta)}-2$$

于是

$$\int_L\frac{\theta'}{\theta}d\zeta=\int_{AB}\frac{\theta'(\zeta)}{\theta(\zeta)}d\zeta+\int_{CD}\frac{\theta'(\zeta)}{\theta(\zeta)}d\zeta=\int_{AB}2d\zeta=2\pi i$$

也就是 $n=1$,故得所求的证明.

我们再将雅可比的泽塔函数的性质总结如下

$$\theta(\zeta)=\sum_{n=-\infty}^{\infty}e^{\delta n^2+2n\zeta}$$

$$\theta(-\zeta)=\theta(\zeta)$$

$$\theta(\zeta+\pi i) = \theta(\zeta)$$
$$\theta(\zeta+\delta) = \theta(\zeta)e^{-(\delta+2\zeta)}$$
$$\theta\left(\frac{\pi i}{2}+\frac{\delta}{2}\right) = 0$$

§3 反转法问题

雅可比用来解决反转法问题的意图是这样的.

设有多值函数 $z=F(u)$，它对于每个 u 都有无穷个值，这些值在平面 (z) 上构成具有一个或者两个周期的周期数值网.

函数 $z=\ln u$ 便是这样的一个例子，它的值构成具有一个周期的网；此时对于已知值 u 而言，对应的值 z 构成形如 $z_0+2\pi i N$ 的网，其中 z_0 是 $\ln u$ 的一个值；这里的周期是 $2\pi i$，函数

$$z = \int_0^u \frac{du}{\sqrt{(1-u^2)(1-k^2u^2)}}$$

是这样的多值函数的例子，它的数值网具有两个周期；前面已经指出，对应于已给值 u 的数值 z，在平面 (z) 上构成一个它的具有两个周期的数值网[1]

$$z_0+4KM+2iK'N$$

这里的周期是 $4K$ 与 $2iK'$.

我们作一个（单或双）周期的单值函数 $T(z)$，使得它在 $F(u)$ 的（单或双）周期数值网的所有各点处取得相等的值，并作函数

$$T(F(u)) = f(u)$$

此时容易看出，$f(u)$ 是 u 的单值函数. 事实上，当给定了 u 的值时，任取函数 $F(u)$ 的两个对应值，则此二值的差可以是网中的任何周期（将它叫作 ω），也就是说，$F(u)$ 具有 $F(u)$ 与 $F(u)+w$ 两个值. 但由函数 $T(z)$ 的作法可知

$$T(z+w) = T(z)$$

也就是

$$T(F(u)+w) = T(F(u))$$

由此即知，$f(u)$ 为 u 的单值函数.

例如，对于函数 $z=F(u)=\ln u$ 而言，可以取 e^z 为函数 $T(z)$，此时

$$T(F(u)) = e^{\ln u} = u$$

但我们显然也可以取 z 的其他具有周期 $2\pi i$ 的单值函数作为 $T(z)$，例如可令 $T(z)=R(e^z)$，其中 R 是 e^z 的有理函数.

---

[1] 参看本章 §1.

因为

$$f(u) = T(F(u)) = T(z)$$

且 $T(z)$ 在带形区域（当具有一个周期时）或者平行四边形内（当具有两个周期时）取得所有数值的次数相同，所以 $f(u)$ 在整个平面内取得任一个值的次数，等于函数 $T(z)$ 在它的基本区（也就是带形区或者平行四边形）内取得该值的次数.

这样，欲解椭圆积分

$$z = \int \frac{\mathrm{d}u}{\sqrt{(1-u^2)(1-k^2u^2)}}$$

的反转法问题，首先要作双周期的单值函数，使它具有周期 $4K$ 与 $2\mathrm{i}K'$.

为了作这样的函数，我们将两个矩形（图 58，图 59）进行这样的互相映射，使得 $\delta<0$，此事可以用代换

$$\zeta = Mz$$

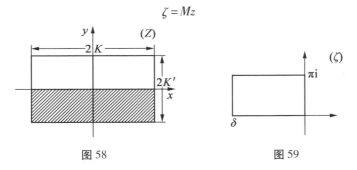

图 58　　　　　　　图 59

来施行，但设

$$\delta = M \cdot 2K'\mathrm{i}, \quad \pi\mathrm{i} = M \cdot 2K$$

从而

$$M = \frac{\pi\mathrm{i}}{2K}, \quad \zeta = \frac{\pi\mathrm{i}}{2K} z, \quad \delta = -\pi \frac{K'}{K}$$

现在便不难利用函数 θ 来作（关于 ζ）具有周期 $4K$ 与 $2\mathrm{i}K'$ 或者 $2\pi\mathrm{i}$ 与 δ 的双周期函数. 这种作法可以借助于两个泽塔函数的商；此外，因为椭圆函数在周期平行四边形里面不能有一个一阶的极点，所以如果只取两个泽塔函数，那么必须取它们的比值的平方，并再取因子 $\mathrm{e}^{A\zeta}$ 且不添加零点与极点. 这样，我们便得到了最简单的椭圆函数的一般形式

$$T(\zeta) = \left(\frac{\theta(\zeta-g)}{\theta(\zeta-g')} \mathrm{e}^{A\zeta} \right)^2$$

我们现在证明，可以选这样的 A, g, g'，使得函数 $T(\zeta)$ 具有周期 $\pi\mathrm{i}$ 与 δ. 因为显然有

$$T(\zeta+\pi\mathrm{i}) = T(\zeta) \mathrm{e}^{2A\pi\mathrm{i}}$$

所以要使 $T(\zeta+\pi i)=T(\zeta)$，A 必须是整数

$$A=v$$

另外，因为

$$T(\zeta+\delta)=T(\zeta)\,e^{-2[\delta+2(\zeta-g)]+2[\delta+2(\zeta-g')]+2v\delta}=T(\zeta)\,e^{4(g-g')+2v\delta}$$

所以要使 $T(\zeta+\delta)=T(\zeta)$，便必须有

$$4(g-g')+2v\delta=2\pi i\mu$$

也就是

$$2(g-g')+v\delta=\pi i\mu$$

这样便得到了 g,g' 的条件.

我们注意，在所讨论的区域 $(2K,2iK')$ 内，u 将每个值都取得一次. 因此，如果在 $T(\zeta)$ 内将 ζ 替换为它的 u 的表达式，那么便得到了 u 的单值函数，从而也是有理函数.

选取 g 与 g'，使得能得到此种值 u，u 在 $z=0$，$\zeta=0$ 处有零点，又在 $z=K'i$，$\zeta=\dfrac{\delta}{2}$ 处有极点. 所以必须有

$$\theta(-g)=0,\quad -g=\frac{\pi i}{2}+\frac{\delta}{2}$$

$$\theta\left(\frac{\delta}{2}-g'\right)=0,\quad -g'=\frac{\pi i}{2}$$

$$g-g'=-\frac{\delta}{2}$$

因此

$$2\left(-\frac{\delta}{2}\right)+v\delta=\pi i\mu$$

我们可以取 $v=1,\mu=0$，于是

$$T(\zeta)=\left[\frac{\theta\left(\zeta+\dfrac{\pi i}{2}+\dfrac{\delta}{2}\right)}{\theta\left(\zeta+\dfrac{\pi i}{2}\right)}\,e^{\zeta}\right]^{2}$$

由上述可知

$$\left[\frac{\theta\left(\dfrac{\pi i}{2K}\displaystyle\int_0^u\frac{du}{\sqrt{(1-u^2)(1-k^2u^2)}}+\dfrac{\pi i}{2}+\dfrac{\delta}{2}\right)}{\theta\left(\dfrac{\pi i}{2K}\displaystyle\int_0^u\frac{du}{\sqrt{(1-u^2)(1-k^2u^2)}}+\dfrac{\pi i}{2}\right)}e^{\frac{\pi i}{2K}\int_0^u\frac{du}{\sqrt{(1-u^2)(1-k^2u^2)}}}\right]^{2}=Cu^2$$

现在找 C. 当 $u=1$ 时 $\displaystyle\int_0^u\frac{du}{\sqrt{(1-u^2)(1-k^2u^2)}}=K$，故

$$C = \left[\frac{\theta\left(\dfrac{\pi i}{2} + \dfrac{\pi i}{2} + \dfrac{\delta}{2}\right)}{\theta\left(\dfrac{\pi i}{2} + \dfrac{\pi i}{2}\right)} e^{\frac{\pi i}{2}} \right]^2$$

由此即得

$$u^2 = \left[\frac{\theta(0)}{\theta\left(\dfrac{\delta}{2}\right)} \cdot \frac{\theta\left(\dfrac{\pi i}{2K}\displaystyle\int_0^u \dfrac{du}{\sqrt{(1-u^2)(1-k^2u^2)}} + \dfrac{\pi i}{2} + \dfrac{\delta}{2}\right)}{\theta\left(\dfrac{\pi i}{2K}\displaystyle\int_0^u \dfrac{du}{\sqrt{(1-u^2)(1-k^2u^2)}} + \dfrac{\pi i}{2}\right)} \right]^2 e^{2\frac{\pi i}{2K}\int_0^u \frac{du}{\sqrt{(1-u^2)(1-k^2u^2)}} - \pi i}$$

从而

$$u = \left[\frac{\theta(0)}{\theta\left(\dfrac{\delta}{2}\right)} \cdot \frac{\theta\left(\dfrac{\pi i}{2K}\displaystyle\int_0^u \dfrac{du}{\sqrt{(1-u^2)(1-k^2u^2)}} + \dfrac{\pi i}{2} + \dfrac{\delta}{2}\right)}{\theta\left(\dfrac{\pi i}{2K}\displaystyle\int_0^u \dfrac{du}{\sqrt{(1-u^2)(1-k^2u^2)}} + \dfrac{\pi i}{2}\right)} \right] e^{\frac{\pi i}{2K}\int_0^u \frac{du}{\sqrt{(1-u^2)(1-k^2u^2)}} - \frac{\pi i}{2}}$$

这便解决了反转法的基本问题.

我们注意,在一个周期矩形的范围内,当

$$\int_0^u \frac{du}{\sqrt{(1-u^2)(1-k^2u^2)}} = 0$$

和

$$\int_0^u \frac{du}{\sqrt{(1-u^2)(1-k^2u^2)}} = 2K$$

时我们得到两个数值 u;一般说来,在 z 与 $2K-z$ 处我们得到同一个 u,也就是说,在 ζ 与 $\pi i-\zeta$ 处,我们有 $\sqrt{T(\zeta)} = \sqrt{T(\pi i-\zeta)}$. 现在证明这点. 事实上

$$\sqrt{T(\zeta)} = \frac{\theta\left(\zeta + \dfrac{\pi i}{2} + \dfrac{\delta}{2}\right)}{\theta\left(\zeta + \dfrac{\pi i}{2}\right)} e^{\zeta}$$

另外

$$\sqrt{T(\pi i-\zeta)} = \frac{\theta\left(\pi i - \zeta + \dfrac{\pi i}{2} + \dfrac{\delta}{2}\right)}{\theta\left(\pi i - \zeta + \dfrac{\pi i}{2}\right)} e^{\pi i - \zeta}$$

$$= \frac{\theta\left(-\zeta + \dfrac{\pi i}{2} + \dfrac{\delta}{2}\right)}{\theta\left(-\zeta + \dfrac{\pi i}{2}\right)} e^{\pi i - \zeta}$$

$$= \frac{\theta\left(\zeta - \dfrac{\pi i}{2} - \dfrac{\delta}{2}\right)}{\theta\left(\zeta - \dfrac{\pi i}{2}\right)} e^{\pi i - \zeta} = \frac{\theta\left(\zeta + \dfrac{\pi i}{2} - \dfrac{\delta}{2}\right)}{\theta\left(\zeta + \dfrac{\pi i}{2}\right)} e^{\pi i - \zeta}$$

由函数 θ 的性质

$$\theta(\zeta + \delta) = \theta(\zeta) e^{-(\delta + 2\zeta)}$$

可知

$$\theta(\zeta) = \theta(\zeta + \delta) e^{\delta + 2\zeta}$$

或者

$$\theta\left(\zeta + \frac{\pi i}{2} - \frac{\delta}{2}\right) = \theta\left(\zeta + \frac{\pi i}{2} + \frac{\delta}{2}\right) e^{\delta + 2\zeta - \delta + \pi i} = \theta\left(\zeta + \frac{\pi i}{2} + \frac{\delta}{2}\right) e^{2\zeta + \pi i}$$

因此

$$\sqrt{T(\pi i - \zeta)} = \frac{\theta\left(\zeta + \dfrac{\pi i}{2} + \dfrac{\delta}{2}\right)}{\theta\left(\zeta + \dfrac{\pi i}{2}\right)} e^{2\zeta + \pi i + \pi i - \zeta} = \sqrt{T(\zeta)}$$

上面的方法也可以毫无变更地用来求函数 $1 - u^2$ 与 $1 - k^2 u^2$.

我们考虑在条件 $2(g - g') + v\delta = \pi i \mu$ 下的函数

$$T(\zeta) = \left[\frac{\theta(\zeta - g)}{\theta(\zeta - g')} e^{v\zeta}\right]^2$$

函数 $1 - u^2$ 在 $u = \pm 1$ 处有零点,也就是说,在 $z = \pm K$ 与 $\zeta = \pm \dfrac{\pi i}{2}$ 处有零点. 由周期性,我们可以取零点 $\dfrac{\pi i}{2}$.

这样

$$\frac{\pi i}{2} - g = \frac{\pi i}{2} + \frac{\delta}{2}, \quad -g = \frac{\delta}{2}$$

和以前一样,极点仍在 $u = K' i$,也就是 $\zeta = -\dfrac{\delta}{2}$ 处. 于是

$$\frac{\delta}{2} - g' = \frac{\pi i}{2} + \frac{\delta}{2}, \quad -g' = \frac{\pi i}{2}$$

由条件

$$2\left(-\frac{\delta}{2} - \frac{\pi i}{2}\right) + v\delta = \pi i \mu$$

可得 $v = 1, \mu = -1$,因此

$$1 - u^2 = C e^{2\zeta} \left[\frac{\theta\left(\zeta + \dfrac{\delta}{2}\right)}{\theta\left(\zeta + \dfrac{\pi i}{2}\right)}\right]^2$$

欲定 C,可以令 $u=1$,$z=0$,$\zeta=0$;此时

$$1 = C \left[\frac{\theta\left(\dfrac{\delta}{2}\right)}{\theta\left(\dfrac{\pi i}{2}\right)} \right]^2$$

这样

$$1-u^2 = e^{2\zeta} \left[\frac{\theta\left(\dfrac{\pi i}{2}\right)}{\theta\left(\dfrac{\delta}{2}\right)} \cdot \frac{\theta\left(\zeta+\dfrac{\delta}{2}\right)}{\theta\left(\zeta+\dfrac{\pi i}{2}\right)} \right]^2$$

又

$$\sqrt{1-u^2} = e^{\frac{\pi i}{2K}\int_0^u \frac{du}{\sqrt{(1-u^2)(1-k^2u^2)}}} \left[\frac{\theta\left(\dfrac{\pi i}{2}\right)}{\theta\left(\dfrac{\delta}{2}\right)} \cdot \frac{\theta\left(\dfrac{\pi i}{2K}\int_0^u \dfrac{du}{\sqrt{(1-u^2)(1-k^2u^2)}}+\dfrac{\delta}{2}\right)}{\theta\left(\dfrac{\pi i}{2K}\int_0^u \dfrac{du}{\sqrt{(1-u^2)(1-k^2u^2)}}+\dfrac{\pi i}{2}\right)} \right]$$

同样地,函数 $1-k^2u^2$ 具有零点 $z=\pm(K+iK')$ 与 $\zeta=\pm\left(\dfrac{\pi i}{2}+\dfrac{\delta}{2}\right)$. 我们显然只

需取 $\dfrac{\pi i}{2}+\dfrac{\delta}{2}$. 因此

$$\theta\left(\frac{\pi i}{2}+\frac{\delta}{2}-g\right) = 0$$

也就是

$$g=0, \quad g'=-\frac{\pi i}{2}$$

所以条件

$$2(g-g')+v\delta = \pi i \mu$$

便成为

$$\pi i + v\delta = \pi i \mu$$

从而 $v=0$,$\mu=1$,于是

$$1-k^2u^2 = \left[\frac{\theta(\zeta)}{\theta\left(\zeta+\dfrac{\pi i}{2}\right)} \right]^2 C$$

因而

$$\sqrt{1-k^2u^2} = \frac{\theta\left(\dfrac{\pi i}{2}\right)\theta(\zeta)}{\theta(0)\theta\left(\zeta+\dfrac{\pi i}{2}\right)}$$

最后,我们将所得的反转公式整理为如下形式:

167

$$(a)\ u = \left[\frac{\theta(0)}{\theta\left(\frac{\delta}{2}\right)} \cdot \frac{\theta\left(\frac{\pi i}{2K}\int_0^u \frac{du}{\sqrt{(1-u^2)(1-k^2u^2)}} + \frac{\pi i}{2} + \frac{\delta}{2}\right)}{\theta\left(\frac{\pi i}{2K}\int_0^u \frac{du}{\sqrt{(1-u^2)(1-k^2u^2)}} + \frac{\pi i}{2}\right)} \right] e^{\frac{\pi i}{2K}\int_0^u \frac{du}{\sqrt{(1-u^2)(1-k^2u^2)}} - \frac{\pi i}{2}}.$$

$$(b)\ \sqrt{1-u^2} = e^{\frac{\pi i}{2K}\int_0^u \frac{du}{\sqrt{(1-u^2)(1-k^2u^2)}}} \left[\frac{\theta\left(\frac{\pi i}{2}\right)\theta\left(\frac{\pi i}{2K}\int_0^u \frac{du}{\sqrt{(1-u^2)(1-k^2u^2)}} + \frac{\delta}{2}\right)}{\theta\left(\frac{\delta}{2}\right)\theta\left(\frac{\pi i}{2K}\int_0^u \frac{du}{\sqrt{(1-u^2)(1-k^2u^2)}} + \frac{\pi i}{2}\right)} \right].$$

$$(c)\ \sqrt{1-k^2u^2} = \frac{\theta\left(\frac{\pi i}{2}\right)}{\theta(0)} \cdot \frac{\theta\left(\frac{\pi i}{2K}\int_0^u \frac{du}{\sqrt{(1-u^2)(1-k^2u^2)}}\right)}{\theta\left(\frac{\pi i}{2K}\int_0^u \frac{du}{\sqrt{(1-u^2)(1-k^2u^2)}} + \frac{\pi i}{2}\right)}.$$

§4　泽塔函数的变换

我们看到

$$\theta(\zeta) = \sum_{n=-\infty}^{\infty} e^{\delta n^2 + 2n\zeta}$$

其中

$$\delta = -\frac{\pi K'}{K}, \quad \zeta = \frac{\pi i}{2K} z$$

令

$$\zeta = iv, \quad v = \frac{\pi}{2K} z, \quad q = e^{-\pi \frac{K'}{K}}$$

则

$$\theta(\zeta) = \sum_{n=-\infty}^{\infty} q^{n^2} e^{2nvi} = 1 + 2q\cos 2v + 2q^4\cos 4v + \cdots$$

$$\theta\left(\zeta + \frac{\delta}{2}\right)e^{\zeta} = \theta\left(iv + \frac{\delta}{2}\right)e^{iv} = \sum_{n=-\infty}^{\infty} e^{\delta n^2 + n\delta + 2ivn + iv} = \sum_{n=-\infty}^{\infty} e^{\delta\left(n+\frac{1}{2}\right)^2 + 2iv\left(n+\frac{1}{2}\right)} e^{-\frac{\delta}{4}}$$

或者

$$\theta\left(\zeta + \frac{\delta}{2}\right)e^{\zeta} = q^{-\frac{1}{4}}\sum_{n=-\infty}^{\infty} q^{\left(n+\frac{1}{2}\right)^2} e^{2iv\left(n+\frac{1}{2}\right)}$$

$$= q^{-\frac{1}{4}}\left[q^{\frac{1}{4}}e^{iv} + q^{\frac{9}{4}}e^{3iv} + q^{\frac{25}{4}}e^{5iv} + \cdots + q^{\frac{1}{4}}e^{-iv} + q^{\frac{9}{4}}e^{-3iv} + q^{\frac{25}{4}}e^{-5iv} + \cdots \right]$$

也就是

$$\theta\left(\zeta + \frac{\delta}{2}\right)e^{\zeta} = q^{-\frac{1}{4}}\left[2q^{\frac{1}{4}}\cos v + 2q^{\frac{9}{4}}\cos 3v + 2q^{\frac{25}{4}}\cos 5v + \cdots \right]$$

最后

$$\theta\left(\zeta+\frac{\pi i}{2}+\frac{\delta}{2}\right)e^{\zeta-\frac{\pi i}{2}}=\theta\left(iv+\frac{\pi i}{2}+\frac{\delta}{2}\right)e^{iv-\frac{\pi i}{2}}$$

$$=\sum_{n=-\infty}^{\infty}e^{-\frac{\pi K'}{K}n^2+2n\left(iv+\frac{\pi i}{2}-\frac{\pi K'}{2K}\right)}e^{iv-\frac{\pi i}{2}}$$

$$=\sum_{n=-\infty}^{\infty}e^{-\frac{\pi K'}{K}(n^2+n)+(2n-1)\frac{\pi i}{2}+(2n+1)iv}$$

$$=\sum_{n=-\infty}^{\infty}e^{-\frac{\pi K'}{K}\left(n+\frac{1}{2}\right)^2+(2n-1)\frac{\pi i}{2}+2iv\left(n+\frac{1}{2}\right)}e^{\frac{\pi K'}{4K}}$$

$$=q^{-\frac{1}{4}}\sum_{n=-\infty}^{\infty}\left(q^{\left(n+\frac{1}{2}\right)^2}\cdot i^{(2n-1)}e^{2iv\left(n+\frac{1}{2}\right)}\right)$$

$$=q^{-\frac{1}{4}}\left(q^{\frac{1}{4}}ie^{iv}-q^{\frac{9}{4}}ie^{3iv}+q^{\frac{25}{4}}ie^{5iv}-\cdots-\right.$$
$$\left.q^{\frac{1}{4}}ie^{-iv}+q^{\frac{9}{4}}ie^{-3iv}-q^{\frac{25}{4}}ie^{-5iv}-\cdots\right)$$

$$=q^{-\frac{1}{4}}\left(2q^{\frac{1}{4}}\sin v-2q^{\frac{9}{4}}\sin 3v+2q^{\frac{25}{4}}\sin 5v-\cdots\right)$$

现在将所得的公式重列, 如下

$$\theta(\zeta)=1+2q\cos 2v+2q^4\cos 4v+2q^9\cos 6v+\cdots$$

$$\theta\left(\zeta+\frac{\pi i}{2}\right)=1-2q\cos 2v+2q^4\cos 4v-2q^9\cos 6v+\cdots$$

$$\theta\left(\zeta+\frac{\delta}{2}\right)e^{\zeta}=q^{-\frac{1}{4}}\left(2q^{\frac{1}{4}}\cos v+2q^{\frac{9}{4}}\cos 3v+\cdots\right)$$

$$\theta\left(\zeta+\frac{\pi i}{2}+\frac{\delta}{2}\right)e^{\zeta-\frac{\pi i}{2}}=q^{-\frac{1}{4}}\left(2q^{\frac{1}{4}}\sin v-2q^{\frac{9}{4}}\sin 3v+2q^{\frac{25}{4}}\sin 5v-\cdots\right)$$

为了将上面所有的公式系统化, 黎曼提出了如下的广义函数 θ, 令

$$\theta_{\varepsilon'}^{\varepsilon}(vi)=\sum_{n=-\infty}^{\infty}e^{\delta\left(n+\frac{\varepsilon}{2}\right)^2+2\left(n+\frac{\varepsilon}{2}\right)\left(iv-\frac{\varepsilon'}{2}\pi i\right)} \tag{1}$$

其中 ε,ε' 称为特征数; 特征数可以等于 0 或 1. 这样, 我们便得到了四个广义黎曼函数 $\theta_0^0(vi),\theta_1^0(vi),\theta_0^1(vi),\theta_1^1(vi)$. 由公式(1)可得

$$\theta_0^0(vi)=\sum_{n=-\infty}^{\infty}q^{n^2}e^{2niv}=1+2q\cos v+2q^4\cos 2v+2q^9\cos 3v+\cdots$$

又

$$\theta_1^0(vi)=\sum_{n=-\infty}^{\infty}q^{n^2}e^{2n\left(vi-\frac{\pi i}{2}\right)}=\sum_{n=-\infty}^{\infty}q^{n^2}(-1)^ne^{2nvi}$$
$$=1-2q\cos v+2q^4\cos 2v-2q^9\cos 3v+\cdots$$

仿此也有

$$\theta_0^1(vi)=\sum_{n=-\infty}^{\infty}q^{\left(n+\frac{1}{2}\right)^2}e^{2\left(n+\frac{1}{2}\right)vi}$$

169

$$= q^{\frac{1}{4}} e^{vi} + q^{\frac{9}{4}} e^{3vi} + q^{\frac{25}{4}} e^{5vi} + \cdots + q^{\frac{1}{4}} e^{-vi} + q^{\frac{9}{4}} e^{-3vi} + q^{\frac{25}{4}} e^{-5vi} + \cdots$$

$$= 2q^{\frac{1}{4}} \cos v + 2q^{\frac{9}{4}} \cos 3v + 2q^{\frac{25}{4}} \cos 5v + \cdots$$

最后

$$\theta_1^1(vi) = \sum_{n=-\infty}^{\infty} q^{\left(n+\frac{1}{2}\right)^2} e^{2\left(n+\frac{1}{2}\right)\left(vi - \frac{\pi i}{2}\right)}$$

$$= \sum_{n=-\infty}^{\infty} q^{\left(n+\frac{1}{2}\right)^2} (-i)^{2n+1} e^{(2n+1)vi}$$

$$= q^{\frac{1}{4}} (-i) e^{vi} + iq^{\frac{9}{4}} e^{3vi} + q^{\frac{25}{4}} (-i) e^{5vi} + \cdots +$$

$$q^{\frac{1}{4}iv} ie^{-vi} - iq^{\frac{9}{4}} e^{-3vi} + q^{\frac{25}{4}} ie^{-5vi} - \cdots$$

$$= 2q^{\frac{1}{4}} \sin v - 2q^{\frac{9}{4}} \sin 3v + \cdots$$

雅可比自己用了别的记号: $\theta_1, \theta_2, \theta_3, \theta_0$, 并且

$$\theta_1 = \theta_1^1, \qquad \theta_2 = \theta_0^1, \qquad \theta_3 = \theta_0^0, \qquad \theta_0 = \theta_1^0$$

有时也可以用记号 $\theta_{\varepsilon\varepsilon'}(v)$ 来代替 $\theta_{\varepsilon'}^{\varepsilon}(v)$.

§5　第一类椭圆积分的反转问题的解法

现在将所有以前的结果集拢来,我们曾经由积分

$$\int_0^u \frac{\mathrm{d}u}{\sqrt{(1-u^2)(1-k^2 u^2)}} = z = \frac{2K}{\pi i} \zeta = \frac{2K}{\pi} v$$

开始,并利用函数 θ 求出了

$$u = \frac{\theta(0)}{\theta\left(\frac{\delta}{2}\right)} \cdot \frac{\theta\left(\zeta + \frac{\pi i}{2} + \frac{\delta}{2}\right)}{\theta\left(\zeta + \frac{\pi i}{2}\right)} e^{\zeta - \frac{\pi i}{2}} \tag{1}$$

这样,对于给定的数 k 而言,必须找出右边的表达式.

首先,我们找出

$$\int_0^1 \frac{\mathrm{d}u}{\sqrt{(1-u^2)(1-k^2 u^2)}} = K$$

又

$$\int_1^{\frac{1}{k}} \frac{\mathrm{d}u}{\sqrt{(u^2-1)(1-k^2 u^2)}} = K'$$

并由此求出 $\delta = -\dfrac{\pi K'}{K}$, $q = e^{\delta}$. 我们又注意到,公式(1)的右边可以相当地简化.

为此,我们证明数量 k 可以如何用函数 θ 表出. 因为当 $u=\dfrac{1}{k}$ 时,$z=K+\mathrm{i}K'$,从而

$\zeta=\dfrac{\pi\mathrm{i}}{2}+\dfrac{\delta}{2}$,故当在等式(1)中令 $\zeta=\dfrac{\pi\mathrm{i}}{2}+\dfrac{\delta}{2}$ 时,便得到数量 $\dfrac{1}{k}$

$$\frac{1}{k}=\frac{\theta(0)}{\theta\left(\dfrac{\delta}{2}\right)}\cdot\frac{\theta(\pi\mathrm{i}+\delta)}{\theta\left(\pi\mathrm{i}+\dfrac{\delta}{2}\right)}e^{\frac{\delta}{2}}$$

但

$$\theta(\pi\mathrm{i}+\delta)=\theta(\delta)=e^{-\delta}\theta(0)$$

$$\theta\left(\pi\mathrm{i}+\frac{\delta}{2}\right)=\theta\left(\frac{\delta}{2}\right)$$

所以

$$\frac{1}{k}=\left[\frac{\theta(0)}{\theta\left(\dfrac{\delta}{2}\right)}\right]^2 e^{-\frac{\delta}{2}}$$

从而

$$\frac{1}{\sqrt{k}}=\frac{\theta(0)}{\theta\left(\dfrac{\delta}{2}\right)}e^{-\frac{\delta}{4}}=\frac{\theta(0)}{q^{\frac{1}{4}}\theta\left(\dfrac{\delta}{2}\right)} \tag{2}$$

由此即得

$$\frac{\theta(0)}{\theta\left(\dfrac{\delta}{2}\right)}=\frac{q^{\frac{1}{4}}}{\sqrt{k}} \tag{3}$$

这样,公式(1)便成为

$$u=\frac{q^{\frac{1}{4}}}{\sqrt{k}}\cdot\frac{\theta\left(\zeta+\dfrac{\pi\mathrm{i}}{2}+\dfrac{\delta}{2}\right)}{\theta\left(\zeta+\dfrac{\pi\mathrm{i}}{2}\right)}e^{\zeta-\frac{\pi\mathrm{i}}{2}}$$

将函数 θ 的值代入,即得

$$u=\frac{q^{\frac{1}{4}}}{\sqrt{k}}\cdot\frac{q^{-\frac{1}{4}}(2q^{\frac{1}{4}}\sin v-2q^{\frac{9}{4}}\sin 3v+\cdots)}{1-2q\cos 2v+2q^4\cos 4v-\cdots}$$

也就是说,利用 θ 的级数得到了最后的反转公式

$$u=\frac{1}{\sqrt{k}}\cdot\frac{2q^{\frac{1}{4}}\sin v-2q^{\frac{9}{4}}\sin 3v+2q^{\frac{25}{4}}\sin 5v-\cdots}{1-2q\cos 2v+2q^4\cos 4v-\cdots}$$

同样也可以得到函数 $\sqrt{1-u^2}$ 与 $\sqrt{1-k^2u^2}$ 的反转.

我们先从函数 $\sqrt{1-k^2u^2}$ 开始. 已知

171

$$\sqrt{1-k^2u^2} = \frac{\theta\left(\dfrac{\pi i}{2}\right)\theta(\zeta)}{\theta(0)\theta\left(\zeta+\dfrac{\pi i}{2}\right)} \tag{4}$$

因为当 $u=1$ 时 $z=K, \zeta=\dfrac{\pi i}{2}$,故在此处令 $\zeta=\dfrac{\pi i}{2}$,即得

$$\sqrt{1-k^2} = \frac{\theta\left(\dfrac{\pi i}{2}\right)\theta\left(\dfrac{\pi i}{2}\right)}{\theta(0)\theta(\pi i)} = \frac{\theta^2\left(\dfrac{\pi i}{2}\right)}{\theta^2(0)}$$

用如下公式引入数量 k'

$$k^2+k'^2 = 1$$

也就是 $\sqrt{1-k^2}=k'$. 则

$$\frac{\theta\left(\dfrac{\pi i}{2}\right)}{\theta(0)} = \sqrt{k'} \tag{5}$$

将所得的值代入式(4),则有

$$\sqrt{1-k^2u^2} = \sqrt{k'}\,\frac{\theta(\zeta)}{\theta\left(\zeta+\dfrac{\pi i}{2}\right)} = \sqrt{k'}\,\frac{1+2q\cos 2v+2q^4\cos 4v+\cdots}{1-2q\cos 2v+2q^4\cos 4v-\cdots}$$

同样也可以得到 $\sqrt{1-u^2}$ 的表达式

$$\sqrt{1-u^2} = \frac{\theta\left(\dfrac{\pi i}{2}\right)\theta\left(\zeta+\dfrac{\delta}{2}\right)\mathrm{e}^{\zeta}}{\theta\left(\dfrac{\delta}{2}\right)\theta\left(\zeta+\dfrac{\pi i}{2}\right)} \tag{6}$$

但我们已知

$$\sqrt{k'} = \frac{\theta\left(\dfrac{\pi i}{2}\right)}{\theta(0)}, \quad \frac{1}{\sqrt{k}} = \frac{\theta(0)}{q^{\frac{1}{4}}\theta\left(\dfrac{\delta}{2}\right)}$$

所以

$$q^{\frac{1}{4}}\sqrt{\frac{k'}{k}} = \frac{\theta\left(\dfrac{\pi i}{2}\right)}{\theta\left(\dfrac{\delta}{2}\right)}$$

从而等式(6)便成为

$$\sqrt{1-u^2} = \sqrt{\frac{k'}{k}q^{\frac{1}{4}}}\,\frac{q^{-\frac{1}{4}}\left(2q^{\frac{1}{4}}\cos v+2q^{\frac{9}{4}}\cos 3v+\cdots\right)}{1-2q\cos 2v+2q^4\cos 4v-\cdots}$$

于是

$$\sqrt{1-u^2}=\sqrt{\frac{k'}{k}}\ \frac{2q^{\frac{1}{4}}\cos\ v+2q^{\frac{9}{4}}\cos\ 3v+2q^{\frac{25}{4}}\cos\ 5v+\cdots}{1-2q\cos\ 2v+2q^4\cos\ 4v-\cdots}$$

最后,由公式(3)与(5)可得$\sqrt{k}$,$\sqrt{k'}$的表达式,如下

$$\sqrt{k}=\frac{\theta\left(\dfrac{\delta}{2}\right)}{\theta(0)}q^{\frac{1}{4}}=q^{\frac{1}{4}}\frac{q^{-\frac{1}{4}}(2q^{\frac{1}{4}}+2q^{\frac{9}{4}}+2q^{\frac{25}{4}}+\cdots)}{1+2q+2q^4+2q^9+\cdots}$$

从而

$$\sqrt{k}=\frac{2q^{\frac{1}{4}}+2q^{\frac{9}{4}}+2q^{\frac{25}{4}}+\cdots}{1+2q+2q^4+2q^9+\cdots}$$

又

$$\sqrt{k'}=\frac{1-2q+2q^4-2q^9+\cdots}{1+2q+2q^4+2q^9+\cdots}$$

现在将所得的公式进行整理:

(a) $u=\dfrac{1}{\sqrt{k}}\ \dfrac{2q^{\frac{1}{4}}\sin\ v-2q^{\frac{9}{4}}\sin\ 3v+2q^{\frac{25}{4}}\sin\ 5v-\cdots}{1-2q\cos\ 2v+2q^4\cos\ 4v-2q^9\cos\ 6v+\cdots}.$

(b) $\sqrt{1-u^2}=\sqrt{\dfrac{k'}{k}}\ \cdot\ \dfrac{2q^{\frac{1}{4}}\cos\ v+2q^{\frac{9}{4}}\cos\ 3v+2q^{\frac{25}{4}}\cos\ 5v+\cdots}{1-2q\cos\ 2v+2q^4\cos\ 4v-2q^9\cos\ 6v+\cdots}.$

(c) $\sqrt{1-k^2u^2}=\sqrt{k'}\ \dfrac{1+2q\cos\ 2v+2q^4\cos\ 4v+\cdots}{1-2q\cos\ 2v+2q^4\cos\ 4v-2q^9\cos\ 6v+\cdots}.$

(d) $\sqrt{k}=\dfrac{2q^{\frac{1}{4}}+2q^{\frac{9}{4}}+2q^{\frac{25}{4}}+\cdots}{1+2q+2q^4+2q^9+\cdots}.$

(e) $\sqrt{k'}=\dfrac{1-2q+2q^4-2q^9+\cdots}{1+2q+2q^4+2q^9+\cdots}.$

§6　K 与 K'的计算

为了完成问题的解法,接下来只需要找出周期 K 与 K'的计算法. 我们先证明,K'的计算可以归结于 K 的计算.

在积分 $\displaystyle\int\frac{\mathrm{d}u}{\sqrt{(1-u^2)(1-k^2u^2)}}$中,令

$$1-k^2u^2=\frac{1}{v^2}$$

则得

$$k^2u^2=\frac{v^2-1}{v^2},\quad ku=\frac{\sqrt{v^2-1}}{v}$$

173

于是

$$k\mathrm{d}u = \dfrac{\dfrac{v^2\,\mathrm{d}v}{\sqrt{v^2-1}} - \sqrt{v^2-1}\,\mathrm{d}v}{v^2} = \dfrac{\mathrm{d}v}{v^2\sqrt{v^2-1}}$$

又

$$1 - u^2 = 1 - \dfrac{v^2-1}{k^2 v^2} = \dfrac{(k^2-1)v^2+1}{k^2 v^2} = \dfrac{1-k'^2 v^2}{k^2 v^2}$$

因此

$$\int \dfrac{\mathrm{d}u}{\sqrt{(1-u^2)(1-k^2 u^2)}} = \int \dfrac{\mathrm{d}v}{kv^2\sqrt{v^2-1}\,\dfrac{1}{v}\,\dfrac{\sqrt{1-k'^2 v^2}}{kv}}$$

$$= \int \dfrac{\mathrm{d}v}{\sqrt{(v^2-1)(1-k'^2 v^2)}}$$

反过来显然也有

$$\int \dfrac{\mathrm{d}u}{\sqrt{(u^2-1)(1-k^2 u^2)}} = \int \dfrac{\mathrm{d}v}{\sqrt{(1-v^2)(1-k'^2 v^2)}}$$

于是

$$\int_1^{\frac{1}{k}} \dfrac{\mathrm{d}u}{\sqrt{(u^2-1)(1-k^2 u^2)}} = \int_0^1 \dfrac{\mathrm{d}v}{\sqrt{(1-v^2)(1-k'^2 v^2)}}$$

其中 $1 - k'^2 v^2 = \dfrac{1}{u^2}$,从而,当 $u=1$ 时,$v=0$;当 $u=\dfrac{1}{k}$ 时,$v=1$. 这样

$$K' = \int_0^1 \dfrac{\mathrm{d}v}{\sqrt{(1-v^2)(1-k'^2 v^2)}} = K_1$$

其中 K_1 是对应于模数 k'^2 的周期. 因此,我们只需要计算 K

$$K = \int_0^1 \dfrac{\mathrm{d}u}{\sqrt{(1-u^2)(1-k^2 u^2)}}$$

设 $u = \sin\varphi$,则

$$K = \int_0^{\frac{\pi}{2}} \dfrac{\mathrm{d}\varphi}{\sqrt{1-k^2\sin^2\varphi}} = \int_0^{\frac{\pi}{2}} \left(1 + \dfrac{1}{2}k^2\sin^2\varphi + \dfrac{1\times3}{2\times4}k^4\sin^4\varphi + \cdots\right)\mathrm{d}\varphi$$

现在计算

$$J_{2n} = \int_0^{\frac{\pi}{2}} \sin^{2n}\varphi\,\mathrm{d}\varphi$$

我们有

$$\int_0^{\frac{\pi}{2}} \sin^{2n}\varphi\,\mathrm{d}\varphi = \int_0^{\frac{\pi}{2}} \sin^{2n-1}\varphi\sin\varphi\,\mathrm{d}\varphi$$

$$= \sin^{2n-1}\varphi(-\cos\varphi)\Big|_0^{\frac{\pi}{2}} + (2n-1)\int_0^{\frac{\pi}{2}}\sin^{2n-2}\varphi\cos^2\varphi\,d\varphi$$

于是

$$\int_0^{\frac{\pi}{2}}\sin^{2n}\varphi\,d\varphi = (2n-1)\int_0^{\frac{\pi}{2}}\sin^{2n-2}\varphi\,d\varphi - (2n-1)\int_0^{\frac{\pi}{2}}\sin^{2n}\varphi\,d\varphi$$

从而

$$J_{2n} = \frac{2n-1}{2n}J_{2n-2}$$

但

$$J_0 = \int_0^{\frac{\pi}{2}}d\varphi = \frac{\pi}{2}$$

故

$$J_2 = \frac{1}{2}\times\frac{\pi}{2}$$

$$J_4 = \frac{4-1}{4}J_2 = \frac{1\times3}{2\times4}\times\frac{\pi}{2}$$

$$J_6 = \frac{6-1}{6}J_4 = \frac{1\times3\times5}{2\times4\times6}\times\frac{\pi}{2}$$

$$\vdots$$

于是便得到下面的表达式

$$K = \frac{\pi}{2}\left[1+\left(\frac{1}{2}\right)^2 k^2 + \left(\frac{1\times3}{2\times4}\right)^2 k^4 + \left(\frac{1\times3\times5}{2\times4\times6}\right)^2 k^6 + \cdots\right]$$

由上述可知,第二个周期是

$$K' = \frac{\pi}{2}\left[1+\left(\frac{1}{2}\right)^2 k'^2 + \left(\frac{1\times3}{2\times4}\right)^2 k'^4 + \left(\frac{1\times3\times5}{2\times4\times6}\right)^2 k'^6 + \cdots\right]$$

其中 $k^2 + k'^2 = 1$.

§7 公 式 集

设

$$\int_0^u \frac{du}{\sqrt{(1-u^2)(1-k^2u^2)}} = z = \frac{2K}{\pi}v$$

则

$$u = \frac{1}{\sqrt{k}}\cdot\frac{2q^{\frac{1}{4}}\sin v - 2q^{\frac{9}{4}}\sin 3v + 2q^{\frac{25}{4}}\sin 5v - \cdots}{1-2q\cos 2v + 2q^4\cos 4v - 2q^9\cos 6v + \cdots}$$

或者

$$u = \frac{1}{\sqrt{k}} \cdot \frac{\theta_{11}(v)}{\theta_{01}(v)}$$

又

$$\sqrt{1-u^2} = \sqrt{\frac{k'}{k}} \cdot \frac{2q^{\frac{1}{4}}\cos v + 2q^{\frac{9}{4}}\cos 3v + 2q^{\frac{25}{4}}\cos 5v + \cdots}{1 - 2q\cos 2v + 2q^4\cos 4v - 2q^9\cos 6v + \cdots}$$

或者

$$\sqrt{1-u^2} = \sqrt{\frac{k'}{k}} \cdot \frac{\theta_{10}(v)}{\theta_{01}(v)}$$

最后,还有

$$\sqrt{1-k^2 u^2} = \sqrt{k'}\, \frac{1 + 2q\cos 2v + 2q^4\cos 4v + 2q^9\cos 6v + \cdots}{1 - 2q\cos 2v + 2q^4\cos 4v - 2q^9\cos 6v + \cdots}$$

或者

$$\sqrt{1-k^2 u^2} = \sqrt{k'}\, \frac{\theta_{00}(v)}{\theta_{01}(v)}$$

按照雅可比的方法,引入函数 $\mathrm{sn}\ z, \mathrm{cn}\ z, \mathrm{dn}\ z$. 设 $u = \mathrm{sn}\ z$,其中 $z = \frac{2K}{\pi}v$,从而

$$v = \frac{\pi z}{2K}$$

此时即有

$$\mathrm{sn}\ z = \frac{1}{\sqrt{k}} \cdot \frac{\theta_{11}\left(\dfrac{\pi z}{2K}\right)}{\theta_{01}\left(\dfrac{\pi z}{2K}\right)}$$

同样地

$$\mathrm{cn}\ z = \sqrt{1 - \mathrm{sn}^2 z} = \sqrt{1 - u^2}$$

也就是

$$\mathrm{cn}\ z = \sqrt{\frac{k'}{k}} \cdot \frac{\theta_{10}\left(\dfrac{\pi z}{2K}\right)}{\theta_{01}\left(\dfrac{\pi z}{2K}\right)}$$

又

也就是

$$\mathrm{dn}\ z = \sqrt{1 - k^2 \mathrm{sn}^2 z} = \sqrt{1 - k^2 u^2}$$

也就是

$$\mathrm{dn}\ z = \sqrt{k'}\, \frac{\theta_{00}\left(\dfrac{\pi z}{2K}\right)}{\theta_{01}\left(\dfrac{\pi z}{2K}\right)}$$

此时我们记

$$\theta_{00}\left(\frac{\pi z}{2K}\right) = 1 + 2q\cos\left(2\,\frac{\pi z}{2K}\right) + 2q^4\cos\left(4\,\frac{\pi z}{2K}\right) + 2q^9\cos\left(6\,\frac{\pi z}{2K}\right) + \cdots$$

$$\theta_{01}\left(\frac{\pi z}{2K}\right) = 1 - 2q\cos\left(2\,\frac{\pi z}{2K}\right) + 2q^4\cos\left(4\,\frac{\pi z}{2K}\right) - 2q^9\cos\left(6\,\frac{\pi z}{2K}\right) + \cdots$$

$$\theta_{10}\left(\frac{\pi z}{2K}\right) = 2q^{\frac{1}{4}}\cos\left(\frac{\pi z}{2K}\right) + 2q^{\frac{9}{4}}\cos\left(3\,\frac{\pi z}{2K}\right) + 2q^{\frac{25}{4}}\cos\left(5\,\frac{\pi z}{2K}\right) + \cdots$$

$$\theta_{11}\left(\frac{\pi z}{2K}\right) = 2q^{\frac{1}{4}}\sin\left(\frac{\pi z}{2K}\right) - 2q^{\frac{9}{4}}\sin\left(3\,\frac{\pi z}{2K}\right) + 2q^{\frac{25}{4}}\sin\left(5\,\frac{\pi z}{2K}\right) - \cdots$$

由基本方程可得

$$\frac{\mathrm{d}u}{\sqrt{(1-u^2)(1-k^2u^2)}} = \mathrm{d}z, \quad \frac{\mathrm{d}u}{\mathrm{d}z} = \sqrt{(1-u^2)(1-k^2u^2)}$$

也就是

$$\frac{\mathrm{d}}{\mathrm{d}z}\mathrm{sn}\ z = \mathrm{cn}\ z \cdot \mathrm{dn}\ z$$

又由方程 $\mathrm{sn}^2 z + \mathrm{cn}^2 z = 1$ 得

$$\mathrm{cn}\ z\,\frac{\mathrm{d}}{\mathrm{d}z}\mathrm{cn}\ z + \mathrm{sn}\ z\,\frac{\mathrm{d}}{\mathrm{d}z}\mathrm{sn}\ z = 0$$

或者

$$\mathrm{cn}\ z\,\frac{\mathrm{d}}{\mathrm{d}z}\mathrm{cn}\ z = -\mathrm{sn}\ z \cdot \mathrm{cn}\ z \cdot \mathrm{dn}\ z$$

也就是

$$\frac{\mathrm{d}}{\mathrm{d}z}\mathrm{cn}\ z = -\mathrm{sn}\ z \cdot \mathrm{dn}\ z$$

最后,由

$$\mathrm{dn}^2 z + k^2\,\mathrm{sn}^2 z = 1$$

可得

$$\mathrm{dn}\ z \cdot \frac{\mathrm{d}}{\mathrm{d}z}\mathrm{dn}\ z + k^2\,\mathrm{sn}\ z \cdot \mathrm{dn}\ z \cdot \mathrm{cn}\ z = 0$$

从而

$$\frac{\mathrm{d}}{\mathrm{d}z}\mathrm{dn}\ z = -k^2\,\mathrm{sn}\ z \cdot \mathrm{cn}\ z$$

此外还有关系式

$$\mathrm{sn}^2 z + \mathrm{cn}^2 z = 1$$
$$\mathrm{dn}^2 z + k^2\,\mathrm{sn}^2 z = 1$$

我们注意到,当 $k=0$ 时

$$\int_0^u \frac{\mathrm{d}u}{\sqrt{(1-u^2)(1-k^2u^2)}} = z$$

便成为

$$\int_0^u \frac{\mathrm{d}u}{\sqrt{1-u^2}} = \arcsin u = z$$

从而

$$u = \sin z$$

也就是说,当 $k=0$ 时

$$\mathrm{sn}\, z = \sin z$$

此时还有

$$\mathrm{cn}\, z = \cos z$$

$$\mathrm{dn}\, z = 1$$

在另一种边界情形下,当 $k=1$ 时,由关系式

$$\int_0^u \frac{\mathrm{d}u}{\sqrt{(1-u^2)(1-k^2 u^2)}} = z$$

可得

$$\int_0^u \frac{\mathrm{d}u}{1-u^2} = \frac{1}{2} \int_0^u \left(\frac{\mathrm{d}u}{1-u} + \frac{\mathrm{d}u}{1+u} \right) = z$$

也就是

$$\frac{1}{2} \ln \frac{1+u}{1-u} = z, \quad \frac{1+u}{1-u} = \mathrm{e}^{2z}$$

由此即得

$$u = \tanh z$$

也就是

$$\mathrm{sn}\, z = \tanh z$$

此外还有

$$\mathrm{cn}\, z = \frac{1}{\cosh z}$$

$$\mathrm{dn}\, z = \frac{1}{\cosh z}$$

§8 超椭圆积分的反转法问题

上面用几何的论断法得到了如下结论:将椭圆积分反转时,即得单值函数;这种方法自然也可以应用于超椭圆积分的反转法问题. 但我们易于看出,将超椭圆积分反转时并不能得出单值函数.

事实上,我们考虑积分

$$\int_0^u \frac{\mathrm{d}u}{\sqrt{P_6(u)}} = z \qquad (1)$$

其中 $P_6(u)$ 是具有相异实根的六次多项式.

在方程（1）中令 $u = \dfrac{1}{t}$，则得

$$\int_{\frac{1}{m}}^t \frac{t\mathrm{d}t}{P_6(t)} = -z \qquad (2)$$

但

$$\int_{\frac{1}{m}}^t \frac{t\mathrm{d}t}{\sqrt{P_6(t)}} = \int_{\frac{1}{m}}^t t(t-a_1)^{-\frac{1}{2}}(t-a_2)^{-\frac{1}{2}}(t-a_3)^{-\frac{1}{2}}\cdots(t-a_6)^{-\frac{1}{2}}\mathrm{d}t \qquad (3)$$

所以我们便得到了施瓦兹–克里斯托费尔公式的特例，它将上半面映射到一个七角形上，这个七角形的角是

$$\alpha_1 = \alpha_2 = \cdots = \alpha_6 = \frac{\pi}{2}, \qquad \alpha_7 = 2\pi$$

如图 60 所示.

在几何上，椭圆积分的反转函数的单值性是这样推出来的：由原有的多角形利用对称性原理可以得到这样的多角形，它们将整个平面 z 用下面的方式盖满，使得：

（a）多角形彼此互不重叠，也就是说，在顺次做出上半面与下半面的映射图形时，不会得到如图 61 所示的情形.

（b）表示上半面的多角形不完全叠在表示下半面的多角形上.

事实上，在上述任一种情形下，平面 z 上的同一点 z_1 对应于变量 u 的不同的值，由我们取点 z_1 属于多角形 S_1 或者 S_2 而定（图 61），因此，同一个值 z 便对应于几个值 u，也就是说，u 并非 z 的单值函数.

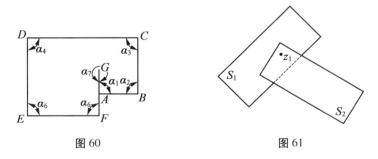

图 60 　　　　　　　　　　　图 61

又在图 60 所示的七角形的情形下，它的镜面反射（例如关于 FG 边）重叠在多角形 $ABCDEFG$ 上，因而由上述可知，积分的反转并不是单值函数.

仿此，如果将积分

179

$$\int_m^u \frac{du}{\sqrt{P_5(u)}} = z$$

反转,或者令 $u = \dfrac{1}{t}$,得

$$\int_{\frac{1}{m}}^t \frac{\sqrt{t}\,dt}{\sqrt{Q_5(t)}} = -z$$

那么当多项式 $P_5(u)$ 的根全是实数时,我们便得到了施瓦兹-克里斯托费尔公式的情形,也就是积分

$$\int_{\frac{1}{m}}^1 t^{\frac{1}{2}}(t-a_1)^{-\frac{1}{2}}(t-a_2)^{-\frac{1}{2}}(t-a_3)^{-\frac{1}{2}}(t-a_4)^{-\frac{1}{2}}(t-a_5)^{-\frac{1}{2}}\,dt$$

这个积分将半面映射到一个六角形上,它的角是 $\alpha_1 = \alpha_2 =$
$\alpha_3 = \alpha_4 = \alpha_5 = \dfrac{\pi}{2}$, $\alpha_6 = \dfrac{3\pi}{2}$(图 62).

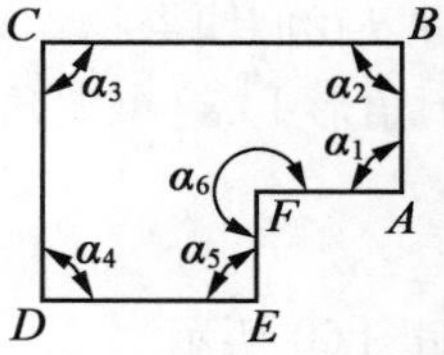

在此种情形下,将这个六角形关于边 FE 作镜面反射,
所得的图形必与原有的多角形相交,从而平面 z 上的同一
点便对应于平面 u 上的两点,这两点分别在上半面与下半
面内,也就是说,$u(z)$ 是多值函数.

图 62

但在一般情形下,超椭圆积分的反转函数的多值性很容易用在第二章中用
过的微小参数法来证明,事实上,假设我们有超椭圆积分

$$z\int_a^u \frac{du}{\sqrt{P_n(u)}} \tag{4}$$

其中 $n>4$,此时由方程(4)可知,u 是方程

$$\left(\frac{du}{dz}\right)^2 = P_n(u) \tag{5}$$

的积分,我们现在证明,在 $n \leqslant 4$ 的条件下,方程(5)具有不含运动的临界点的
积分.

利用变换

$$w = \frac{u}{\alpha^2}, \quad z = z_0 + \alpha^k t \tag{6}$$

将微小参数 α 引入方程内,将

$$\left(\frac{dw}{dz}\right)^2 = P_n(w) = a_0 w^n + a_1 w^{n-1} + \cdots + a_n$$

代入方程(5)得

$$\frac{1}{\alpha^{4+2k}}\left(\frac{du}{dt}\right)^2 = \frac{a_0 u^n + \alpha(\cdots)}{\alpha^{2n}}$$

选这样的 k,使得

$$4+2k=2n$$

也就是 $k=n-2$,则有

$$\left(\frac{\mathrm{d}u}{\mathrm{d}t}\right)^2 = a_0 u^n + \alpha(\cdots) \tag{7}$$

当 $\alpha=0$ 时,由方程(7)便得到简化的方程

$$\left(\frac{\mathrm{d}u}{\mathrm{d}t}\right)^2 = a_0 u^n \tag{8}$$

它的积分是

$$u = \frac{1}{\left[\dfrac{2-n}{2}\sqrt{a_0}\,(t+C)\right]^{\frac{2}{n-2}}} \tag{9}$$

积分(9)通常具有运动的临界极点 $t=-C$;只有当 $\dfrac{2}{n-2}$ 是整数的时候才没有临界点,这种情形的必要条件显然是

$$\begin{cases} n-2=\pm 1 \\ n-2=\pm 2 \end{cases} \tag{10}$$

此外,还可以添加一个条件

$$n=2 \tag{11}$$

此时方程(8)的积分不是式(9)的形式,而是

$$u = \mathrm{e}^{\sqrt{a_0}(t+C)}$$

由条件(10)与(11)可以得到 n 的值为 4,3,2,1,0,也就是说,恒有 $n\le 4$. 由第二章 §2 中的结果可知,这种结果对于方程(5)也成立.

这样,在超椭圆积分的情形下,由积分的反转法并不能得出单值函数. 但雅可比曾经指出[1],在超椭圆积分的情形下反转法的问题可以用稍微广泛一些的形式提出来,甚至像黎曼所指出的[2],在一般的阿贝尔积分的情形下也可以提出来,而不一定要超椭圆积分,我们以后只考虑 2 格的情形.

我们已经证明,在 2 格的情形下,存在着两个线性独立的第一类积分

$$\begin{cases} J_1(w,z) = \displaystyle\int_{(w_0,z_0)}^{(w,z)} \frac{\mathrm{d}z}{\sqrt{P(z)}} \\ J_2(w,z) = \displaystyle\int_{(w_0,z_0)}^{(w,z)} \frac{z\mathrm{d}z}{\sqrt{P(z)}} \end{cases} \tag{12}$$

---

[1] 参看 Jacobi C. G. J. 的著作 *De functionibus duarum variabilium quadrupliciter periodicis quibus*.

[2] 参看 Riemann B. 的著作《Теория абелевых функций》;也可以参看 Jordan C. 的著作 *Cours d'Analyse*.

其中 $P(z)$ 是没有重根的五次或者六次多项式. 我们考虑表达式

$$\begin{cases} J_1(w_1,z_1)+J_1(w_2,z_2)=u \\ J_2(w_1,z_1)+J_2(w_2,z_2)=v \end{cases} \tag{13}$$

雅可比根据阿贝尔的研究[①]得到了下面的结论:

变量 z_1,z_2,w_1,w_2 的任何对称函数,都是变量 u,v 的单值函数.

这样,譬如说,$z_1+z_2,z_1z_2,w_1+w_2,w_1w_2$ 等都是变量 u,v 的单值函数,也就是取到解析点 (z_1,w_1) 与 (z_2,w_2) 为止的阿贝尔积分之和的单值函数. u,v 的所有这种单值函数都叫作阿贝尔函数.

雅可比所指出的结果,显然是第一类椭圆积分的反转法定理的推广,并且在这种推广下,阿贝尔积分与阿贝尔函数分别代替了椭圆积分与椭圆函数在 1 格函数的情形下所占的地位.

雅可比的结果具有定性的性质. 其后,葛培尔(Göpel)[②]与罗森罕(Rosenhain)[③]就超椭圆积分的情形给出了阿贝尔函数的解析表达式,他们先引入两个变量的全整函数作为根据;这种函数是雅可比所引入的函数 $\theta(u)$ 的推广,叫作罗森罕的泽塔函数,用 $\theta(u,v)$ 来表示,以后我们便要利用罗森罕的泽塔函数来解决当格数等于 2 时的反转法问题.

§9　两个变量的泽塔函数

超椭圆积分的反转法问题,在熟知的意义下,是椭圆积分的反转法问题的自然推广,此种推广问题也要用函数 θ 来解决,不过这个函数 θ 是含几个变量的.

在外椭圆函数的最简单的情形下,也就是在格数为 $p=2$ 的函数的情形下,我们要利用含两个变量的函数 θ,其定义如下:

设有二次形式

$$a_{11}m^2+2a_{12}mn+a_{22}n^2 \tag{1}$$

其中 a_{11},a_{12},a_{22} 通常都是复数. 设

$$a_{11}=c_{11}+\mathrm{i}d_{11}, \quad a_{12}=c_{12}+\mathrm{i}d_{12}, \quad a_{22}=c_{22}+\mathrm{i}d_{22} \tag{2}$$

---

① 参看 Abel N. H. 的著作 *Mémoire sur une propriété générale d'une classe très étendue des fonctions transcendentes*.

② 参看 Göpel A. 的著作 *Theoriae transcendentium Abelianorum primi ordinis adumbratio levis*.

③ 参看 Rosenhain G. 的著作 *Abhandlung über die Funktionen zweier Variabler mit vier Perioden*.

又 m,n 为实整数,假设

$$c_{11}m^2 + 2c_{12}mn + c_{22}n^2 \tag{3}$$

是负定式. 则式(3)显然可以写成下列两种形式

$$c_{11}m^2 + 2c_{12}mn + c_{22}n^2 = \frac{1}{c_{11}}\left[(c_{11}m + c_{12}n)^2 - (c_{12}^2 - c_{11}c_{22})n^2\right]$$

$$c_{11}m^2 + 2c_{12}mn + c_{22}n^2 = \frac{1}{c_{22}}\left[(c_{22}n + c_{12}m)^2 - (c_{12}^2 - c_{11}c_{22})m^2\right]$$

并注意到,当 $m = 0$ 或 $n = 0$ 时,二次形式分别为 $c_{22}n^2$ 或 $c_{11}m^2$,又当 $c_{11}m + c_{12}n = 0$ 或 $c_{22}n + c_{12}m = 0$ 时,二次形式分别为

$$-\frac{1}{c_{11}}(c_{12}^2 - c_{11}c_{22})n^2$$

或

$$-\frac{1}{c_{22}}(c_{12}^2 - c_{11}c_{22})m^2$$

所以便得到二次形式的负定性的条件,如下

$$c_{11} < 0, \quad c_{22} < 0, \quad c_{12}^2 - c_{11}c_{22} < 0 \tag{4}$$

在这种条件下,作无穷级数

$$\sum_{m=-\infty}^{\infty}\sum_{n=-\infty}^{\infty} e^{a_{11}m^2 + 2a_{12}mn + a_{22}n^2 + 2mu + 2nv} \tag{5}$$

其中 u,v 是某两个复变量. 我们现在证明,对于任意有限值 u,v 而言,级数(5)都绝对收敛;在平面$(u),(v)$的任何有限域内,级数(5)都是一致收敛的. 事实上,考虑变量 u,v 在它们的平面上的变化区域,并设这两个区域包围在以 $u = 0$ 与 $v = 0$ 为中心,R 为半径的圆周内.

此时令

$$u = u' + iu'', \quad v = v' + iv''$$

其中 u',u'',v',v'' 为实数,则对于变量 u,v 的一切变化点而言,都有

$$|u| < R, \quad |v| < R, \quad |u'| < R, \quad |v'| < R$$

又因为 m,n 都是整实数,所以

$$\left| e^{a_{11}m^2 + 2a_{12}mu + a_{22}n^2 + 2mu + 2nv} \right| = e^{c_{11}m^2 + 2c_{12}mn + c_{22}n^2 + 2mu' + 2nv'}$$

$$< e^{\frac{1}{c_{11}}[(c_{11}m + c_{12}n)^2 - (c_{12}^2 - c_{11}c_{22})n^2] + 2|m|R + 2|n|R}$$

但由上面可知

$$\frac{1}{c_{11}}\left[(c_{11}m + c_{12}n)^2 - (c_{12}^2 - c_{11}c_{22})n^2\right] < \frac{c_{11}c_{22} - c_{12}^2}{c_{11}}m^2$$

同样也有

$$\frac{1}{c_{22}}\left[(c_{22}n + c_{12}m)^2 - (c_{12}^2 - c_{11}c_{22})m^2\right] < \frac{c_{11}c_{22} - c_{12}^2}{c_{22}}n^2$$

183

所以

$$c_{11}m^2+2c_{12}mn+c_{22}n^2<\left(c_{11}c_{22}-c_{12}^2\right)\left(\frac{1}{2c_{11}}m^2+\frac{1}{2c_{22}}n^2\right)$$

于是令

$$\frac{c_{11}c_{22}-c_{12}^2}{2c_{11}}=-\alpha,\quad \frac{c_{11}c_{22}-c_{12}^2}{2c_{22}}=-\beta$$

其中根据条件(4)可知 α,β 为正数,则有

$$\left|\sum_{m=-\infty}^{\infty}\sum_{n=-\infty}^{\infty}e^{a_{11}m^2+2a_{12}mn+a_{22}n^2+2mu+2nv}\right|<\sum_{m=-\infty}^{\infty}\sum_{n=-\infty}^{\infty}e^{-\alpha m^2-\beta n^2+2|m|R+2|n|R}$$

$$=4\left(\sum_{m=0}^{\infty}e^{-\alpha m^2+2mR}\right)\left(\sum_{n=0}^{\infty}e^{-\beta n^2+2nR}\right)$$

右边的两个级数都收敛,其理由如下:

例如,令 $U_m=e^{-\alpha m^2+2mR}$,则有

$$\lim_{m\to\infty}\sqrt[m]{U_m}=\lim_{m\to\infty}e^{-\alpha m+2R}=0$$

对于 $V_n=e^{-\beta n^2+2nR}$,所成的级数也是一样的. 于是我们便得到了下面的重要结论:

当 u,v 在平面 $(u),(v)$ 的有限域内变化时,级数

$$\sum_{m=-\infty}^{\infty}\sum_{n=-\infty}^{\infty}e^{a_{11}m^2+2a_{12}mn+a_{22}n^2+2mu+2nv}$$

绝对一致收敛,从而代表 u,v 的解析函数,当 u,v 为任何有限数的时候,便有函数 $\theta(u,v)$ 的如下定义

$$\theta(u,v)=\sum_{m=-\infty}^{\infty}\sum_{n=-\infty}^{\infty}e^{a_{11}m^2+2a_{12}mn+a_{22}n^2+2mu+2nv} \tag{6}$$

利用与 §2 中相仿的论证,可以得到函数 $\theta(u,v)$ 的许多性质,这种性质与函数 $\theta(u)$ 的性质相仿:

(a) $\qquad\qquad \theta(u+\pi i,v)=\theta(u,v+\pi i)=\theta(u,v) \tag{7}$

事实上,由 $\theta(u,v)$ 的定义可知

$$\theta(u+\pi i,v)=\sum_{m=-\infty}^{\infty}\sum_{n=-\infty}^{\infty}e^{a_{11}m^2+2a_{12}mn+a_{22}n^2+2m(u+\pi i)+2nv}$$

$$=\sum_{m=-\infty}^{\infty}\sum_{n=-\infty}^{\infty}e^{a_{11}m^2+2a_{12}mn+a_{22}n^2+2mu+2nv}\cdot e^{m\cdot 2\pi i}$$

$$=\sum_{m=-\infty}^{\infty}\sum_{n=-\infty}^{\infty}e^{a_{11}m^2+2a_{12}mn+a_{22}n^2+2mu+2nv}=\theta(u,v)$$

原因是对于任意整数 m 而言,恒有 $e^{m\cdot 2\pi i}=1$. 同样可证

$$\theta(u,v+\pi i)=\theta(u,v)$$

(b) $\qquad\qquad \theta(u+a_{11},v+a_{12})=e^{-2u-a_{11}}\theta(u,v) \tag{8}$

事实上,在式(6)中令 $m=m'+1$,则得

$$\theta(u,v)=\sum_{m'+1=-\infty}^{\infty}\sum_{n=-\infty}^{\infty}e^{a_{11}(m'+1)^2+2a_{12}(m'+1)n+a_{22}n^2+2(m'+1)u+2nv}$$

但

$$a_{11}(m'+1)^2+2a_{12}(m'+1)n+a_{22}n^2+2(m'+1)u+2nv$$

$$=a_{11}m'^2+2a_{12}m'n+a_{22}n^2+2m'(u+a_{11})+2n(v+a_{12})+2u+a_{11}$$

因此

$$\theta(u,v)=e^{2u+a_{11}}\sum_{m'=-\infty}^{\infty}\sum_{n=-\infty}^{\infty}e^{a_{11}m'^2+2a_{12}m'n+a_{22}n^2+2m'(u+a_{11})+2n(v+a_{12})}$$

$$=\theta(u+a_{11},v+a_{12})e^{2u+a_{11}}$$

从而

$$\theta(u+a_{11},v+a_{12})=e^{-2u-a_{11}}\theta(u,v)$$

同样地,令 $n=n'+1$ 即可证明:

（c）
$$\theta(u+a_{12},v+a_{22})=e^{-2v-a_{22}}\theta(u,v) \tag{9}$$

最后,令 $m=-m_1,n=-n_1$,则有

$$\theta(u,v)=\sum_{-m_1=\infty}^{-\infty}\sum_{-n_1=\infty}^{-\infty}e^{a_{11}m_1^2+2a_{12}m_1n_1+a_{22}n_1^2-2m_1u-2n_1v}$$

$$=\sum_{m_1=-\infty}^{\infty}\sum_{n_1=-\infty}^{\infty}e^{a_{11}m_1^2+2a_{12}m_1n_1+a_{22}n_1^2+2m_1(-u)+2n_1(-v)}$$

$$=\theta(-u,-v)$$

从而又得到:

（d）
$$\theta(-u,-v)=\theta(u,v)$$

所有这些性质都和 §2 中所指出的 $\theta(u)$ 的性质相仿.

函数 $\theta(u,v)$ 最初出现在雅可比的学生罗森罕[①]的分析中,因而有时也叫作罗森罕的泽塔函数,以区别于雅可比的泽塔函数 $\theta(u)$.

由上面显然可知,我们也可以仿此作有任意个变量的函数 θ,使它具有与性质（a）,（b）,（c）,（d）相仿的性质.

§10　函数 $\theta(J-g,J'-h)$

在椭圆积分的反转法问题的解法中,有一种函数占据本质地位,这种函数是将椭圆积分代入到函数 $\theta(u)$ 而得的. 在超椭圆积分的反转法问题的解法中,

---

① 参看 Rosenhain G. 的著作 *Abhandlung über die Funktionen zweier Variabler mit vier Perioden.*

也有占据类似地位的函数,这种函数是将具有多个变量的函数 θ 中的变量替换为线性独立的第一类积分而得的.

就我们的力学问题的应用而言,我们只需要考虑格数 $p=2$ 的超椭圆积分的情形,但所用的方法可以毫无变更地推到任意格数的情形里去.

这样,设有代数方程

$$w^2 = P(z) \tag{1}$$

其中 $P(z)$ 是不含重根的五次或者六次多项式,利用 §3 中的方法,做出两个线性独立的第一类超椭圆积分

$$J(z,w) = \int_{(z_0,w_0)}^{(z,w)} \frac{mz+n}{w} \mathrm{d}z, \quad J'(z,w) = \int_{(z_0,w_0)}^{(z,w)} \frac{m_1 z + n_1}{w} \mathrm{d}z \tag{2}$$

它们具有表 1 所列的周期.

表 1

J	$\pi\mathrm{i}$	a	0	b
J'	0	b	$\pi\mathrm{i}$	c

像 §9 中所指出的,设 a',b',c' 为周期 a,b,c 的实数部分,则 $a'm^2 + 2b'mn + c'n^2$ 即为负定的形式,因此由上节的结果可知,利用系数 a,b,c 便可以做出具有两个变量的函数 $\theta(u,v)$,如下

$$\theta(u,v) = \sum_{m=-\infty}^{\infty} \sum_{n=-\infty}^{\infty} e^{am^2 + 2bmn + cn^2 + 2mu + 2nv} \tag{3}$$

现在采用我们以前用来解决椭圆积分的反转法问题的方法来考虑单个变量 z 的函数,这个函数利用方程

$$F(z,w) = \theta(J-g, J'-h) \tag{4}$$

定义于函数 $w(z)$ 的黎曼曲面上,其中 J,J',θ 由方程(2),(3)决定,g,h 是某两个常数.

在由方程(1)决定的函数 w 的黎曼曲面上,函数 $F(z,w)$ 是多值的. 事实上,如果在黎曼曲面上做出一组典则割口,那么当我们由曲面的割口的一个边缘绕转到另一个边缘时,J 与 J' 的值都变动了一个周期,因此,在某种绕转之下,θ 的值也有变化,此时这种值得到了某个因子,如本章 §8 中所证的;这样,在黎曼曲面上,$F(z,w)$ 便有无穷个值.

但如果在黎曼曲面上做出一组典则割口,使其构成闭路 K,那么在取了割口以后所得的单围区内,函数 $F(z,w)$ 便永远是有限且单值的. 事实上,我们已经证明,在这种单围区的每一点上,积分 J 与 J' 都是单值的;另外,θ 是它的两个变量的单值函数,并且当变量的值为有限时,θ 也是有限的.

此外也不难证明,按此种原理所作的函数,在任意格数的情形下,它在单围区

内所有的零点的个数等于格数. 这样,在目前的情况下,我们便有如下定理:

函数 $F(z,w)$ 在线路 K 所围成的区域内具有两个零点.

欲证此事,我们可以注意,因为函数 $F(z,w)$ 在路线 K 的内部可能有零点,但一定没有极点,所以由对数导数的定理即知,零点的个数 N 由下式决定

$$2\pi \mathrm{i}N = \int_K \frac{F'}{F}\mathrm{d}z = \int_K \frac{\theta'}{\theta}\mathrm{d}z \tag{5}$$

设黎曼曲面用了四个典则割口以后所化成的单围区的边界 K 由八部分组成:这八部分两两构成割口的相对边缘;这种对边 $1\text{-}3,2\text{-}4,5\text{-}7,6\text{-}8$,每对都代表黎曼曲面上的同一条线,但沿着它们的走向彼此相反,如图 63 所示.

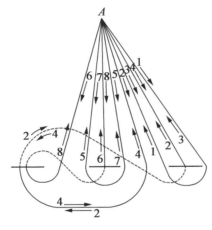

图 63

又因为利用周期表可以得到下列等式

$$\begin{cases} J_3 = J_1 + a \\ J_4 = J_2 - \pi\mathrm{i} \\ J_7 = J_5 + b \\ J_8 = J_6 \\ J_3' = J_1' + b \\ J_4' = J_2' \\ J_7' = J_5' + c \\ J_8' = J_6' = -\pi\mathrm{i} \end{cases} \tag{6}$$

其中的号码代表积分在各边的对应点处的值,所以 F 在各点的值彼此之间存在着如下关系

$$\begin{cases} F_3 = \theta(J_3-g, J_3'-h) = \theta(J_1-g+a, J_1'-h+b) \\ \quad = e^{2J_1+2g-a}\theta(J_1-g, J_1'-h) = e^{-2J_1+2g-a}F_1 \\ F_4 = \theta(J_4-g, J_4'-h) = \theta(J_2-g-\pi i, J_2'-h) \\ \quad = \theta(J_2-g, J_2'-h) = F_2 \\ F_7 = \theta(J_7-g, J_7'-h) = \theta(J_5-g+b, J_5'-h+c) \\ \quad = e^{-2J_5+2h-c}\theta(J_5-g, J_5'-h) = e^{-2J_5+2h-c}F_5 \\ F_8 = \theta(J_8-g, J_8'-h) = \theta(J_6-g, J_6'-\pi i-h) \\ \quad = \theta(J_6-g, J_6'-h) = F_6 \end{cases} \tag{7}$$

从而便得到等式

$$\begin{cases} \dfrac{\mathrm{d}F_3}{F_3} = -2\mathrm{d}J_1 + \dfrac{\mathrm{d}F_1}{F_1} \\[2mm] \dfrac{\mathrm{d}F_4}{F_4} = \dfrac{\mathrm{d}F_2}{F_2} \\[2mm] \dfrac{\mathrm{d}F_7}{F_7} = -2\mathrm{d}J_5' + \dfrac{\mathrm{d}F_5}{F_5} \\[2mm] \dfrac{\mathrm{d}F_8}{F_8} = \dfrac{\mathrm{d}F_6}{F_6} \end{cases} \tag{8}$$

我们又注意到,因为沿割口的相对边缘上的求积方向彼此相反,所以有

$$\int_K \frac{\mathrm{d}F}{F} = \int_1 \frac{\mathrm{d}F}{F} + \int_3 \frac{\mathrm{d}F}{F} + \int_2 \frac{\mathrm{d}F}{F} + \int_4 \frac{\mathrm{d}F}{F} + \int_5 \frac{\mathrm{d}F}{F} + \int_7 \frac{\mathrm{d}F}{F} + \int_6 \frac{\mathrm{d}F}{F} + \int_8 \frac{\mathrm{d}F}{F} \tag{9}$$

但由关系式(8)可得

$$\int_1 \frac{\mathrm{d}F}{F} + \int_3 \frac{\mathrm{d}F}{F} = \int_1 \frac{\mathrm{d}F}{F} - \int_1 \left[-2\mathrm{d}J + \frac{\mathrm{d}F}{F} \right] = 2\int_1 \mathrm{d}J = 2\pi i \tag{10}$$

此时我们注意到, $\int_1 \mathrm{d}J$ 等于周期 Ω_1,对于正常化的积分,这个周期的值是 πi.

同样也有

$$\int_5 \frac{\mathrm{d}F}{F} + \int_7 \frac{\mathrm{d}F}{F} = \int_5 \frac{\mathrm{d}F}{F} - \int_5 \left(-2\mathrm{d}J' + \frac{\mathrm{d}F}{F} \right) = 2\int_5 \mathrm{d}J' = 2\pi i \tag{11}$$

最后

$$\int_2 \frac{\mathrm{d}F}{F} + \int_4 \frac{\mathrm{d}F}{F} = \int_2 \frac{\mathrm{d}F}{F} - \int_2 \frac{\mathrm{d}F}{F} = 0$$

$$\int_6 \frac{\mathrm{d}F}{F} + \int_8 \frac{\mathrm{d}F}{F} = \int_6 \frac{\mathrm{d}F}{F} - \int_6 \frac{\mathrm{d}F}{F} = 0$$

将所有这些值代入公式(5),则得

$$2\pi i N = \int_K \frac{\mathrm{d}F}{F} = 4\pi i$$

从而

$$N = 2$$

这就是所要证的.

设 (z_1, w_1) 与 (z_2, w_2) 为函数 $\theta(J-g, J'-h)$ 的两个零点. 它们的位置当然与常数 g, h 的值有关. 作表达式

$$\begin{cases} J(z_1, w_1) + J(z_2, w_2) - g = \alpha \\ J'(z_1, w_1) + J'(z_2, w_2) - h = \beta \end{cases} \tag{12}$$

我们证明, α, β 都与常数 g, h 的选法无关.

为此, 可以作

$$J(z_1, w_1) + J(z_2, w_2), \quad J'(z_1, w_1) + J'(z_2, w_2)$$

这两个和. 由对数导数的性质可得

$$2\pi i[J(z_1, w_1) + J(z_2, w_2)] = \int_K J \frac{dF}{F}$$

根据上面所讲的, 我们可以写

$$\int_1 J_1 \frac{dF_1}{F_1} + \int_3 J_3 \frac{dF_3}{F_3} = \int_1 J_1 \frac{dF_1}{F_1} - \int_1 (J_1 + a)\left(-2dJ_1 + \frac{dF_1}{F_1}\right)$$

$$= a \int_1 \frac{dF_1}{F_1} + 2\int_1 J_1 dJ_1 - 2a \int_1 dJ_1$$

但

$$\int_1 \frac{dF_1}{F_1} = \ln \frac{\theta(J_{01} + \pi i - g, J'_{01} - h)}{\theta(J_{01} - g, J'_{01} - h)} = \ln \frac{\theta(J_{01} - g, J'_{01} - h)}{\theta(J_{01} - g, J'_{01} - h)} = 0$$

其中 J_{01} 是 J 在割口 1 的原点处的值.

于是

$$\int_1 J_1 \frac{dF_1}{F_1} = \frac{(J_{01} + \pi i)^2 - J_{01}^2}{2} - 2a\pi i = \pi i(J_{01} - 2a) \tag{13}$$

此外

$$\int_2 J_2 \frac{dF_2}{F_2} + \int_4 J_4 \frac{dF_4}{F_4} = \int_2 J_2 \frac{dF_2}{F_2} - \int_2 (J_2 - \pi i) \frac{dF_2}{F_2}$$

$$= \pi i \ln \frac{\theta(J_{02} + a - g, J'_{02} + b - h)}{\theta(J_{02} - g, J'_{02} - h)}$$

$$= \pi i \ln \frac{e^{-2(J_{02} - g) + a} \cdot \theta(J_{02} - g, J'_{02} - h)}{\theta(J_{02} - g, J'_{02} - h)}$$

$$= \pi i[-2(J_{02} - g) + a] \tag{14}$$

同样地

$$\int_5 J_5 \frac{dF_5}{F_5} + \int_7 J_7 \frac{dF_7}{F_7} = \int_5 J_5 \frac{dF_5}{F_5} - \int_5 (J_5 + b)\left(-2dJ_5 + \frac{dF_5}{F_5}\right)$$

189

$$=-b\int_5\frac{\mathrm{d}F_5}{F_5}+2\int_5 J_5\,\mathrm{d}J_5-2b\int_5\mathrm{d}J_5$$

$$=-b\,\ln\frac{\theta(J_{05}-g,J'_{05}+\pi\mathrm{i}-h)}{\theta(J_{05}-g,J'_{05}-h)}+\frac{J_{05}^2-J_{05}^2}{2}-2b(J_{05}-J_{05})$$

$$=0 \tag{15}$$

$$\int_6 J_6\frac{\mathrm{d}F_6}{F_6}+\int_8 J_8\frac{\mathrm{d}F_8}{F_8}=\int_6 J_6\frac{\mathrm{d}F_6}{F_6}-\int_6 J_6\frac{\mathrm{d}F_6}{F_6}=0 \tag{16}$$

将所有这些值代入公式

$$2\pi\mathrm{i}\big[J(z_1,w_1)+J(z_2,w_2)\big]=\int_K F\frac{\mathrm{d}F}{F}$$

则得

$$2\pi\mathrm{i}\big[J(z_1,w_1)+J(z_2,w_2)\big]=\pi\mathrm{i}\big[(J_{01}-2a)-2(J_{02}-g)+a\big]$$

或者

$$J(z_1,w_1)+J(z_2,w_2)-g=\frac{1}{2}(J_{01}-2a-2J_{02}+a) \tag{17}$$

因为等式(17)的右边与 g,h 无关,所以它的左边也与 g,h 无关.

将同样的论证应用于积分 $\int_K J'\dfrac{\mathrm{d}F}{F}$,也可以证明表达式 $J'(z_1,w_1)+J'(z_2,w_2)-h$ 与 g,h 无关.

于是我们便得到了重要的定理,如下:

倘若 (z_1,w_1),(z_2,w_2) 是函数 $F(z,w)=\theta(J(z,w)-g,J'(z,w)-h)$ 的两个根,那么表达式

$$\begin{cases}J(z_1,w_1)+J(z_2,w_2)-g=\alpha\\J'(z_1,w_1)+J'(z_2,w_2)-h=\beta\end{cases} \tag{18}$$

便与 g,h 的值无关.

§11 表达式 α,β 的性质

如果函数 $F(z,w)$ 恒等于零,那么上节所得的结果便毫无意义. 我们现在证明,对于任意的 g,h 而言,这种情形是不会成立的.

欲证此事,可将表达式 $F(z,w)=\theta(J-g,J'-h)$ 中的 z,w 给以确定的常数值;此时 J,J' 也具有一定的常数值. 由函数的展开式可得

$$\theta(J-g,J'-h)=\sum_{m=-\infty}^{\infty}\sum_{n=-\infty}^{\infty}e^{am^2+2bmn+cn^2+2m(J-g)+2n(J'-h)}$$

因而可以将二重级数按照 e^g 与 e^h 的正、负方幂展开,也就是

$$F = \sum_{m=-\infty}^{\infty} \sum_{n=-\infty}^{\infty} A_{mn} e^{mg} e^{nh} \tag{1}$$

其中系数 A_{mn} 由公式

$$A_{mn} = e^{am^2 + 2bmn + cn^2 - 2mJ - 2nJ'} \tag{2}$$

决定,从而都不等于零.

将表达式(1)中的 g 与 h 看作变量,从而 F 便是 g,h 的函数. 我们易于看出,对于任意的 g,h 而言,这个函数不能恒等于零. 欲证此事,只需作代换 $g = i\varphi, h = i\psi$,然后再将等式(1)两边乘以 $e^{-m_1 g} e^{-n_1 h}$,其中 m_1, n_1 是整数,则得

$$e^{-m_1 \varphi i - n_1 \psi i} F(\varphi, \psi) = \sum_{m=-\infty}^{\infty} \sum_{n=-\infty}^{\infty} A_{mn} e^{(m-m_1) i \varphi} e^{(n-n_1) i \psi} \tag{3}$$

将级数(3)关于 φ 与 ψ 由 0 到 2π 逐项求积(根据级数的一致收敛性,这是合法的),则得

$$\int_0^{2\pi} \int_0^{2\pi} e^{-m_1 \varphi i - n_1 \psi i} F(\varphi, \psi) d\varphi d\psi = \sum_{m=-\infty}^{\infty} \sum_{n=-\infty}^{\infty} A_{mn} \int_0^{2\pi} e^{(m-m_1) i \varphi} d\varphi \int_0^{2\pi} e^{(n-n_1) i \psi} d\psi \tag{4}$$

但当 $m \neq m_1$ 时

$$\int_0^{2\pi} e^{(m-m_1) i \varphi} d\varphi = \frac{e^{(m-m_1) 2\pi i} - 1}{(m-m_1) i} = 0$$

当 $m = m_1$ 时

$$\int_0^{2\pi} e^{(m-m_1) i \varphi} d\varphi = \int_0^{2\pi} d\varphi = 2\pi$$

因此,积分以后,右边只剩下了一项 $4\pi^2 A_{m_1 n_1}$. 这样,由等式(4)即得

$$A_{m_1 n_1} = \frac{1}{4\pi^2} \int_0^{2\pi} \int_0^{2\pi} e^{-m_1 \varphi i - n_1 \psi i} F(\varphi, \psi) d\varphi d\psi \tag{5}$$

由等式(5)可知,如果对于任意 g,h 而言,函数 F 恒等于零,那么所有的系数 A_{mn} 便完全等于零,与等式(2)矛盾.

但由这个定理并不能推出,可能有如此的例外值 g_1, h_1 存在,使得函数 $\theta(J-g, J'-h)$ 对于任意的 z, w 而言是恒等于零的. 下面的定理指出了这种值的存在性.

定理 1 当 α, β 由 §10 中的方程组(18)决定时,函数 $\theta(J-\alpha, J'-\beta)$ 恒等于零.

欲证此理,我们可以先注意一点:对于函数 $\theta(J(z,w)-g, J'(z,w)-h)$ 而言(前面已经证明,不论 g,h 为何数,这个函数总有两个零点),我们总可以如此选取 g,h,使得一个零点在黎曼曲面上预给的点 (Z,W) 处. 事实上,将 g,h 任给确定的值 g_1, h_1;此时函数 $\theta(J(z,w)-g_1, J'(z,w)-h_1)$ 便有两个零点 (z_1, w_1), (z_2, w_2),从而

191

$$\theta(J(z_1,w_1)-g_1, J'(z_1,w_1)-h_1)=0 \tag{6}$$

另外,我们考虑函数

$$\theta(J(z,w)-J(Z,W)+J(z_1,w_1)-g_1, J'(z,w)-J'(Z,W)+J'(z_1,w_1)-h_1) \tag{7}$$

其中表达式

$$\begin{cases} G=J(Z,W)-J(z_1,w_1)+g_1 \\ H=J'(Z,W)-J'(z_1,w_1)+h_1 \end{cases} \tag{8}$$

占据 g,h 的地位,这样,函数(7)便可以写成

$$\theta(J(z,w)-G, J'(z,w)-H) \tag{9}$$

的形式. 我们易于证明

$$\theta(J(Z,W)-G, J'(Z,W)-H)=0$$

事实上,根据方程组(8)与方程(6)可得

$$\theta(J(Z,W)-G, J'(Z,W)-H)$$
$$=\theta(J(Z,W)-J(Z,W)+J(z_1,w_1)-g_1, J'(Z,W)-J'(Z,W)+J'(z_1,w_1)-h_1)$$
$$=\theta(J(z_1,w_1)-g_1, J'(z_1,w_1)-h_1)$$
$$=0$$

在上节中我们已经看到,设 (z_1,w_1), (z_2,w_2) 为函数 $\theta(J-g, J'-h)$ 的根,则有等式

$$\begin{cases} J(z_1,w_1)+J(z_2,w_2)-g=\alpha \\ J'(z_1,w_1)+J'(z_2,w_2)-h=\beta \end{cases} \tag{10}$$

其中 α, β 与 g,h 的选法无关. 另外,我们又看到,可以选取 g 与 h,使得点 (z_1,w_1) 落在黎曼曲面上的任意一点处. 这样,我们可以将方程组(10)中的 (z_1,w_1) 看作黎曼曲面上的任意一点,此时 g,h 以及 (z_2,w_2) 均与 (z_1,w_1) 的选法有关,α, β 恒为常数,与 (z_1,w_1) 及 g,h 都没有关系.

因为 (z_2,w_2) 是函数 θ 的零点,所以有等式

$$\theta(J(z_2,w_2)-g, J'(z_2,w_2)-h)=0 \tag{11}$$

但由方程组(10)可得

$$\begin{cases} J(z_2,w_2)-g=\alpha-J(z_1,w_1) \\ J'(z_2,w_2)-h=\beta-J'(z_1,w_1) \end{cases} \tag{12}$$

将式(12)代入式(11),则有

$$\theta(\alpha-J(z_1,w_1), \beta-J'(z_1,w_1))=0$$

或者由函数的偶性可得

$$\theta(J(z_1,w_1)-\alpha, J'(z_1,w_1)-\beta)=0 \tag{13}$$

但由上述可知,(z_1,w_1) 可以是黎曼曲面上任意一点,所以函数 $\theta(J(z,w)-\alpha, J'(z,w)-\beta)$ 在黎曼曲面上每一点处都等于零,也就是说,恒等于零.

现在我们再证,只有由方程组(10)所决定的常数 α, β 才能有这种性质,为

此,我们便要证明定理 1 的逆定理.

定理 2 倘若函数 $\theta(J(z,w)-\alpha_1, J'(z,w)-\beta_1)$ 恒等于零,那么 $\alpha_1=\alpha$, $\beta_1=\beta$.

事实上,因为由假设可知,对于任意的 (z_1,w_1) 而言,都有

$$\theta(J(z,w)-\alpha_1, J'(z,w)-\beta_1)=0$$

所以函数

$$\theta(J(z,w)-J(z_1,w_1)-J(z_2,w_2)+\alpha_1, J'(z,w)-J'(z_1,w_1)-J'(z_2,w_2)+\beta_1)$$

在 (z_1,w_1) 与 (z_2,w_2) 处都等于零. 于是由关系式(10)便得

$$J(z_1,w_1)+J(z_2,w_2)-[J(z_1,w_1)+J(z_2,w_2)-\alpha_1]=\alpha$$

$$J'(z_1,w_1)+J'(z_2,w_2)-[J'(z_1,w_1)+J'(z_2,w_2)-\beta_1]=\beta$$

从而

$$\alpha_1=\alpha, \quad \beta_1=\beta$$

一直到目前为止,常数 α,β 都由函数 $\theta(J-g, J'-h)$ 的零点决定,定义为满足方程组(10)的常数. 像下面的定理所指出的,反过来说,由这种常数也可以得到两个根之间的关系.

定理 3 设黎曼曲面上的两点 $(z_1,w_1),(z_2,w_2)$ 满足方程组

$$\begin{cases} J(z_1,w_1)+J(z_2,w_2)-g=\alpha \\ J'(z_1,w_1)+J'(z_2,w_2)-h=\beta \end{cases}$$

则 $(z_1,w_1),(z_2,w_2)$ 为函数 $\theta(J(z,w)-g, J'(z,w)-h)$ 的根.

事实上,由方程组(10)可得

$$\begin{cases} J(z_1,w_1)-g=\alpha-J(z_2,w_2) \\ J'(z_1,w_1)-h=\beta-J'(z_2,w_2) \end{cases} \tag{14}$$

根据定理 1 与函数 θ 的偶性可知

$$\theta(J(z_2,w_2)-\alpha, J'(z_2,w_2)-\beta)=\theta(\alpha-J(z_2,w_2), \beta-J'(z_2,w_2))=0$$

于是利用方程组(14)即得

$$\theta(J(z_1,w_1)-g, J'(z_1,w_1)-h)=0$$

也就是说,(z_1,w_1) 是函数 $\theta(J-g, J'-h)$ 的零点. 同样的论证也可以应用于点 (z_2,w_2).

为了确实决定常数 α,β,我们先找出 $J(z,w)$ 与 $J(z,-w)$ 之间的关系,也就是超椭圆积分在贴合曲面的互相重叠的两点处的值之间的关系.

倘若我们在黎曼曲面的上面一叶任取一点 (z_0,w_0) 作为计算积分的起点,如图 64 所示,则在选取求积路线 L 与 L_1 时,便得到了积分 $J(z,w)$ 与 $J(z,-w)$ 的值. 如果将路线 L 与 L_1 稍稍变形,那么它们便可以化为如图 65 所示的路线.

现在找出总和 $J(z,w)+J(z,-w)$. 因为在路线 L,L_1 的从 (z_0,w_0) 到 a_1 的线段上这两个积分的值相等,且路线的其余部分走在两叶上,此时 w 的值彼此异

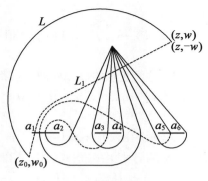

图 64

号，所以

$$J(z,w)+J(z,-w)=2\int_{(z_0,w_0)}^{a_1}\frac{mz+n}{w}\mathrm{d}z+\int_{a_1}^{(z,w)}\frac{mz+n}{w}\mathrm{d}z+\int_{(z,w)}^{a_1}\frac{mz+n}{-w}\mathrm{d}z$$

$$=2\int_{(z_0,w_0)}^{a_1}\frac{mz+n}{w}\mathrm{d}z=2J(a_1,0)$$

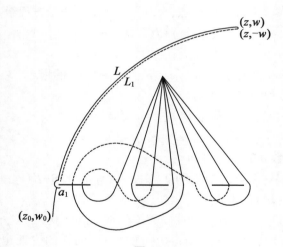

图 65

于是

$$J(z,w)+J(z,-w)=2J(a_1,0) \tag{15}$$

同样也有

$$J'(z,w)+J'(z,-w)=2J'(a_1,0) \tag{16}$$

现在我们选取两个这样的常数 g,h，使得

$$\begin{cases}2J(a_1,0)-g=\alpha\\2J'(a_1,0)-h=\beta\end{cases} \tag{17}$$

或者按照方程(15),(16)有

$$
\begin{cases}
J(z,w)+J(z,-w)-g=\alpha \\
J'(z,w)+J'(z,-w)-h=\beta
\end{cases}
\tag{18}
$$

由定理3可知,在这种条件下,(z,w)与$(z,-w)$两点都是函数

$$
\theta(J(z,w)-g,J'(z,w)-h)
\tag{19}
$$

的零点,但任一点(z,w)都满足方程组(18),所以函数(19)便恒等于零. 此时由定理2即知,$g=\alpha$和$h=\beta$. 将这两个值代入方程组(17),则得

$$
\begin{cases}
2J(a_1,0)=2\alpha \\
2J'(a_1,0)=2\beta
\end{cases}
$$

也就是

$$
\begin{cases}
\alpha=J(a_1,0) \\
\beta=J'(a_1,0)
\end{cases}
\tag{20}
$$

由这两个方程可以求出常数α,β的值.

最后我们再证明一点结束本节:可以选这样的值g与h,使函数$\theta(J-g,J'-h)$具有任意给定的零点.

定理4 设(ξ,η)与(z_1,w_1)为黎曼曲面上的任意两点,则函数

$$
\theta(J(z,w)+J(z_1,-w_1)-J(\xi,\eta)-\alpha,J'(z,w)+J'(z_1,-w_1)-J(\xi,\eta)-\beta) \tag{21}
$$

在(ξ,η)与(z_1,w_1)两点处等于零.

事实上,如果点(z,w)与(ξ,η)相合,则表达式(21)便成为

$$
\theta(J(z_1,-w_1)-\alpha,J'(z_1,-w_1)-\beta)
$$

故由定理1知式(21)等于零;这样,(ξ,η)便是函数(21)的零点.

另外,在点(z_1,w_1)处有

$$
\theta(J(z_1,w_1)+J(z_1,-w_1)-J(\xi,\eta)-\alpha,J'(z_1,w_1)+J'(z_1-w_1)-J'(\xi,\eta)-\beta) \tag{22}
$$

但由式(15),(16),(20)可知

$$
J(z_1,w_1)+J(z_1,-w_1)=2\alpha
$$

$$
J'(z_1,w_1)+J'(z_1,-w_1)=2\beta
$$

因而表达式(22)便可以写成

$$
\theta(\alpha-J(\xi,\eta),\beta-J'(\xi,\eta))=\theta(J(\xi,\eta)-\alpha,J'(\xi,\eta)-\beta)=0
$$

于是(z_1,w_1)也是函数(21)的零点,这就是所要证明的.

§12 外椭圆积分的反转问题的解法;阿贝尔函数

超椭圆积分的反转法问题的解法是以前用来将椭圆积分反转的方法的发展. 现在我们只考虑格数$p=2$的情形(外椭圆积分的情形),此时便有两个第一类积分

$$J(z,w) = \int_{(z_0,w_0)}^{(z,w)} \frac{mz+n}{w} \mathrm{d}z \tag{1}$$

$$J'(z,w) = \int_{(z_0,w_0)}^{(z,w)} \frac{m_1z+n_1}{w} \mathrm{d}z \tag{2}$$

其中 w 与 z 用方程

$$w^2 = P(z) \tag{3}$$

相联系,其中 $P(z)$ 是不含重根的六次或五次多项式. 式(1),(2)两个积分是线性独立的,并且系数 m,n,m_1,n_1 可以如此选定,使得积分具有如表 1 所列的正常周期.

表 1

J	πi	a	0	b
J'	0	b	πi	c

我们采用雅可比的记号[①]

$$\begin{cases} J(z_1,w_1)+J(z_2,w_2)=u \\ J'(z_1,w_1)+J'(z_2,w_2)=v \end{cases} \tag{4}$$

反转法的问题是:要将变量 z_1,z_2,w_1,w_2 的对称函数表示为变量 u,v 的单值函数. 我们现在证明,这种函数可以用含两个变量的函数 θ 表出,像椭圆函数的类似问题用含一个变量的函数 θ 来解一样.

由 u,v 作表达式

$$\frac{\theta(u-J(\xi,\eta)-\alpha;v-J'(\xi,\eta)-\beta)}{\theta(u-J(\xi_1,\eta_1)-\alpha;v-J'(\xi_1,\eta_1)-\beta)} \times$$
$$\frac{\theta(u-J(\xi,-\eta)-\alpha;v-J'(\xi,-\eta)-\beta)}{\theta(u-J(\xi_1,-\eta_1)-\alpha;v-J'(\xi_1,-\eta_1)-\beta)} = F(z_1,w_1,z_2,w_2) \tag{5}$$

因为函数 J,J' 在割口 K 的相对边缘上具有不同的值,所以我们不免如此猜想,例如将 F 看作 z_1,w_1 的函数,那么当由割口 K 的一侧或另一侧趋近于 K 上的点时,F 也取得不同的值. 但实际上并不如此:当由 K 的一侧或另一侧走到 K 上的点时,函数 F 的值恒相同,因而它在整个黎曼曲面上便是单值函数. 这个事实是由下面的定理推出来的:

将 $F(z_1,w_1,z_2,w_2)$ 看作 z_1,w_1 的函数,则当由割口 K 的一侧或另一侧走到 K 上的一点时,F 恒取得相同的值. 这样,$F(z_1,w_1,z_2,w_2)$ 在黎曼曲面上便是 z_1,w_1 的单值函数.

和以前一样,用号码代表积分在割口的点上的值,此时号码指出,由哪一侧

---

① 参看 Jacobi 的著作 *De functionibus duarum variabilium quadrupliciter periodicis*, *quibus theoria transcendentium Abelianorum innititur*.

走到割口上,因为割口的两侧具有不同的号码(图 66);这样,我们便得到了积分 J,J' 在割口的相对点上的值之间的关系,如下

$$J_3=J_1+a\ ,\quad J_4=J_2-\pi\mathrm{i}\ ,\quad J_7=J_5+b\ ,\quad J_8=J_6$$
$$J'_3=J'_1+b\ ,\quad J'_4=J'_2\ ,\quad J'_7=J'_5+c\ ,\quad J'_8=J'_6-\pi\mathrm{i}$$

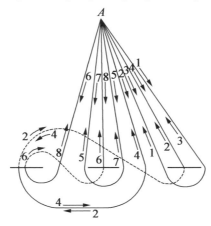

图 66

由此根据方程组(4)即得(因为 (z_2,w_2) 是看作常数的)

$$
\begin{cases}
u_3=u_1+a\\
u_4=u_2-\pi\mathrm{i}\\
u_7=u_5+b\\
u_8=u_6\\
v_3=v_1+b\\
v_4=v_2\\
v_7=v_5+c\\
v_8=v_6-\pi\mathrm{i}
\end{cases}
\tag{6}
$$

再用相应的号码记出函数 F 的值,我们便得到

$$
F_3=\frac{\theta[\,u_3-J(\xi,\eta)-\alpha;v_3-J'(\xi,\eta)-\beta\,]}{\theta[\,u_3-J(\xi_1,\eta_1)-\alpha;v_3-J'(\xi_1,\eta_1)-\beta\,]}\times
$$
$$
\frac{\theta[\,u_3-J(\xi,-\eta)-\alpha;v_3-J'(\xi,-\eta)-\beta\,]}{\theta[\,u_3-J(\xi_1,-\eta_1)-\alpha;v_3-J'(\xi_1,-\eta_1)-\beta\,]}
\tag{7}
$$

但我们又有

$$
\theta[\,u_3-J(\xi,\eta)-\alpha;v_3-J'(\xi,\eta)-\beta\,]
$$
$$
=\theta[\,u_1+a-J(\xi,\eta)-\alpha;v_1+b-J(\xi,\eta)-\beta\,]
$$
$$
=\mathrm{e}^{-2[\,u_1-J(\xi,\eta)-\alpha\,]-a}\theta[\,u_1-J(\xi,\eta)-\alpha;v_1-J'(\xi,\eta)-\beta\,]
\tag{8}
$$

对于表达式(7)中所含的其他函数 θ,也有类似的等式. 将式(7)中的函数 θ 替换为公式(8),则得

$$F_3 = \frac{e^{-2[u_1-J(\xi,\eta)-\alpha]-a}e^{-2[u_1-J(\xi,-\eta)-\alpha]-a}}{e^{-2[u_1-J(\xi_1,\eta_1)-\alpha]-a}e^{-2[u_1-J(\xi_1,-\eta_1)-\alpha]-a}}F_1$$

也就是

$$F_3 = \frac{e^{2[J(\xi,\eta)+J(\xi,-\eta)]}}{e^{2[J(\xi_1,\eta_1)+J(\xi_1,-\eta_1)]}}F_1 \tag{9}$$

但利用 §11 中的方程(15)和方程组(20)可得

$$J(\xi,\eta)+J(\xi,-\eta)=2\alpha$$
$$J(\xi_1,\eta_1)+J(\xi_1,-\eta_1)=2\alpha$$

因此,等式(9)便成为

$$F_3 = F_1 \tag{10}$$

也就是说,在经过割口 1–3 的时候,函数 $F(z_1,w_1,z_2,w_2)$ 没有跳断. 同样也可以证明

$$F_7 = F_5 \tag{11}$$

最后,因为 u_4 与 u_2 以及 v_8 与 v_6 都只有 πi 的差别,当将变量加上 πi 时,函数 θ 不变,所以又有

$$F_4 = F_2, \quad F_8 = F_6 \tag{12}$$

由等式(10),(11),(12)便得到了定理的证明.

我们再证,当将 F 看作 (z_1,w_1) 的函数时,它在 (ξ,η) 处有零点,在 (ξ_1,η_1) 处有极点,这种点与 w 的值无关,也就是说,不论它是 w_1 还是 $-w_1$.

事实上,由 §11 中的定理 4 可知,函数

$$\theta[u-J(\xi,\eta)-\alpha;v-J'(\xi,\eta)-\beta]$$

在 $(z_2,-w_2)$ 与 (ξ,η) 处有零点. 同样地,函数

$$\theta[u-J(\xi_1,\eta_1)-\alpha;v-J'(\xi_1,\eta_1)-\beta]$$

在 $(z_2,-w_2)$ 与 (ξ_1,η_1) 处有零点. 因此,函数

$$\frac{\theta[u-J(\xi,\eta)-\alpha;v-J'(\xi,\eta)-\beta]}{\theta[u-J(\xi_1,\eta_1)-\alpha;v-J'(\xi_1,\eta_1)-\beta]} \tag{13}$$

在 (ξ,η) 处有零点,在 (ξ_1,η_1) 处有极点. 同样也可以证明,函数

$$\frac{\theta[u-J(\xi,-\eta)-\alpha;v-J'(\xi,-\eta)-\beta]}{\theta[u-J(\xi_1,-\eta_1)-\alpha;v-J'(\xi_1,-\eta_1)-\beta]} \tag{14}$$

在 $(\xi,-\eta)$ 处有零点,在 $(\xi_1,-\eta_1)$ 处有极点.

这样,当将 $F(z_1,w_1,z_2,w_2)$ 看作 (z_1,w_1) 的函数时,它在 ξ 处有一阶零点,在 ξ_1 处有一阶极点,不论在哪一叶上,也就是说,不论取 η 还是 $-\eta$,η 与 ξ 由方程(3)联系

$$\eta^2 = P(\xi)$$

现在考虑函数

$$\frac{z_1-\xi_1}{z_1-\xi}F(z_1,w_1;z_2,w_2) \tag{15}$$

这个函数在黎曼曲面上是单值的,并且在黎曼曲面上既无零点又无极点. 故由第五章§3中的定理可知,这样的函数一定是常数,也就是说,与(z_1,w_1)无关.

这样,我们得到一个重要的结果

$$\frac{z_1-\xi_1}{z_1-\xi}F(z_1,w_1;z_2,w_2)=F_1(z_2,w_2) \tag{16}$$

因为变量(z_1,w_1)及(z_2,w_2)在函数$F(z_1,w_1;z_2,w_2)$中完全对称,所以所有上述论断对于变量(z_2,w_2)可以不变换地重复,这样,我们便证明了一点:当将

$$\frac{z_1-\xi_1}{z_1-\xi}F(z_1,w_1;z_2,w_2)=F_1(z_2,w_2)$$

看作(z_2,w_2)的函数时,它在ξ_1处有极点,在ξ处有零点,从而

$$\frac{z_2-\xi_1}{z_2-\xi}\frac{z_1-\xi_1}{z_1-\xi}F(z_1,w_1;z_2,w_2)=\frac{z_2-\xi_1}{z_2-\xi}F_1(z_2,w_2)$$

与(z_2,w_2)无关,所以是某个常数. 于是

$$\frac{z_2-\xi_1}{z_2-\xi}\frac{z_1-\xi_1}{z_1-\xi}F(z_1,w_1;z_2,w_2)=C$$

从而便得到方程

$$z_1z_2(F-C)-(z_1+z_2)(\xi_1F-\xi C)+(\xi_1^2F-\xi^2C)=0 \tag{17}$$

由方程(5)可知,方程(17)里面的F是u,v与常数α,β,ξ,ξ_1的函数. 当给定另外的$\bar{\xi}$与$\bar{\xi}_1$时,也可以得到与方程(17)相仿的方程,但包含别种$\bar{F},\bar{C}$

$$z_1z_2(\bar{F}-\bar{C})+(z_1+z_2)(\bar{\xi}_1\bar{F}-\bar{\xi}\ \bar{C})+(\bar{\xi}_1^2\bar{F}-\bar{\xi}^2\bar{C})=0 \tag{18}$$

由方程(17)与(18),即可利用$F,\bar{F}$中所含的函数θ将对称函数z_1+z_2,z_1z_2用u,v表示出来. 这就是反转法问题的解.

这样,我们便得到了解答

$$\begin{cases} z_1+z_2=\Psi(u,v) \\ z_1z_2=\Phi(u,v) \end{cases} \tag{19}$$

其中函数Ψ,Φ是由F与$\bar{F}$组成的. 现在也不难找出基本对称函数w_1+w_2与w_1w_2.

事实上,由方程组(4)可得

$$\begin{cases} \dfrac{mz_1+n}{w_1}dz_1+\dfrac{mz_2+n}{w_2}dz_2=du \\[3mm] \dfrac{m_1z_1+n_1}{w_1}dz_1+\dfrac{m_1z_2+n_1}{w_2}dz_2=dv \end{cases} \tag{20}$$

也就是

$$\begin{cases} m\left(\dfrac{z_1 \mathrm{d}z_1}{w_1}+\dfrac{z_2 \mathrm{d}z_2}{w_2}\right)+n\left(\dfrac{\mathrm{d}z_1}{w_1}+\dfrac{\mathrm{d}z_2}{w_2}\right)=\mathrm{d}u \\[3mm] m_1\left(\dfrac{z_1 \mathrm{d}z_1}{w_1}+\dfrac{z_2 \mathrm{d}z_2}{w_2}\right)+n_1\left(\dfrac{\mathrm{d}z_1}{w_1}+\dfrac{\mathrm{d}z_2}{w_2}\right)=\mathrm{d}v \end{cases} \tag{21}$$

由此即得

$$\frac{\mathrm{d}z_1}{w_1}+\frac{\mathrm{d}z_2}{w_2}=p\,\mathrm{d}u+q\,\mathrm{d}v$$

$$\frac{z_1 \mathrm{d}z_1}{w_1}+\frac{z_2 \mathrm{d}z_2}{w_2}=p_1\,\mathrm{d}u+q_1\,\mathrm{d}v$$

其中 p,q,p_1,q_1 是某些常数.

由方程组(19)与(21)可知

$$\mathrm{d}z_1+\mathrm{d}z_2=\varPsi'_u\left[m\left(\frac{z_1 \mathrm{d}z_1}{w_1}+\frac{z_2 \mathrm{d}z_2}{w_2}\right)+n\left(\frac{\mathrm{d}z_1}{w_1}+\frac{\mathrm{d}z_2}{w_2}\right)\right]+$$

$$\varPsi'_v\left[m_1\left(\frac{z_1 \mathrm{d}z_1}{w_1}+\frac{z_2 \mathrm{d}z_2}{w_2}\right)+n_1\left(\frac{\mathrm{d}z_1}{w_1}+\frac{\mathrm{d}z_2}{w_2}\right)\right]$$

但变量 z_1,z_2 为互相独立的,所以令 $\mathrm{d}z_2=0$ 便得到

$$\mathrm{d}z_1=\varPsi'_u\left[\frac{m z_1 \mathrm{d}z_1}{w_1}+\frac{n\mathrm{d}z_1}{w_1}\right]+\varPsi'_v\left[\frac{m_1 z_1 \mathrm{d}z_1}{w_1}+\frac{n_1 \mathrm{d}z_1}{w_1}\right]$$

从而

$$w_1=\varPsi'_u(m z_1+n)+\varPsi'_v(m_1 z_1+n_1)$$

同样也有

$$w_2=\varPsi'_u(m z_2+n)+\varPsi'_v(m_1 z_2+n_1)$$

因此

$$w_1+w_2=\varPsi'_u\left[m(z_1+z_2)+2n\right]+\varPsi'_v\left[m_1(z_1+z_2)+2n_1\right]$$

$$w_1 w_2=\varPsi'^2_u\left[m^2 z_1 z_2+mn(z_1+z_2)+n^2\right]+\varPsi'_u\varPsi'_v\left[2mm_1 z_1 z_2+\right.$$

$$\left.(mn_1+m_1 n)(z_1+z_2)+2nn_1\right]+\varPsi'^2_v\left[m_1^2 z_1 z_2+m_1 n_1(z_1+z_2)+n_1^2\right]$$

这样,在知道了函数 $\varPhi,\varPsi$ 以及由方程组(19)所给出的对称函数 $z_1+z_2,z_1 z_2$ 的表达式以后,我们便能找出对称函数 $w_1+w_2,w_1 w_2$ 的表达式. 于是我们便解决了外椭圆积分的反转问题,并且这种解答的完备程度和以前所得到的椭圆积分的反转法的解答一样.

§13 结 语

本章已经完成了数学工具的推演,这种工具对于本书所讲的问题的解法是必需的,我们已经看到了问题的陈述,以及关于微分方程论的一般论证,这种论

证指出了解法的途径.

C. B. 柯瓦列夫斯卡雅的意图是很美妙的:她找出了这种运动情形,使得它们在复变量 t 的整个平面上具有单值积分,并将重刚体运动的问题的解法归结于一系列的特殊情形,在这些情形中,运动微分方程组具有第四个第一积分,从而可以将方程组的积分法完全做出来.

像以前已经证明过的,在所有各种古典情形下,问题都归结于椭圆积分的反转. 而 C. B. 柯瓦列夫斯卡雅情形却被引到了复杂得多的问题上——它被引到了外椭圆积分的反转法问题上.

在第四章和第五章里,我们已经推演了这种问题的解法的数学基础. 这里主要是将代数函数看作黎曼曲面上的点的函数的解释,这种解释在几何上是非常清楚且美妙的. 由于将贴合曲面化为广义圆环与庞加莱多角形的变换,使得我们可以很清楚地做出一组典则割口,这种割口在理论中是占主导地位的. 在讨论代数函数论的复杂问题时,能够做出这种非常清楚的几何论断,使得这种理论特别有趣.

最后,在第六章里面,我们利用函数 θ 完全解决了椭圆积分的反转法问题,同时详细地推演了必要的工具:含两个变量的函数 θ,从而解决了超椭圆积分的反转法问题的一个情形——格数 $p=2$,这种情形在 C. B. 柯瓦列夫斯卡雅情形中是需要的.

下一章我们便要将超椭圆函数的理论应用到力学问题的解法里面去.

运动方程的积分法；
C. B. 柯瓦列夫斯卡雅情形；蜕化

§1 基本关系式

在 C. B. 柯瓦列夫斯卡雅情形下，变换理论中的基本方程是[参看第四章 §5 中的方程(3) ~ (6)]

$$Q(w,x_1,x_2) = (x_1-x_2)^2 w^2 - 2R(x_1,x_2)w - R_1(x_1,x_2) = 0 \quad (1)$$

其中

$$R(x_1,x_2) = -x_1^2 x_2^2 + 6l_1 x_1 x_2 + 2lc(x_1+x_2) + c^2 - k^2 \quad (2)$$

$$R_1(x_1,x_2) = -6l_1 x_1^2 x_2^2 - (c^2-k^2)(x_1+x_2)^2 - $$
$$4clx_1 x_2(x_1+x_2)^2 + 6l_1(c^2-k^2) - 4c^2 l^2 \quad (3)$$

这个方程也可以化为其他形式，这种形式对于以后的研究而言，是有本质的优点的.

事实上，用直接核验法不难证明

$$Q(w,x_1,x_2) \cdot 2(w+3l_1) = [2(w+3l_1)(x_1 x_2-w)+2cl(x_1+x_2)]^2 + $$
$$[2(w+3l_1)(w^2+c^2-k^2) - $$
$$4c^2 l^2][(x_1+x_2)^2 - 2(w+3l_1)] \quad (4)$$

C. B. 柯瓦列夫斯卡雅基本方程的这种奇特的变换是属于刻特尔(Kötter)的[①].

令

$$A = 2(w+3l_1)(x_1 x_2-w)+2cl(x_1+x_2) \quad (5)$$

$$B = (x_1+x_2)^2 - 2(w+3l_1) \quad (6)$$

从而方程(4)可以写成

$$Q(w,x_1,x_2) \cdot 2(w+3l_1) = A^2 + f(w)B \quad (7)$$

[①] 参看 Kötter F. 的著作 *Sur le cas traité par M-me Kowalevski de rotation d'un corps solide autour d'un point fixé*.

的形式,其中

$$f(w) = 2(w+3l_1)(w^2+c^2-k^2)-4c^2l^2 \tag{8}$$

由方程(7)可得

$$\frac{\partial Q}{\partial x_1}2(w+3l_1) = 2A\frac{\partial A}{\partial x_1}+f(w)\frac{\partial B}{\partial x_1}$$

从而

$$\left(\frac{\partial Q}{\partial x_1}\right)^2 \cdot 4(w+3l_1)^2 = 4A^2\left(\frac{\partial A}{\partial x_1}\right)^2+4f(w)A\frac{\partial A}{\partial x_1}\frac{\partial B}{\partial x_1}+f^2(w)\left(\frac{\partial B}{\partial x_1}\right)^2 \tag{9}$$

因为在式(5),(6),(8)的各种记号下,基本方程(1)可以写成

$$A^2+f(w)B=0$$

的形式,所以令 $A^2=-f(w)B$,$f(w)=-\dfrac{A^2}{B}$,等式(9)便可以化为

$$\left(\frac{\partial Q}{\partial x_1}\right)^2 4(w+3l_1)^2 = -4f(w)B\left(\frac{\partial A}{\partial x_1}\right)^2+4f(w)A\frac{\partial A}{\partial x_1}\frac{\partial B}{\partial x_1}-f(w)\frac{A^2\left(\frac{\partial B}{\partial x_1}\right)^2}{B}$$

的形式,也就是

$$\left(\frac{\partial Q}{\partial x_1}\right)^2 4(w+3l_1)^2 = -\frac{f(w)}{B}\left(2B\frac{\partial A}{\partial x_1}-A\frac{\partial B}{\partial x_1}\right)^2 \tag{10}$$

我们现在考虑表达式 $\left(2B\dfrac{\partial A}{\partial x_1}-A\dfrac{\partial B}{\partial x_1}\right)^2$. 将由表达式(5),(6)所得的值 A,

$B,\dfrac{\partial A}{\partial x_1},\dfrac{\partial B}{\partial x_1}$ 代入上式,则得

$$2B\frac{\partial A}{\partial x_1}-A\frac{\partial B}{\partial x_1} = 2\left[(x_1+x_2)^2-2(w+3l_1)\right]\left[2(w+3l_1)x_2+2cl\right]-$$
$$2\left[(w+3l_1)(x_1x_2-w)+cl(x_1+x_2)\right]2(x_1+x_2)$$
$$= 2(w+3l_1)\left[2x_2(x_1+x_2)^2-2x_1x_2(x_1+x_2)-\right.$$
$$\left.4cl-12l_1x_2+2w(x_1-x_2)\right]$$

因此

$$\left(2B\frac{\partial A}{\partial x_1}-A\frac{\partial B}{\partial x_1}\right)^2 = 4(w+3l_1)^2\cdot4\left[x_2^2(x_1+x_2)-2cl-6l_1x_2+w(x_1-x_2)\right]^2$$
$$= 16(w+3l_1)^2\{x_2^4(x_1+x_2)^2-4clx_2^2(x_1+x_2)+$$
$$4c^2l^2-12l_1x_2^3(x_1+x_2)+24cll_1x_2+$$
$$2\left[x_2^2(x_1+x_2)-2cl-6l_1x_2\right](x_1-x_2)w+w^2(x_1-x_2)^2\}$$

或者将 $w^2(x_1-x_2)^2$ 替换为方程(1),则得最后的形式

$$\left(2B\frac{\partial A}{\partial x_1}-A\frac{\partial B}{\partial x_1}\right)^2 = 16(w+3l_1)^2\{x_2^4(x_1+x_2)^2-4clx_2^2(x_1+x_2)+$$
$$4c^2l^2-12l_1x_2^3(x_1+x_2)+24cll_1x_2-6l_1x_1^2x_2^2-$$

$$(c^2-k^2)(x_1+x_2)^2-4clx_1x_2(x_1+x_2)^2+6l_1(c^2-k^2)-$$
$$4c^2l^2+2w[x_2^2(x_1^2-x_2^2)-cl(x_1-x_2)-$$
$$6l_1x_2(x_1-x_2)-x_1^2x_2^2+6l_1x_1x_2+$$
$$2lc(x_1+x_2)+c^2-k^2]\}$$

也就是

$$\left(2B\frac{\partial A}{\partial x_1}-A\frac{\partial B}{\partial x_1}\right)^2=16(w+3l_1)^2(-x_2^4+6l_1x_2^2+4lcx_2+c^2-k^2)\cdot$$
$$[(x_1+x_2)^2-2w-6l_1]$$
$$=-16(w+3l_1)^2R(x_2)B$$

这样,等式(10)便具有如下的最后形式

$$\left(\frac{\partial Q}{\partial x_1}\right)^2=4f(w)R(x_2) \tag{11}$$

又因为由等式(5),(6)可知,x_1 与 x_2 在 A,B 内都是彼此对称的,所以同样也可以得到

$$\left(\frac{\partial Q}{\partial x_2}\right)^2=4f(w)R(x_1) \tag{12}$$

比较所得的等式(11),(12)与第四章§5中的等式(11),(12),我们便可以看到,包含在这些等式里面的函数 $f(w)$ 与 $\varphi(w)$ 有如下关系

$$4f(w)=\varphi(w) \tag{13}$$

此外,我们又用与第四章不同的写法,令

$$\varphi(w)=(w+3l_1)(w^2+c^2-k^2)-2c^2l^2 \tag{14}$$

由此再考虑关系式(8),便得到

$$4f(w)=8\varphi(w) \tag{15}$$

现在讨论表达式

$$F(w)=w^2-\frac{2R(x_1,x_2)}{(x_1-x_2)^2}w-\frac{R_1(x_1,x_2)}{(x_1-x_2)^2}=\frac{Q(w,x_1,x_2)}{(x_1-x_2)^2}$$

因为这是 w 的二次多项式,所以可以写成

$$F(w)=F(u)+(w-u)F'(u)+(w-u)^2$$

的形式,其中 u 是任取的值.

于是将 $F(u)=\dfrac{Q(u,x_1,x_2)}{(x_1-x_2)^2}$ 代入基本方程(1),并将 $Q(u,x_1,x_2)$ 替换为公式(4),则该式可以写成

$$\frac{Q(u,x_1,x_2)}{(x_1-x_2)^2}=\frac{1}{(x_1-x_2)^2}\left[\sqrt{2(u+3l_1)}(x_1x_2-u)+\frac{2cl}{\sqrt{2(u+3l_1)}}(x_1+x_2)\right]^2+$$
$$\frac{1}{(x_1-x_2)^2}[2(u+3l_1)(u^2+c^2-k^2)-4l^2c^2]\left[\frac{(x_1+x_2)^2}{2(u+3l_1)}-1\right] \tag{16}$$

那么基本方程(1)便成为如下形式

$$\left[\sqrt{2(u+3l_1)}\frac{x_1x_2-u}{x_1-x_2}+\frac{2l_1}{\sqrt{2(u+3l_1)}}\frac{x_1+x_2}{x_1-x_2}\right]^2+\frac{2\varphi(u)}{(x_1-x_2)^2}\left[\frac{(x_1+x_2)^2}{2(u+3l_1)}-1\right]-$$

$$2(w-u)\frac{R(x_1,x_2)-u(x_1-x_2)^2}{(x_1-x_2)^2}+(w-u)^2=0 \tag{17}$$

§2 将函数 p,q 用 s_1,s_2 表出的表达式

我们现在将上节的结果进行推演,使得将刚体绕不动点运动的方程的积分用自变量 t 表出,也就是说,用 t 表出 $p,q,r,\gamma,\gamma',\gamma''$.

我们回忆第四章与第六章的主要结果. 运动方程的积分法最后已经归到第一类积分的反转法[参看第四章 §5 中的方程(17),(18)]

$$\frac{s_1\mathrm{d}s_1}{\sqrt{\Phi(s_1)}}+\frac{s_2\mathrm{d}s_2}{\sqrt{\Phi(s_2)}}=\frac{\mathrm{i}}{2}\mathrm{d}t \tag{1}$$

$$\frac{\mathrm{d}s_1}{\sqrt{\Phi(s_1)}}+\frac{\mathrm{d}s_2}{\sqrt{\Phi(s_2)}}=0 \tag{2}$$

其中 $\Phi(s)$ 是如下的五次多项式

$$\Phi(s)=4f(s)(s-e_4)(s-e_5) \tag{3}$$

因为由上面可知

$$\varphi(w)=(w+3l_1)(w^2+c^2-k^2)-2c^2l^2 \tag{4}$$

故将 w,u 用下列公式

$$w=s-3l_1, \quad u=z-3l_1 \tag{5}$$

表示,所以当用 s,z 替换 w,u 时,φ 便成为

$$\varphi(s)=\psi_1(s-3l_1)=s[(s-3l_1)^2+c^2-k^2]-2c^2l^2 \tag{6}$$

用 e_1,e_2,e_3 代表多项式 $\varphi(s)$ 的根,则有

$$\varphi(s)=(s-e_1)(s-e_2)(s-e_3) \tag{7}$$

又利用基本方程

$$Q(w,x_1,x_2)=0$$

可以将 C. B. 柯瓦列夫斯卡雅变量 x_1,x_2 与 ξ_1,ξ_2(参看第四章)用这个方程的根 $s_1=w_1+3l_1,s_2=w_2+3l_1$ 来表示,并可利用它们来表示出运动方程组的积分.

但实际做出这些计算时,是有很重大的计算困难的. 在 C. B. 柯瓦列夫斯卡雅的工作中,有效地应用了椭圆函数论的关系式克服了这种困难. 但这种复杂的超越关系的应用与求解方程组的纯粹代数问题显然并非是直接相联系的,因此这也是可以避免的. 这种问题有一个非常对称的解法,它要利用上节末尾所讲的基本方程的刻特尔形式.

在此式中,将 w,u 按公式(5)替换为 s,z,则该式便化为

$$(s-z)^2-2(s-z)\frac{R(x_1,x_2)-(z-3l_1)(x_1-x_2)^2}{(x_1-x_2)^2}+$$

$$\left[\sqrt{2z}\frac{x_1x_2-z+3l_1}{x_1-x_2}+\frac{2lc(x_1+x_2)}{\sqrt{2z}(x_1-x_2)}\right]^2+\frac{2\varphi(z)}{(x_1-x_2)^2}\left[\frac{(x_1+x_2)^2}{2z}-1\right]=0$$

因为 s_1-z 与 s_2-z 是这个方程的根,所以由二次方程的根的性质便可以得到

$$(s_1-z)(s_2-z)=\left[\sqrt{2z}\frac{x_1x_2-z+3l_1}{x_1-x_2}+\frac{2lc(x_1+x_2)}{\sqrt{2z}(x_1-x_2)}\right]^2+$$

$$\frac{2\varphi(z)}{(x_1-x_2)^2}\left[\frac{(x_1+x_2)^2}{2z}-1\right] \tag{8}$$

方程(8)中的 z 是任选的数目. 倘若将 z 替换为三次多项式 $\varphi(z)$ 的一个根,也就是 e_1,e_2 或 e_3,则由方程(8)即得

$$\sqrt{2e_\alpha}\frac{x_1x_2-e_\alpha+3l_1}{x_1-x_2}+\frac{2lc}{\sqrt{2e_\alpha}}\frac{x_1+x_2}{x_1-x_2}=\sqrt{(s_1-e_\alpha)(s_2-e_\alpha)} \tag{9}$$

其中 $\alpha=1,2,3$.

由方程(9)易于找出 x_1,x_2,当 s_1,s_2 的值为已知的时候. 但对于问题的解法而言,在方程(9)中将 x_1,x_2 直接用 p,q 来代替比较好.

事实上,在第四章 §2 中已经指出

$$x_1=p+qi, \qquad x_2=p-qi \tag{10}$$

由此即得

$$x_1+x_2=2p, \qquad x_1-x_2=2qi, \qquad x_1x_2=p^2+q^2$$

现在令

$$\begin{cases} X=\dfrac{x_1x_2+3l_1}{x_1-x_2}=\dfrac{p^2+q^2+3l_1}{2qi} \\[2mm] Y=\dfrac{1}{x_1-x_2}=\dfrac{1}{2qi} \\[2mm] Z=\dfrac{x_1+x_2}{x_1-x_2}=\dfrac{p}{qi} \end{cases} \tag{11}$$

并引用记号

$$P_\alpha=\sqrt{(s_1-e_\alpha)(s_2-e_\alpha)} \quad (\alpha=1,2,3) \tag{12}$$

则方程(9)便可以重写为

$$\sqrt{2e_\alpha}X-e_\alpha\sqrt{2e_\alpha}Y+\frac{2lc}{\sqrt{2e_\alpha}}Z=P_\alpha \quad (\alpha=1,2,3) \tag{13}$$

也就是

$$\begin{cases} X - e_1 Y + \dfrac{cl}{e_1} Z = \dfrac{1}{\sqrt{2e_1}} P_1 \\[3mm] X - e_2 Y + \dfrac{cl}{e_2} Z = \dfrac{1}{\sqrt{2e_2}} P_2 \\[3mm] X - e_3 Y + \dfrac{cl}{e_3} Z = \dfrac{1}{\sqrt{2e_3}} P_3 \end{cases} \tag{14}$$

由此消去 X, 便得到方程组

$$\begin{cases} (e_2 - e_1) Y + \dfrac{cl}{e_1 e_2} (e_2 - e_1) Z = \dfrac{\sqrt{e_2} P_1 - \sqrt{e_1} P_2}{\sqrt{2} \sqrt{e_1 e_2}} \\[4mm] (e_3 - e_1) Y + \dfrac{cl}{e_1 e_3} (e_3 - e_1) Z = \dfrac{\sqrt{e_3} P_1 - \sqrt{e_1} P_3}{\sqrt{2} \sqrt{e_1 e_3}} \end{cases} \tag{15}$$

但由以 e_1, e_2, e_3 为根的方程 $\varphi(s) = 0$, 或者方程

$$s[(s - 3l_1)^2 + c^2 - k^2] - 2c^2 l^2 = 0$$

可得 $e_1 e_2 e_3 = 2c^2 l^2$. 由此即知, 方程组 (15) 可以写成下面的形式

$$\begin{cases} (e_2 - e_1) Y + \dfrac{e_3}{2lc} (e_2 - e_1) Z = \dfrac{\sqrt{e_2} P_1 - \sqrt{e_1} P_2}{\sqrt{2} \sqrt{e_1 e_2}} \\[4mm] (e_3 - e_1) Y + \dfrac{e_2}{2lc} (e_3 - e_1) Z = \dfrac{\sqrt{e_3} P_1 - \sqrt{e_1} P_3}{\sqrt{2} \sqrt{e_1 e_3}} \end{cases} \tag{16}$$

由此消去 Z, 便得到

$$Y[e_2(e_2 - e_1)(e_3 - e_1) - e_3(e_3 - e_1)(e_2 - e_1)]$$
$$= \dfrac{1}{\sqrt{2e_1}} [(\sqrt{e_2} P_1 - \sqrt{e_1} P_2) \sqrt{e_2} (e_3 - e_1) -$$
$$(\sqrt{e_3} P_1 - \sqrt{e_1} P_3) \sqrt{e_3} (e_2 - e_1)]$$

也就是

$$-Y(e_1 - e_2)(e_2 - e_3)(e_3 - e_1)$$
$$= \dfrac{P_1 \sqrt{e_1}}{\sqrt{2}} (e_3 - e_2) + \dfrac{P_2 \sqrt{e_2}}{\sqrt{2}} (e_1 - e_3) + \dfrac{P_3 \sqrt{e_3}}{\sqrt{2}} (e_2 - e_1)$$

另外, 由等式

$$\varphi(s) = (s - e_1)(s - e_2)(s - e_3)$$

可得

$$\varphi'(s) = (s - e_2)(s - e_3) + (s - e_1)(s - e_3) + (s - e_1)(s - e_2)$$

从而

$$\begin{cases} \varphi'(e_1) = (e_1-e_2)(e_1-e_3) \\ \varphi'(e_2) = (e_2-e_1)(e_2-e_3) \\ \varphi'(e_3) = (e_3-e_1)(e_3-e_2) \end{cases} \tag{17}$$

于是

$$-Y = \frac{P_1\sqrt{e_1}}{\sqrt{2}}\frac{1}{\varphi'(e_1)} + \frac{P_2\sqrt{e_2}}{\sqrt{2}}\frac{1}{\varphi'(e_2)} + \frac{P_3\sqrt{e_3}}{\sqrt{2}}\frac{1}{\varphi'(e_3)} \tag{18}$$

但由式(11)知

$$Y = \frac{1}{2qi}$$

故由方程(18)即得

$$q = \frac{i}{\sqrt{2}\sum\dfrac{\sqrt{e_\alpha}}{\varphi'(e_\alpha)}P_\alpha} \tag{19}$$

同样地,由方程组(16)消去 Y 可得 $Z = \sum \dfrac{\sqrt{e_\beta}\sqrt{e_\gamma}}{\varphi'(e_\alpha)}P_\alpha$ (α,β,γ 取数值 1,2,3). 但由式(11)知

$$Z = \frac{p}{qi} = 2pY$$

从而

$$p = \frac{Z}{2Y}$$

也就是

$$p = -\frac{\sum\dfrac{\sqrt{e_\beta}\sqrt{e_\gamma}}{\varphi'(e_\alpha)}P_\alpha}{\sqrt{2}\sum\dfrac{\sqrt{e_\alpha}}{\varphi'(e_\alpha)}P_\alpha} \tag{20}$$

这样,公式(19)与(20)便给出了将 p,q 用 P_α 表出的表达式,P_α 显然是 s_1, s_2 的对称函数,因为

$$P_\alpha = \sqrt{(s_1-e_\alpha)(s_2-e_\alpha)} = \sqrt{s_1 s_2 - e_\alpha(s_1+s_2) + e_\alpha^2}$$

于是再利用函数 θ,便可以将它写成时间 t 的函数[①].

---

① 将上面属于刻特尔的结果与 C. B. 柯瓦列夫斯卡雅所得的结果相比较是很有趣的;后者将刻特尔所用的稍属人为的变换替换为椭圆函数论里面常用的关系式.

§3 将 $r,\gamma,\gamma',\gamma''$ 用 s_1 与 s_2 表出的表达式

求其余的未知函数用 s_1,s_2 表出的表达式比较困难,在求 r 时我们利用欧拉的第一个基本方程;在 C. B. 柯瓦列夫斯卡雅情形中,这个方程具有

$$2\frac{\mathrm{d}p}{\mathrm{d}t}=qr \tag{1}$$

的形式.

我们先求 $\dfrac{\mathrm{d}p}{\mathrm{d}t}$ 的表达式. 由上节的方程(20)可知

$$-\frac{\mathrm{d}p}{\mathrm{d}t}=\frac{1}{\sqrt{2}\left(\sum\dfrac{\sqrt{e_\alpha}}{\varphi'(e_\alpha)}P_\alpha\right)^2}\Big[\sum\frac{\sqrt{e_\beta}\sqrt{e_\gamma}}{\varphi'(e_\alpha)}\frac{\mathrm{d}P_\alpha}{\mathrm{d}t}\sum\frac{\sqrt{e_\alpha}}{\varphi'(e_\alpha)}P_\alpha-$$

$$\sum\frac{\sqrt{e_\beta}\sqrt{e_\gamma}}{\varphi'(e_\alpha)}P_\alpha\sum\frac{\sqrt{e_\alpha}}{\varphi'(e_\alpha)}\frac{\mathrm{d}P_\alpha}{\mathrm{d}t}\Big] \tag{2}$$

另外,取 P_α 的对数导数,则得

$$\frac{\mathrm{d}P_\alpha}{\mathrm{d}t}=\frac{1}{2}P_\alpha\left(\frac{1}{s_1-e_\alpha}\frac{\mathrm{d}s_1}{\mathrm{d}t}-\frac{1}{s_2-e_\alpha}\frac{\mathrm{d}s_2}{\mathrm{d}t}\right) \tag{3}$$

利用表达式(3)可以将公式(2)的分子加以变换. 首先我们易于看到,在计算公式(2)中所含的乘积时,可以消去包含形式如 $P_\alpha\dfrac{\mathrm{d}P_\alpha}{\mathrm{d}t}$ 的乘积的项,也就是包含形式如 P_α^2 的因子的乘积的项,这种项是将 $\dfrac{\mathrm{d}P_\alpha}{\mathrm{d}t}$ 替换为表达式(3)以后所得到的.

我们将包含乘积 $P_\alpha P_\beta$ 的项集合. 易于看出,这种项是由下列四种表达式得到的:

(a) $\dfrac{1}{2}\dfrac{\sqrt{e_\beta}\sqrt{e_\gamma}}{\varphi'(e_\alpha)}P_\alpha\left(\dfrac{1}{s_1-e_\alpha}\dfrac{\mathrm{d}s_1}{\mathrm{d}t}+\dfrac{1}{s_2-e_\alpha}\dfrac{\mathrm{d}s_2}{\mathrm{d}t}\right)\dfrac{\sqrt{e_\beta}}{\varphi'(e_\beta)}P_\beta.$

(b) $\dfrac{1}{2}\dfrac{\sqrt{e_\alpha}\sqrt{e_\gamma}}{\varphi'(e_\beta)}P_\beta\left(\dfrac{1}{s_1-e_\beta}\dfrac{\mathrm{d}s_1}{\mathrm{d}t}+\dfrac{1}{s_2-e_\beta}\dfrac{\mathrm{d}s_2}{\mathrm{d}t}\right)\dfrac{\sqrt{e_\alpha}}{\varphi'(e_\alpha)}P_\alpha.$

(c) $\dfrac{1}{2}\dfrac{\sqrt{e_\beta}\sqrt{e_\gamma}}{\varphi'(e_\alpha)}P_\alpha\dfrac{\sqrt{e_\beta}}{\varphi'(e_\beta)}P_\beta\left(\dfrac{1}{s_1-e_\beta}\dfrac{\mathrm{d}s_1}{\mathrm{d}t}+\dfrac{1}{s_2-e_\beta}\dfrac{\mathrm{d}s_2}{\mathrm{d}t}\right).$

(d) $\dfrac{1}{2}\dfrac{\sqrt{e_\alpha}\sqrt{e_\gamma}}{\varphi'(e_\beta)}P_\beta\dfrac{\sqrt{e_\alpha}}{\varphi'(e_\alpha)}P_\alpha\left(\dfrac{1}{s_1-e_\alpha}\dfrac{\mathrm{d}s_1}{\mathrm{d}t}+\dfrac{1}{s_2-e_\alpha}\dfrac{\mathrm{d}s_2}{\mathrm{d}t}\right).$

并且前两项具有正号,后两项具有负号.

将这四项合并,则得

$$\frac{1}{2}\frac{\sqrt{e_\gamma}}{\varphi'(e_\alpha)\varphi'(e_\beta)}P_\alpha P_\beta\left[\frac{ds_1}{dt}\left(\frac{e_\beta}{s_1-e_\alpha}+\frac{e_\alpha}{s_1-e_\beta}-\frac{e_\beta}{s_1-e_\beta}-\frac{e_\alpha}{s_1-e_\alpha}\right)+\right.$$

$$\left.\frac{ds_2}{dt}\left(\frac{e_\beta}{s_2-e_\alpha}+\frac{e_\alpha}{s_2-e_\beta}-\frac{e_\beta}{s_2-e_\beta}-\frac{e_\alpha}{s_2-e_\alpha}\right)\right]\qquad(4)$$

但

$$\frac{e_\beta}{s_1-e_\alpha}+\frac{e_\alpha}{s_1-e_\beta}-\frac{e_\beta}{s_1-e_\beta}-\frac{e_\alpha}{s_1-e_\alpha}=\frac{e_\beta-e_\alpha}{s_1-e_\alpha}-\frac{e_\beta-e_\alpha}{s_1-e_\beta}$$

$$=-(e_\beta-e_\alpha)^2\frac{1}{(s_1-e_\alpha)(s_1-e_\beta)}$$

同样也可以化简式(4)中的第二组项. 这样,表达式(4)便可以写成下面的形式

$$-\frac{1}{2}\frac{\sqrt{e_\gamma}(e_\beta-e_\alpha)^2}{\varphi'(e_\alpha)\varphi'(e_\beta)}P_\alpha P_\beta\left[\frac{1}{(s_1-e_\alpha)(s_1-e_\beta)}\frac{ds_1}{dt}+\frac{1}{(s_2-e_\alpha)(s_2-e_\beta)}\frac{ds_2}{dt}\right]\quad(5)$$

但

$$-\frac{(e_\beta-e_\alpha)^2}{\varphi'(e_\alpha)\varphi'(e_\beta)}=-\frac{(e_\beta-e_\alpha)^2}{(e_\alpha-e_\beta)(e_\alpha-e_\gamma)(e_\beta-e_\alpha)(e_\beta-e_\gamma)}$$

$$=\frac{1}{(e_\gamma-e_\alpha)(e_\gamma-e_\beta)}=\frac{1}{\varphi'(e_\gamma)}$$

于是表达式(4)或(5)便成为

$$\frac{1}{2}\frac{\sqrt{e_\gamma}}{\varphi'(e_\gamma)}P_\alpha P_\beta\left[\frac{1}{(s_1-e_\alpha)(s_1-e_\beta)}\frac{ds_1}{dt}+\frac{1}{(s_2-e_\alpha)(s_2-e_\beta)}\frac{ds_2}{dt}\right]$$

我们用 $\frac{1}{2}P_{\alpha\beta}$ 代表这种类似的表达式;例如

$$P_{\beta\gamma}=P_\beta P_\gamma\left[\frac{1}{(s_1-e_\beta)(s_1-e_\gamma)}\frac{ds_1}{dt}+\frac{1}{(s_2-e_\beta)(s_2-e_\gamma)}\frac{ds_2}{dt}\right]\qquad(6)$$

因为显然有 $P_{\beta\gamma}=P_{\gamma\beta}$,其中 α,β,γ 取得数值 $1,2,3$ 并且各不相同,所以一共有三个相似的表达式 $P_{\beta\gamma},P_{\gamma\alpha},P_{\alpha\beta}$.

欲得 $P_{\beta\gamma}$ 用 s_1,s_2 表出的最后的表达式,我们必须将式(6)中的导数 $\frac{ds_1}{dt}$ 与 $\frac{ds_2}{dt}$ 替换为 s_1,s_2 的式子. 为此,可以应用第四章 §5 中的公式(15)与(16),得

$$\begin{cases}2\dfrac{ds_1}{\sqrt{\Phi(s_1)}}=i\dfrac{dt}{s_1-s_2}\\[2mm]2\dfrac{ds_2}{\sqrt{\Phi(s_2)}}=-i\dfrac{dt}{s_1-s_2}\end{cases}\qquad(7)$$

其中 $\Phi(s)=4f(s)(s-e_4)(s-e_5)$ [参看 §1 中的方程(14),(15)],再按 §1 中的

方程(15)将此处的 $4f(s)$ 替换为 $\varphi(s):4f(s)=8\varphi(s)$,则

$$\Phi(s)=8\varphi(s)(s-e_4)(s-e_5)$$

此外,我们又采用下列记号

$$\varphi(s_1)(s_1-e_4)(s_1-e_5)=S_1,\quad \varphi(s_2)(s_2-e_4)(s_2-e_5)=S_2$$

于是方程组(7)便成为

$$\begin{cases}\dfrac{ds_1}{dt}=i\sqrt{2}\,\dfrac{\sqrt{S_1}}{s_1-s_2}\\[3mm]\dfrac{ds_2}{dt}=-i\sqrt{2}\,\dfrac{\sqrt{S_2}}{s_1-s_2}\end{cases} \tag{8}$$

这样,最后就得到了

$$P_{\beta\gamma}=\frac{P_\beta P_\gamma i\sqrt{2}}{s_1-s_2}\left[\frac{\sqrt{S_1}}{(s_1-e_\beta)(s_2-e_\gamma)}-\frac{\sqrt{S_2}}{(s_2-e_\beta)(s_2-e_\gamma)}\right] \tag{9}$$

将所有这些值代入式(1),并将两边的 q 消去,则得 r 的表达式,如下

$$r=-\sqrt{2}\,\frac{\displaystyle\sum\frac{\sqrt{e_\alpha}}{\varphi'(e_\alpha)}P_{\beta\gamma}}{\displaystyle\sum\frac{\sqrt{e_\alpha}}{\varphi'(e_\alpha)}P_\alpha} \tag{10}$$

最后,求 γ'' 的时候利用 §2 中的方程组(14)比较便利. 由这组方程找出数量

$$X=\frac{p^2+q^2+3l_1}{2qi}$$

将 §2 中的方程组(14)中的方程分别乘以 e_1,e_2,e_3 ,得

$$\begin{cases}e_1X-e_1^2Y+clZ=\dfrac{\sqrt{e_1}}{\sqrt{2}}P_1\\[3mm]e_2X-e_2^2Y+clZ=\dfrac{\sqrt{e_2}}{\sqrt{2}}P_2\\[3mm]e_3X-e_3^2Y+clZ=\dfrac{\sqrt{e_3}}{\sqrt{2}}P_3\end{cases} \tag{11}$$

由此消去 Z ,则有

$$(e_1-e_2)X-(e_1^2-e_2^2)Y=\frac{1}{\sqrt{2}}(\sqrt{e_1}P_1-\sqrt{e_2}P_2)$$

$$(e_1-e_3)X-(e_1^2-e_3^2)Y=\frac{1}{\sqrt{2}}(\sqrt{e_1}P_1-\sqrt{e_3}P_3)$$

再消去 Y ,便得到

$$\left[\,(e_1-e_2)\,(e_1^2-e_3^2)-(e_1-e_3)\,(e_1^2-e_2^2)\,\right]X$$

$$=\frac{1}{\sqrt{2}}\{\sqrt{e_1}\,\left[\,(e_1^2-e_3^2)-(e_1^2-e_2^2)\,\right]P_1+$$

$$\sqrt{e_2}\,(e_3^2-e_1^2)\,P_2+\sqrt{e_3}\,(e_1^2-e_2^2)\,P_3\}$$

从而

$$X=-\frac{1}{\sqrt{2}}\sum\frac{\sqrt{e_\alpha}}{\varphi'(e_\alpha)}(e_\beta+e_\gamma)\,P_\alpha \qquad (12)$$

但

$$X=\frac{p^2+q^2+3l_1}{2qi}=(p^2+q^2+3l_1)\,Y$$

所以对于 $p^2+q^2+3l_1$ 就得到了表达式

$$p^2+q^2+3l_1=\frac{X}{Y}=\frac{\displaystyle\sum\frac{\sqrt{e_\alpha}}{\varphi'(e_\alpha)}(e_\beta+e_\gamma)\,P_\alpha}{\displaystyle\sum\frac{\sqrt{e_\alpha}}{\varphi'(e_\alpha)}P_\alpha} \qquad (13)$$

于是便容易找出 γ'' 的表达式. 将方程

$$2\frac{\mathrm{d}p}{\mathrm{d}t}=qr,\quad 2\frac{\mathrm{d}q}{\mathrm{d}t}=-pr-c\gamma''$$

分别乘以 p,q 再相加,则有

$$qc\gamma''=-\frac{\mathrm{d}}{\mathrm{d}t}(p^2+q^2)$$

利用方程(13)可得

$$qc\gamma''=-\frac{1}{\left(\displaystyle\sum\frac{\sqrt{e_\alpha}}{\varphi'(e_\alpha)}P_\alpha\right)^2}\Big[\sum\frac{\sqrt{e_\alpha}}{\varphi'(e_\alpha)}(e_\beta+e_\gamma)\,P_\alpha\frac{1}{2}\cdot$$

$$\left(\frac{1}{s_1-e_\alpha}\frac{\mathrm{d}s_1}{\mathrm{d}t}+\frac{1}{s_2-e_\alpha}\frac{\mathrm{d}s_2}{\mathrm{d}t}\right)\sum\frac{\sqrt{e_\alpha}}{\varphi'(e_\alpha)}P_\alpha\Big]+\frac{1}{\left(\displaystyle\sum\frac{\sqrt{e_\alpha}}{\varphi'(e_\alpha)}P_\alpha\right)^2}\cdot$$

$$\Big[\sum\frac{\sqrt{e_\alpha}}{\varphi'(e_\alpha)}(e_\beta+e_\gamma)\,P_\alpha\sum\frac{\sqrt{e_\alpha}}{\varphi'(e_\alpha)}P_\alpha\frac{1}{2}\left(\frac{1}{s_1-e_\alpha}\frac{\mathrm{d}s_1}{\mathrm{d}t}+\frac{1}{s_2-e_\alpha}\frac{\mathrm{d}s_2}{\mathrm{d}t}\right)\Big]$$

$$(14)$$

我们容易看出,右边的分子里面所有包含 $P_\alpha^2,P_\beta^2,P_\gamma^2$ 的项完全消掉了,从而剩下来的只有包含因子 $P_\alpha P_\beta,P_\beta P_\gamma,P_\gamma P_\alpha$ 的项. 我们现在,譬如说,将包含因子 $P_\alpha P_\beta$ 的所有各项归并. 易于看出,这种项共有四个,它们具有如下形式:

（a）$-\dfrac{\sqrt{e_\alpha}}{\varphi'(e_\alpha)}\dfrac{\sqrt{e_\beta}}{\varphi'(e_\beta)}(e_\beta+e_\gamma)P_\alpha P_\beta\dfrac{1}{2}\left(\dfrac{1}{s_1-e_\alpha}\dfrac{ds_1}{dt}+\dfrac{1}{s_2-e_\alpha}\dfrac{ds_2}{dt}\right).$

（b）$-\dfrac{\sqrt{e_\alpha}}{\varphi'(e_\alpha)}\dfrac{\sqrt{e_\beta}}{\varphi'(e_\beta)}(e_\alpha+e_\gamma)P_\alpha P_\beta\dfrac{1}{2}\left(\dfrac{1}{s_1-e_\beta}\dfrac{ds_1}{dt}+\dfrac{1}{s_2-e_\beta}\dfrac{ds_2}{dt}\right).$

（c）$\dfrac{\sqrt{e_\alpha}}{\varphi'(e_\alpha)}\dfrac{\sqrt{e_\beta}}{\varphi'(e_\beta)}(e_\beta+e_\gamma)P_\alpha P_\beta\dfrac{1}{2}\left(\dfrac{1}{s_1-e_\beta}\dfrac{ds_1}{dt}+\dfrac{1}{s_2-e_\beta}\dfrac{ds_2}{dt}\right).$

（d）$\dfrac{\sqrt{e_\alpha}}{\varphi'(e_\alpha)}\dfrac{\sqrt{e_\beta}}{\varphi'(e_\beta)}(e_\alpha+e_\gamma)P_\alpha P_\beta\dfrac{1}{2}\left(\dfrac{1}{s_1-e_\alpha}\dfrac{ds_1}{dt}+\dfrac{1}{s_2-e_\alpha}\dfrac{ds_2}{dt}\right).$

将它们合并得

$$\dfrac{1}{2}\dfrac{\sqrt{e_\alpha}}{\varphi'(e_\alpha)}\dfrac{\sqrt{e_\beta}}{\varphi'(e_\beta)}P_\alpha P_\beta\left\{(e_\beta+e_\gamma)(e_\beta-e_\alpha)\left[\dfrac{1}{(s_1-e_\alpha)(s_1-e_\beta)}\dfrac{ds_1}{dt}+\right.\right.$$

$$\dfrac{1}{(s_2-e_\alpha)(s_2-e_\beta)}\dfrac{ds_2}{dt}\Big]+(e_\alpha+e_\gamma)(e_\alpha-e_\beta)\left[\dfrac{1}{(s_1-e_\alpha)(s_1-e_\beta)}\dfrac{ds_1}{dt}+\right.$$

$$\dfrac{1}{(s_2-e_\alpha)(s_2-e_\beta)}\dfrac{ds_2}{dt}\Big]\Big\}$$

$$=\dfrac{1}{2}\dfrac{\sqrt{e_\alpha}}{\varphi'(e_\alpha)}\dfrac{\sqrt{e_\beta}}{\varphi'(e_\beta)}(e_\beta-e_\alpha)^2 P_\alpha P_\beta\left[\dfrac{1}{(s_1-e_\alpha)(s_1-e_\beta)}\dfrac{ds_1}{dt}+\dfrac{1}{(s_2-e_\alpha)(s_2-e_\beta)}\dfrac{ds_2}{dt}\right]$$

$$=-\dfrac{1}{2}\dfrac{\sqrt{e_\alpha}\sqrt{e_\beta}}{\varphi'(e_\gamma)}P_\alpha P_\beta\dfrac{i\sqrt{2}}{s_1-s_2}\left[\dfrac{\sqrt{S_1}}{(s_1-e_\alpha)(s_1-e_\beta)}-\dfrac{\sqrt{S_2}}{(s_2-e_\alpha)(s_2-e_\beta)}\right]$$

$$=-\dfrac{i}{\sqrt{2}}\dfrac{\sqrt{e_\alpha}}{\varphi'(e_\gamma)}\dfrac{\sqrt{e_\beta}}{}P_{\alpha\beta}$$

因此,方程(14)便可以写成

$$qc\gamma''=\dfrac{i}{\sqrt{2}}\dfrac{\sum\dfrac{\sqrt{e_\alpha}\sqrt{e_\beta}}{\varphi'(e_\gamma)}P_{\alpha\beta}}{\left(\sum\dfrac{\sqrt{e_\alpha}}{\varphi'(e_\alpha)}P_\alpha\right)^2}$$

再根据 §2 中的方程(19) 由两边消去 q,得

$$\gamma''=\dfrac{1}{c}\dfrac{\sum\dfrac{\sqrt{e_\alpha}\sqrt{e_\beta}}{\varphi'(e_\gamma)}P_{\alpha\beta}}{\sum\dfrac{\sqrt{e_\alpha}}{\varphi'(e_\alpha)}P_\alpha}\tag{15}$$

根据所推出的公式,可以用 s_1,s_2 来决定 p,q,r,γ'';以后再求 γ,γ'便没有什么困难. 函数 γ 可以用 p^2+q^2 与 r 来决定,只需利用动能的积分即可

$$2(p^2+q^2)+r^2=2c\gamma+6l_1$$

213

最后,函数 γ' 可以利用以上得到的函数由第一积分

$$2(p\gamma+q\gamma')+r\gamma''=2l$$

来决定,或者用方程 $\dfrac{\mathrm{d}r}{\mathrm{d}t}=\gamma'$ 也可以.[①]

§4 关于函数 P_α 与 $P_{\beta\gamma}$ 的注解

根据前面各节所导出的公式,可以将决定物体的运动的所有一切参数单值地用 P_α 与 $P_{\beta\gamma}$ 表出,P_α,$P_{\beta\gamma}$ 由下列公式决定

$$P_\alpha=\sqrt{(s_1-e_\alpha)(s_2-e_\alpha)} \tag{1}$$

$$P_{\beta\gamma}=\frac{P_\beta P_\gamma}{s_1-s_2}\left[\frac{\sqrt{S_1}}{(s_1-e_\beta)(s_1-e_\gamma)}-\frac{\sqrt{S_2}}{(s_2-e_\beta)(s_2-e_\gamma)}\right] \tag{2}$$

其中函数 S 由方程

$$S=\{s[(s-3l_1)^2+c^2-k^2]-2c^2l^2\}(s-e_4)(s-e_5)$$

决定,也就是

$$S=(s-e_1)(s-e_2)(s-e_3)(s-e_4)(s-e_5)$$

标号 α,β,γ 取遍 $1,2,3$ 各值.

由此即可明白,如果能将 P_α,$P_{\beta\gamma}$ 各数表示为 t 的单值函数,那么决定物体位置的参数便也可以用时间 t 表示出来.

在第六章 §3,§4 中,曾经解决过在椭圆积分的情形下的相似的问题,并且证明了函数 $\sqrt{1-u^2}$ 与 $\sqrt{1-k^2u^2}$ 都是变量 u 的单值函数,这种函数是由椭圆积分

$$z=\int_0^u\frac{\mathrm{d}u}{\sqrt{(1-u^2)(1-k^2u^2)}}$$

的反转法得出来的. 此时 $u,\sqrt{1-u^2},\sqrt{1-k^2u^2}$ 的单值表达式可以利用函数 θ 和它的推广(具有特征数的泽塔函数 $\theta_0^0,\theta_1^0,\theta_0^1,\theta_1^1$)得到.

同样地,在魏尔斯特拉斯的椭圆函数论里面也证明了一点:如果 u 是椭圆积分

$$z=-\int_\infty^u\frac{\mathrm{d}u}{\sqrt{4u^3-g_2u-g_3}}=-\int_\infty^u\frac{\mathrm{d}u}{2\sqrt{(u-e_1)(u-e_2)(u-e_3)}}$$

---

① 在 C. B. 柯瓦列夫斯卡雅 的论文《Задача о вращении твердого тела около неподвижной точки》(§5)或者在刻特尔的著作 *Sur le cas traité par M-me Kowalevski de la rotation d'un corps solide autour d'un point fixé* 里面,可以找到 γ,γ' 用 P_α 与 $P_{\alpha\beta}$ 表出的式子.

的反转,那么 u, $\sqrt{u-e_1}$, $\sqrt{u-e_2}$, $\sqrt{u-e_3}$ 都是 z 的单值函数,并且可以用函数 σ 和它的推广 σ_1, σ_2, σ_3 来表示.

最后,在更简单的情形下,将积分

$$z = -\int_1^u \frac{\mathrm{d}u}{\sqrt{1-u^2}}$$

反转得 $u = \cos z$. 此时函数 $\sqrt{1-u} = \sqrt{2}\sin\dfrac{z}{2}$ 与 $\sqrt{1+u} = \sqrt{2}\cos\dfrac{z}{2}$ 也是 z 的单值函数.

对于函数 P_α 与 $P_{\beta\gamma}$ 也有完全相似的情形,它们是 t 的单值函数,并且可以利用所谓具有特征数的函数 θ,即 $\theta(u,v)$ 来表示:这种函数理论在所谓超椭圆函数的变换理论中有详细研讨[1]. 但我们可以证明,所得的 $p,q,r,\gamma,\gamma',\gamma''$ 的表达式关于 t 是单值的,此时从完全不同的论证着手.

事实上,表达式

$$(s_1 - e_\alpha)(s_2 - e_\alpha) = s_1 s_2 - e_\alpha(s_1 + s_2) + e_\alpha^2$$

显然是 t 的单值函数,并且可以用函数 θ 的商表示出来,因为 $s_1 s_2$ 与 $s_1 + s_2$ 都可以用 θ 表示. 另外,函数 θ 又是 t 的幂级数. 因此,函数 $P_\alpha = \sqrt{(s_1 - e_\alpha)(s_2 - e_\alpha)}$ 只能有临界点或者二阶的临界极点;关于函数 $P_{\beta\gamma}$ 也有同样的情形. 又因为 $p,q,r,\gamma,\gamma',\gamma''$ 都可以用 P_α,$P_{\beta\gamma}$ 的有理函数表出,所以它们也只能有临界点或临界极点;但在第二章中已经证明,C. B. 柯瓦列夫斯卡雅所得到的一切方程类根本没有代数的临界点.

§5 蜕化的情形

像第四章 §5 中所证明的,刚体的运动方程在 C. B. 柯瓦列夫斯卡雅情形中的积分法可以归结为全微分方程

$$\frac{\mathrm{d}s_1}{\sqrt{\Phi(s_1)}} + \frac{\mathrm{d}s_2}{\sqrt{\Phi(s_2)}} = 0 \tag{1}$$

与决定时间 t 的方程

$$\frac{s_1 \mathrm{d}s_1}{\sqrt{\Phi(s_1)}} + \frac{s_2 \mathrm{d}s_2}{\sqrt{\Phi(s_2)}} = \frac{\mathrm{i}}{2}\mathrm{d}t \tag{2}$$

的积分法,其中

$$\Phi(s) = (s-e_1)(s-e_2)(s-e_3)(s-e_4)(s-e_5) \tag{3}$$

---

[1] 参看 Kenigsberger 的著作 *Zur Transformation der Abel'schen Funktionen.*

在一般情形下,多项式 $\Phi(s)$ 的根各不相同,问题便归结于 2 格的超椭圆积分的反转法.

如果多项式 $\Phi(s)$ 有重根,那么问题便显然得到了简化,因为当 $\Phi(s)$ 具有二重根时,超椭圆积分便蜕化为椭圆积分;当 $\Phi(s)$ 具有三重根时,超椭圆积分便蜕化为初等积分. 这些蜕化的情形是阿别里罗特、姆罗节夫斯基(Б. К. Млодзеевский)与捷隆尼(Н. Б. Делоне)的研究对象. 一般的蜕化情形曾被阿别里罗特所研究[①].

假设多项式 $\Phi(s)$ 具有二重根 $\bar{e}$,并且 $\bar{e}_1, \bar{e}_2, \bar{e}_3$ 代表其余三个根,则方程(1),(2)便可以写成

$$\frac{ds_1}{(s_1-\bar{e})\sqrt{\Phi_1(s_1)}}+\frac{ds_2}{(s_2-\bar{e})\sqrt{\Phi_1(s_2)}}=0 \tag{4}$$

$$\frac{s_1 ds_1}{(s_1-\bar{e})\sqrt{\Phi_1(s_1)}}+\frac{s_2 ds_2}{(s_2-\bar{e})\sqrt{\Phi_1(s_2)}}=\frac{i}{2}dt \tag{5}$$

其中

$$\Phi_1(s)=(s-\bar{e}_1)(s-\bar{e}_2)(s-\bar{e}_3) \tag{6}$$

用方程(5)减去方程(4)的 $\bar{e}$ 倍,则得

$$\frac{ds_1}{\sqrt{\Phi_1(s_1)}}+\frac{ds_2}{\sqrt{\Phi_1(s_2)}}=\frac{i}{2}dt \tag{7}$$

这样,方程组便化为

$$\begin{cases} \dfrac{ds_1}{\sqrt{\Phi_1(s_1)}}+\dfrac{ds_2}{\sqrt{\Phi_1(s_2)}}=\dfrac{i}{2}dt \\[2mm] \dfrac{ds_1}{(s_1-\bar{e})\sqrt{\Phi_1(s_1)}}+\dfrac{ds_2}{(s_2-\bar{e})\sqrt{\Phi(s_2)}}=0 \end{cases} \tag{8}$$

在所讨论的情形下,积分的最后表达式无疑可以由 C. B. 柯瓦列夫斯卡雅情形的一般公式得出来. 在这个方向将计算一直进行到底是有趣的;我们现在考虑一组公式的推导.

像在一般的情形里面一样,当多项式 $\Phi(s)$ 有重根时,知道了对称函数 s_1+s_2 与 $s_1 s_2$ 用时间 t 表出的关系以后,便易于找出 X, Y, Z,从而决定 p, q, r.

事实上,假如,三个根 e_1, e_2, e_3 满足下面的条件

$$e_1 \neq e_2 = e_3 \tag{9}$$

此时先设 $e_3 = e_2 + \delta$,其中 δ 是很小的数,那么 §2 中的方程组(14)的第三个方程

---

① 参看 Аппельрот Г. Г. 的著作《Не вполне симметричные тяжелые гироскопы》和 Сборник 的著作《Движение твердого тела вокруг неподвижной точки》.

便成为

$$X-e_2Y+\frac{cl}{e_2}Z-\frac{1}{\sqrt{2e_2}}P_3+\delta\left[-Y-\frac{cl}{e_2^2}Z-\frac{\partial}{\partial e_2}\left(\frac{1}{\sqrt{e_2}}P_2\right)\right]+\delta^2(\cdots)=0$$

并注意到,由 §2 中的方程组(14)可知,不含因子 δ 的项等于零. 因此,消去 δ 以后再令 $\delta=0$,则 §2 中的方程组(14)的第三个方程可以替换为

$$Y+\frac{cl}{e_2^2}Z=\frac{1}{(\sqrt{2e_2})^3}P_2-\frac{1}{\sqrt{2e_2}}\frac{\partial P_2}{\partial e_2} \tag{10}$$

但由方程

$$P_2^2=(s_1-e_2)(s_2-e_2)=e_2^2-(s_1+s_2)e_2+s_1s_2$$

可得

$$2P_2\frac{\partial P_2}{\partial e_2}=2e_1-(s_1+s_2)$$

所以

$$Y+\frac{cl}{e_2^2}Z=\frac{1}{(\sqrt{2e_2})^3}P_2-\frac{1}{\sqrt{2e_2}}\frac{2e_2-(s_1+s_2)}{2P_2}$$

也就是

$$Y+\frac{cl}{e_2^2}Z=\frac{s_1s_2-e_2^2}{(\sqrt{2e_2})^3P_2}$$

这样,在所讨论的情形下, §2 中的方程组(14)便替换为方程组

$$\begin{cases} X-e_1Y+\dfrac{cl}{e_1}Z=\dfrac{1}{\sqrt{2e_1}}P_1 \\[2mm] X-e_2Y+\dfrac{cl}{e_2}Z=\dfrac{1}{\sqrt{2e_2}}P_2 \\[2mm] Y+\dfrac{cl}{e_2^2}Z=\dfrac{s_1s_2-e_2^2}{(\sqrt{2e_2})^3P_2} \end{cases} \tag{11}$$

最后,如果多项式 $\Phi(s)$ 的所有三个根都相等,也就是 $e_1=e_2=e_3$,那么重复相仿的论断便可以得到方程组

$$\begin{cases} X-e_1Y+\dfrac{cl}{e_1}Z=\dfrac{1}{\sqrt{2e_1}}P_1 \\[2mm] Y+\dfrac{cl}{e_1^2}Z=\dfrac{s_1s_2-e_1^2}{(\sqrt{2e_1})^3P_1} \\[2mm] -\dfrac{2cl}{e_1^3}Z=\dfrac{l^4-6e_1^2s_1s_2+4e_1s_1s_2(s_1+s_2)-3s_1^2s_2^2}{(\sqrt{2e_1})^5P_1^3} \end{cases} \tag{12}$$

并且方程组(12)里面的第二个与第三个方程,可以由第一个方程顺次对 e_1 微

分一次和两次得到.

于是利用§2中的方程组(11)即得

$$q = \frac{1}{2iY} \tag{13}$$

§6 H. Б. 捷隆尼情形

上节中的方程(4)与(7)具有特殊的解答,由这种解答可以导出 H. Б. 捷隆尼所指出的刚体运动的有趣情形①.

方程

$$\frac{ds_1}{\sqrt{\Phi_1(s_1)}} + \frac{ds_2}{\sqrt{\Phi_1(s_2)}} = \frac{i}{2}dt \tag{1}$$

$$\frac{ds_1}{(s_1-\bar{e})\sqrt{\Phi_1(s_1)}} + \frac{ds_2}{(s_2-\bar{e})\sqrt{\Phi_1(s_2)}} = 0 \tag{2}$$

显然具有特解 $s_1 = \bar{e}$,并且方程(2)乘以 $(s_1-\bar{e})$ 以后便成为恒等式,由方程(1)可得

$$\frac{ds_2}{2\sqrt{\Phi_1(s_2)}} = \frac{i}{4}dt \tag{3}$$

从而

$$s_2 = \mathscr{F}\left(\frac{i}{4}(t-t_0)\right) \tag{4}$$

这样,运动方程的积分法便一直进行到了底.

H. Б. 捷隆尼曾经考虑过当重根为 $e_4 = e_5$ 时的情形. 因为由第四章§3中的式(30)可知

$$e_4 = 3l_1 - k, \quad e_5 = 3l_1 + k$$

所以当 $e_4 = e_5$ 时即有

$$k = 0 \tag{5}$$

但我们有[第四章§1中的方程(3)]

$$(p^2 - q^2 + c\gamma)^2 + (2pq + c\gamma')^2 = k^2$$

因此,由 $e_4 = e_5$ 的条件便可以导出下列等式

---

① 参看 Дедоне H. Б. 的著作《Алгебраические интегралы движения твердого тела около неподвижной точки》,Аппельрот Г. Г. 的著作《Некоторые дополнения к сочинению》和 Н. Делоне 的著作《Алгебраические интегралы движения тяжелого твердого тела около неподвижной точкн》.

$$p^2 - q^2 - c\gamma = 0 \tag{6}$$

$$2pq + c\gamma' = 0 \tag{7}$$

从而便有

$$\gamma''^2 = 1 - \gamma^2 - \gamma'^2 = 1 - (p^2 - q^2)^2 - 4p^2 q^2$$

也就是

$$\gamma''^2 = 1 - \frac{1}{c^2}(p^2 + q^2)^2 \tag{8}$$

此外,动能积分具有

$$2(p^2 + q^2) + r^2 = 2c\gamma + 6l_1 \tag{9}$$

的形式,从而由方程(6)与(9)即得

$$4p^2 + r^2 = 6l_1 \tag{10}$$

我们注意到,从方程(8)可以得到

$$p^4 < (p^2 + q^2)^2 < c^2$$

也就是 $p^2 < c$. 故由方程(10)即知

$$r^2 > 6l_1 - 4c \tag{11}$$

不等式(11)指出,如果 l_1 比 c 大很多的话,那么在整个运动过程中, r 的变化甚小,并且保持很大的值.

§7　函数 $\Phi_1(s)$ 具有重根的情形;
Б. K. 姆罗节夫斯基情形

当 $\Phi_1(s)$ 具有重根时,可能有这样的特殊积分,与捷隆尼情形中的积分相仿,在这些情形下,运动方程的解法特别简单.

设 $e_1 = e_2 \neq e_3$;我们要找特殊的积分,除了 $s_1 = e_4$,此时上节的基本方程(1),(2)便成为一个方程

$$\frac{ds_2}{(s_2 - e_1)\sqrt{s_2 - e_3}} = \frac{i}{2}dt \tag{1}$$

令 $s_2 - e_3 = \sigma^2$,则由方程(1)得

$$\frac{d\sigma}{\sigma^2 - \varepsilon^2} = \frac{i}{2}dt$$

其中 $\varepsilon^2 = e_1 - e_3$;于是

$$\frac{\sigma - \varepsilon}{\sigma + \varepsilon} = e^{\frac{i}{2}\varepsilon(t - t_0)}$$

从而

$$\sigma = \sqrt{s_2 - e_3} = \sqrt{e_1 - e_3} \frac{1 + e^{\frac{i}{2}\varepsilon(t-t_0)}}{1 - e^{\frac{i}{2}\varepsilon(t-t_0)}}$$

此外又有

$$s_2 - e_1 = \sigma^2 - (e_1 - e_3) = (e_1 - e_3) \frac{4 e^{\frac{i}{2}\varepsilon(t-t_0)}}{(1 - e^{\frac{i}{2}\varepsilon(t-t_0)})^2}$$

所以

$$\sqrt{s_2 - e_1} = \sqrt{e_1 - e_3} \frac{2 e^{\frac{i}{4}\varepsilon(t-t_0)}}{1 - e^{\frac{i}{2}\varepsilon(t-t_0)}}$$

这样,在此种情形下,$P_\alpha = \sqrt{e_4 - e_\alpha}\sqrt{s_2 - e_\alpha}$ $(\alpha = 1,2,3)$ 便可以用 $e^{\frac{i\varepsilon}{4}(t-t_0)}$ 的有理分式表示出来.

当多项式 $\Phi_1(s)$ 的所有三个根都相等时,还可以得到更初等的结果. 此时决定 s_1 与 s_2 的方程组是

$$\begin{cases} \dfrac{\mathrm{d}s_1}{(s_1 - e_1)^{3/2}} + \dfrac{\mathrm{d}s_2}{(s_2 - e_1)^{3/2}} = \dfrac{i}{2}\mathrm{d}t \\ \dfrac{\mathrm{d}s_1}{(s_1 - e_4)(s_1 - e_1)^{3/2}} + \dfrac{\mathrm{d}s_2}{(s_2 - e_4)(s_2 - e_1)^{3/2}} = 0 \end{cases} \qquad (2)$$

令 $s_1 - e_1 = \sigma_1^2$,$s_2 - e_1 = \sigma_2^2$,则由方程组(2)即得

$$\frac{\mathrm{d}\sigma_1}{\sigma_1^2} + \frac{\mathrm{d}\sigma_2}{\sigma_2^2} = \frac{i}{4}\mathrm{d}t$$

$$\frac{\mathrm{d}\sigma_1}{(\sigma_1^2 - e_4 + e_1)\sigma_1^2} + \frac{\mathrm{d}\sigma_2}{(\sigma_2^2 - e_4 + e_1)\sigma_2^2} = 0$$

再令 $e_4 - e_1 = \varepsilon^2$,则有

$$\frac{\mathrm{d}\sigma_1}{(\sigma_1^2 - \varepsilon^2)\sigma_1^2} + \frac{\mathrm{d}\sigma_2}{(\sigma_2^2 - \varepsilon^2)\sigma_2^2} = 0$$

也就是

$$\mathrm{d}\sigma_1 \left[\frac{1}{\sigma_1^2 - \varepsilon^2} - \frac{1}{\sigma_1^2} \right] + \mathrm{d}\sigma_2 \left[\frac{1}{\sigma_2^2 - \varepsilon^2} - \frac{1}{\sigma_2^2} \right] = 0$$

或者

$$\frac{\mathrm{d}\sigma_1}{\sigma_1^2 - \varepsilon^2} + \frac{\mathrm{d}\sigma_2}{\sigma_2^2 - \varepsilon^2} = \frac{i}{4}\mathrm{d}t$$

也就是

$$\left(\frac{1}{\sigma_1 - \varepsilon} - \frac{1}{\sigma_1 + \varepsilon} \right)\mathrm{d}\sigma_1 + \left(\frac{1}{\sigma_2 - \varepsilon} - \frac{1}{\sigma_2 + \varepsilon} \right)\mathrm{d}\sigma_2 = \frac{i}{2}\varepsilon\mathrm{d}t$$

于是用积分法以后便得到

$$-\frac{1}{\sigma_1}-\frac{1}{\sigma_2}=\frac{i}{4}(t-t_0)$$

$$\frac{(\sigma_1-\varepsilon)(\sigma_2-\varepsilon)}{(\sigma_1+\varepsilon)(\sigma_2+\varepsilon)}=e^{\frac{i}{2}\varepsilon(t-t_0)}$$

由此即得

$$\sigma_1+\sigma_2-\sigma_1\sigma_2\,\frac{i}{4}(t-t_0)=0$$

$$\varepsilon(\sigma_1+\sigma_2)(e^{\frac{i}{2}\varepsilon(t-t_0)}+1)+\sigma_1\sigma_2(e^{\frac{i}{2}\varepsilon(t-t_0)}-1)=\varepsilon^2(1-e^{\frac{i}{2}\varepsilon(t-t_0)})$$

因此 $\sigma_1+\sigma_2$, $\sigma_1\sigma_2$ 便都可以用 $t-t_0$ 与 $e^{\frac{i}{2}\varepsilon(t-t_0)}$ 的有理式表示出来.

于是

$$\sigma_1+\sigma_2=R_1(t,e^{\frac{i}{2}\varepsilon(t-t_0)})$$

$$\sigma_1\sigma_2=R_2(t,e^{\frac{i}{2}\varepsilon(t-t_0)})$$

也就是

$$\sqrt{(s_1-e_1)(s_2-e_1)}=R_2(t,e^{\frac{i}{2}\varepsilon(t-t_0)})$$

此外又有

$$(\sigma_1^2-\varepsilon^2)(\sigma_2^2-\varepsilon^2)=e^{\frac{i}{2}(t-t_1)}(\sigma_1+\varepsilon)^2(\sigma_2+\varepsilon)^2$$

或者

$$(s_1-e_4)(s_2-e_4)=e^{\frac{i}{2}(t-t_1)}(\sigma_1+\varepsilon)^2(\sigma_2+\varepsilon)^2$$

也就是

$$\sqrt{(s_1-e_4)(s_2-e_4)}=e^{\frac{i}{4}(t-t_1)}[\sigma_1\sigma_2+\varepsilon(\sigma_1+\sigma_2)+\varepsilon^2]$$

因此, 所有的 P_α 都可以用 $e^{\frac{i}{4}(t-t_1)}$ 与 t 的有理式表示出来.

最后, 在 $e_1=e_2=e_3$, $e_4=e_5$ 的假设下, 除了 $s_1=e_4$ 还可以得到非常简单的结果. 此时方程(1)化为

$$\frac{ds_2}{(s_2-e_1)^{3/2}}=\frac{i}{2}dt \qquad (3)$$

由此即得

$$s_2-e_1=\frac{1}{-\frac{1}{16}(t-t_0)^2} \qquad (4)$$

于是

$$\sqrt{s_2-e_\alpha}=\frac{1}{\frac{i}{4}(t-t_0)}$$

从而当 $\alpha=1,2,3$ 时, 有

$$P_\alpha = \frac{\sqrt{e_4 - e_\alpha}}{\frac{i}{4}(t - t_0)}$$

且 $P_4 = 0$.

这样,在此种情形下,基本方程的所有积分都可以用时间的有理函数表示出来.

这个以简单见称的情形是 Б. К. 姆罗节夫斯基首先指出来的[①]. 他所用的方法是完全人为且有趣的,并且是美妙的纯粹几何方法. 这种方法的根据是下面 Г. Г. 阿别里罗特所首先指出的论断.

在捷隆尼的情形下,运动方程组具有积分

$$2(p^2 + q^2) + r^2 = 2c\gamma + 6l_1$$
$$2(p\gamma + q\gamma') + r\gamma'' = 2l$$
$$\gamma^2 + \gamma'^2 + \gamma''^2 = 1$$
$$p^2 - q^2 + c\gamma = 0$$
$$2pq + c\gamma' = 0$$

由第一式和第四式消去 γ,则得方程

$$4p^2 + r^2 = 6l_1 \tag{5}$$

又由第二式、第四式和第五式消去 γ, γ',则得

$$c\gamma'' = \frac{2l + 2p(p^2 + q^2)}{r} \tag{6}$$

最后,利用所得的方程和上面第三式消去 $\gamma, \gamma', \gamma''$,则得

$$(4p^2 + r^2)(p^2 + q^2)^2 + 8lp(p^2 + q^2) + 4l^2 - r^2c^2 = 0$$

从而

$$p^2 + q^2 = -\frac{2l}{3l_1}p \pm \frac{r}{3l_1}\sqrt{\frac{3l_1 - 2l^2}{2}} \tag{7}$$

倘若引入空间直角坐标 $D-pqr$,那么方程(5)与(7)便代表空间曲线的方程;Б. К. 姆罗节夫斯基的研究方法便主要是研究这种曲线.

最后,我们再指出一种更突出的情形,它在周知的意义下与 Н. Б. 捷隆尼的情形相仿;这种情形是:$s_1 = e_\alpha, s_2 = e_\beta$,其中 α, β 是 1,2,3,4,5 中的数目. 因为此时 s_1 与 s_2 都是常数,所以 $p, q, r, \gamma, \gamma', \gamma''$ 也是常数. 这就是所谓永恒运动的情形.

因为此时 $p, q, r, \gamma, \gamma', \gamma''$ 都是常数. 所以运动方程便具有如下形式

---

① 参看 Млодзеевский Б. К. 的著作《Об одном случае движения тяжелого твердого тела около неподвижной точки》.

$$\begin{cases} (C-B)qr = Mg(z_0\gamma' - y_0\gamma'') \\ (A-C)rp = Mg(x_0\gamma'' - z_0\gamma) \\ (B-A)pq = Mg(y_0\gamma - x_0\gamma') \\ r\gamma' - q\gamma'' = 0 \\ p\gamma'' - r\gamma = 0 \\ q\gamma - p\gamma' = 0 \end{cases} \tag{8}$$

对于这种情形而言, $A=B=2C$ 与 $y_0=z_0=0$ 的条件显然是无用的,所以我们便得到了任意刚体的永恒运动的情形.

由式(8)中的最末三式可得

$$\frac{p}{\gamma} = \frac{q}{\gamma'} = \frac{r}{\gamma''} = \sqrt{\frac{p^2+q^2+r^2}{1}}$$

或者用 ω 代表物体的旋转角速度,也就是

$$\omega = \sqrt{p^2+q^2+r^2}$$

则有

$$p = \omega\gamma, \quad q = \omega\gamma', \quad r = \omega\gamma''$$

在此种情形下的结果显然与决定 C. B. 柯瓦列夫斯卡雅情形的条件没有直接联系,从而可以在一般的运动情形下做出来,但需假设 p,q,r 与时间无关.

运动方程的积分法的某些特殊情形

第 八 章

§1　一般的研究方向

C.B. 柯瓦列夫斯卡雅在解决重刚体绕不动点运动问题时所得到的惊人的成功引起了学者们对于这个古典问题的更大的注意；因而出现了许多俄罗斯与其他国家的讨论这个问题的著作. 但这些著作就研究方向而言，却与 C.B. 柯瓦列夫斯卡雅的著作根本不同.

像以前各章所指出的，C.B. 柯瓦列夫斯卡雅的研究是建立在下面两个基本意图上的.

第一，受欧拉-普安索及拉格朗日-泊松的古典情形指导，或者与它们相仿，或者利用关于方程可以用幂级数来完全求积的一般论断，C.B. 柯瓦列夫斯卡雅提出了纯粹解析的问题：求出所有这种情形，使得运动方程的通积分是 t 的逊整函数，从而可以写成两个幂级数的商，且这两个幂级数在复变量 t 的整个平面内都收敛. 这种问题的提出对于力学来讲完全不是平常的，它是微分方程的解析理论观念的应用的一个典型的例子. 为了解决这样提出来的问题，C.B. 柯瓦列夫斯卡雅找出了一个与以前所知道的情形不相同的情形，并用她的名字命名.

第二，因为在 C.B. 柯瓦列夫斯卡雅情形下，运动方程除了有力学问题中常有的三个第一积分，还有第四个积分，所以此时便可以应用雅可比的后添因子理论. 利用非常有效的变换（并且它是在相当的程度以内应用椭圆函数论的关系式做成的），C.B. 柯瓦列夫斯卡雅将她所研究的情形下的运动方程的积分法归到了超椭圆积分的反转法问题. 这种研究的第二部分具有力学中常有的性质，并且经常被应用于动力学方程的积分法中.

后来在这部分里工作的学者们都集中全力到 C. B. 柯瓦列夫斯卡雅的研究的第二方面,而将第一方面忽略了——这方面可能是 C. B. 柯瓦列夫斯卡雅的最重要的观念. 这种观点的特性是,关于 C. B. 柯瓦列夫斯卡雅在发现她的新情形时所走的途径完全不提,甚至于在理论力学的详细的教程里也是如此;在这种书内,"C. B. 柯瓦列夫斯卡雅情形"之所以被提出来,只是因为在这种情形下运动方程具有第四个第一积分①. 这样,C. B. 柯瓦列夫斯卡雅的深奥的观念在以后的学者的工作中便没有得到发展,且 C. B. 柯瓦列夫斯卡雅所提出的问题只限于狭小且有限的范围. 另外,更惊人的是,在另一个古典力学问题(著名的三体问题)的领域内,20 世纪后半期所获得的成就,正是由于微分方程的解析理论的方法的应用,也就是说,科学的发展正是沿着这个途径行走的,这个途径便是 C. B. 柯瓦列夫斯卡雅在关于重刚体绕不动点运动问题中所指出的天才的路径.

在 C. B. 柯瓦列夫斯卡雅的著作以后,这个领域里面的其他著作都朝着一个方向:找出此种情形,使重刚体的运动方程组具有附加的第四个积分,当决定运动的初始条件是任意的或者受到某些限制的时候.

在所有的古典情形中,包括 C. B. 柯瓦列夫斯卡雅情形在内,第四个积分都是由未知函数组成的多项式. 因此便自然提出了一个问题:找出刚体绕不动点运动的所有一切情形,使得基本方程组具有一个代数积分,并且与已知的动力积分和几何积分都不相同,这个问题是庞加莱最先提出来的. 他在某些一般的假设之下,证明了动力学的一般方程并没有代数的甚至超越的第一积分,除了古典积分,其后,在刘维尔、尤森与布尔加提诸家的研究中又证明了:只有在上面所作过的欧拉、拉格朗日与柯瓦列夫斯卡雅情形中,才有代数的第一积分存在②.

这样,便得到了下面的美妙结果:

重刚体绕不动点运动的微分方程,只有当它的通解是逊整函数的时候才有四个代数的第一积分.

由这个结果自然又引起了下面的问题:

在微分方程理论里面是否也有这样的一般定理:如果通积分是逊整函数,

---

① 参看 Суслов Г. К. 的著作《Теоретическая механика》;也可以参看 Appell P. 的著作《Traité de Mecanique rationelle》.

② 在下面的论文中对于这个问题有很好的叙述:Полубаринова-Кочина П. Я. 的论文《Об однозначных решениях и алгебраических интегралах задачио вращении тяжелото твердого тела около неподвижной точки》(сборник 的论文《Движение твердого тела вокруг неподвижной точки》).

那么方程组便有代数的第一积分,但我们易于证明,并没有这样的一般定理,因而上面所得的结果便与微分方程的偶然的特殊形式有关. 事实上,潘勒韦曾经证明,微分方程

$$y'' = 6y^2 + z$$

的积分是逊整函数,但这个方程并没有形如

$$P(y', y, x) = 0$$

的第一积分,其中 P 是多项式.

此外我们也可以看到,反过来说,也可能有这种情形:存在着四个代数的特积分,但一般方程的对应解并不是逊整函数.

在这个方向的进一步的研究,是要找出刚体绕不动点运动的特殊情形,使得运动方程组具有与三个古典积分不同的第一积分,当初始条件受到某种限制的时候. 本章将要讨论具有受限制的初始条件的运动的几个最有趣的情形.

§2 赫斯－阿别里罗特情形

在第二章中,当我们找出不含临界奇点的方程时,曾经指出了这样的方程的情形,使得下列条件成立

$$y_0 = 0, \quad x_0\sqrt{A(B-C)} + z_0\sqrt{C(A-B)} = 0 \tag{1}$$

Г. Г. 阿别里罗特曾用 C. B. 柯瓦列夫斯卡雅所用的方法在一般情形下找出了这类方程,并且证明了,在条件(1)下,方程的积分是有运动极点的. 又在以后的研究中证明了一点:在此种情形下,方程的积分具有运动的超越奇点,从而不包括在具有单值通积分的方程类里面(参看第二章§5).

但在 Г. Г. 阿别里罗特的研究以前,W. 赫斯已经指出了在条件(1)下的运动的特殊情形,使得有第四个代数积分存在.[①]欲导出赫斯的积分,可用如下方法:

在条件(1)下,基本方程具有下面的形式

$$\begin{cases} A\dfrac{\mathrm{d}p}{\mathrm{d}t} + (C-B)qr = -Mgz_0\gamma' \\[2mm] B\dfrac{\mathrm{d}q}{\mathrm{d}t} + (A-C)rp = Mg(z_0\gamma - x_0\gamma'') \\[2mm] C\dfrac{\mathrm{d}r}{\mathrm{d}t} + (B-A)pq = Mgx_0\gamma' \end{cases} \tag{2}$$

---

① 参看 Hess W. 的著作 *Ueber die Euler'schen Bewegungsgleichungen und über eine neue particuläre Lösung des Problems der Bewegung eines starren Körpers um einen festen Punkt.*

运动方程的积分方法

由方程组（2）中的第一个与第三个方程消去 γ'，得

$$Ax_0\frac{dp}{dt}+Cz_0\frac{dr}{dt}=q\left[(B-C)x_0r+(A-B)z_0p\right]\tag{3}$$

但由条件（1）知

$$\frac{B-C}{Cz_0^2}=\frac{A-B}{Ax_0^2}=k$$

所以

$$B-C=kCz_0^2,\quad A-B=kAx_0^2$$

于是方程（3）便可以写成

$$\frac{d}{dt}(Ax_0p+Cz_0r)=kqx_0z_0(Ax_0p+Cz_0r)\tag{4}$$

方程（4）有一个特殊积分

$$Ax_0p+Cz_0r=0\tag{5}$$

方程（5）便是赫斯所给出的运动方程的特殊积分.

赫斯积分与欧拉、拉格朗日、柯瓦列夫斯卡雅等情形中的第四个积分有本质上的不同，因为此时对于运动的初始速度给了附加的条件，而在古典的情形中，附加条件仅仅是对于物体中的质量分布而作的. 事实上，用 p_0,q_0,r_0 代表初始角速度在坐标轴上的分量，则由方程（5）得

$$Ax_0p_0+Cz_0r_0=0\tag{6}$$

由方程（4）可知，当条件（6）成立时方程（5）也成立. 事实上，将方程（4）积分可得

$$Ax_0p+Cz_0r=Ke^{kx_0z_0\int_0^t qdt}$$

其中 K 是常数；当条件（6）成立时 $K=0$，从而方程（5）成立.

这种情形也是很重要的，因为它是所有各种古典情形的推广. 事实上，若在条件（1）中令 $A=B$，则当 $x_0=0$ 时即可由此得出拉格朗日情形，当 $A=B=C$ 时可以得到动力对称的情形，最后，条件（1）也可以被 $x_0=y_0=z_0=0$ 的假设所满足，这样就得到了欧拉情形.

这样，所有的古典情形都可以看作阿别里罗特–赫斯情形的蜕化.

我们不难证明，上面所得到的积分也可以由第一章§7中所做出的赫斯–希弗形式的运动方程找出来.

事实上，在所讨论的情形下用赫斯的记号时，第四个积分便是

$$\rho=Ax_0p+Cz_0r=0$$

因为 $y_0=0$. 于是在所讨论的情形下，赫斯方程

$$\left(\frac{1}{2Mg}\frac{dv}{dt}\right)^2=\begin{vmatrix}\delta^2 & \mu & \rho\\ \mu & 1 & C_2\\ \rho & C_2 & v\end{vmatrix}\tag{7}$$

227

$$\left(\frac{\mathrm{d}\rho}{\mathrm{d}t}\right)^2 = \begin{vmatrix} \delta^2 & \rho & \sigma \\ \rho & v & \mu_1 \\ \sigma & \mu_1 & \tau \end{vmatrix} \tag{8}$$

$$(v\delta^2-\rho^2)\frac{\mathrm{d}\mu}{\mathrm{d}t}=(\mu_1\delta^2-\rho\sigma)\frac{1}{2Mg}\frac{\mathrm{d}v}{\mathrm{d}t}+(C_2\delta^2-\mu\rho)\frac{\mathrm{d}\rho}{\mathrm{d}t}$$

便有特殊解, 并且 $\rho = 0$.

这里引用了第一章 §7 中的记号, 也就是

$$\begin{cases} v=A^2p^2+B^2q^2+C^2r^2 \\ \mu=\dfrac{Ap^2+Bq^2+Cr^2}{2Mg}=\gamma x_0+\gamma'y_0+\gamma''z_0+\dfrac{C_1}{2Mg} \\ \rho=Ax_0p+By_0q+Cz_0r \\ \tau=p^2+q^2+r^2 \\ \sigma=px_0+qy_0+rz_0 \\ \mu_1=2Mg\mu=Ap^2+Bq^2+Cr^2 \end{cases} \tag{9}$$

当 $\rho = 0$ 时, 方程组可以一直求积到底. 我们首先证明, 此时方程 (8) 成立, 为了方便起见, 此式可以用方程

$$\frac{\mathrm{d}\rho}{\mathrm{d}t} = \begin{vmatrix} x_0 & y_0 & z_0 \\ Ap & Bq & Cr \\ p & q & r \end{vmatrix} \tag{10}$$

来代替——取这个方程的平方便得到方程 (8).

在目前的情形下, 由于 $\gamma_0 = 0$ 与 $\rho = 0$ 的条件, 方程 (10) 便成为

$$\begin{vmatrix} x_0 & 0 & z_0 \\ Ap & B & Cr \\ p & 1 & r \end{vmatrix} = 0 \tag{11}$$

现在我们证明, 由于条件 $\rho = 0$ 与方程 (4) 可以使方程 (11) 完全成立.

事实上, 我们有

$$\begin{vmatrix} x_0 & 0 & z_0 \\ Ap & B & Cr \\ p & 1 & r \end{vmatrix} = x_0 r(B-C)+z_0 p(A-B)$$

但由等式 $\rho = Apx_0+Crz_0 = 0$ 可得

$$\frac{r}{Ax_0} = -\frac{p}{Cz_0} = k_1$$

所以表达式 (11) 便可以写成

$$\begin{vmatrix} x_0 & 0 & z_0 \\ Ap & B & Cr \\ p & 1 & r \end{vmatrix} = k_1 \left[x_0^2 A(B-C) - z_0^2 C(A-B) \right]$$

的形式,由条件(1)

$$x_0 \sqrt{A(B-C)} + z_0 \sqrt{C(A-B)} = 0$$

可知,上面所得到的等式的右边等于零.

于是方程(10)便成立,从而方程(8)也成立.

在条件 $\rho=0$ 下,赫斯的其余两个方程具有如下形式

$$\left[\frac{1}{2Mg} \frac{\mathrm{d}v}{\mathrm{d}t} \right]^2 = \begin{vmatrix} \delta^2 & \mu & 0 \\ \mu & 1 & C_2 \\ 0 & C_2 & v \end{vmatrix} \tag{12}$$

$$\frac{\mathrm{d}\mu}{\mathrm{d}t} = \mu_1 \frac{1}{2Mg} \frac{\mathrm{d}v}{\mathrm{d}t} \tag{13}$$

这两个方程是容易求积分的. 事实上,方程(13)可以写成

$$v\mathrm{d}\mu = \mu\mathrm{d}v$$

从而

$$\mu = cv \tag{14}$$

利用关系式(14),即可将方程(12)写成

$$\frac{\mathrm{d}v}{\sqrt{-C_1^2\delta^2 - \delta^2 v - c^2 v^3}} = 2Mg\mathrm{d}t \tag{15}$$

因此,v 可以用椭圆积分的反转法求出来,从而 v 便是 t 的椭圆函数. 设

$$v = \Phi(t + C_1) \tag{16}$$

其中 Φ 是椭圆函数.

这样,我们便得到了赫斯方程的一组积分,如下

$$\begin{cases} \mu = c\Phi(t+C_1) \\ v = \Phi(t+C_1) \\ \rho = 0 \end{cases} \tag{17}$$

但容易证明,这里有如此的情形:当已经知道了赫斯方程的积分完全组以后,我们并不能找出欧拉方程的积分完全组(参看第一章§7).

事实上,欲将问题完全解决,必须从方程组

$$\begin{cases} Ap^2 + Bq^2 + Cr^2 = \mu_1 \\ A^2 p^2 + B^2 q^2 + C^2 r^2 = v \\ Apx_0 + Bqy_0 + Crz_0 = \rho \end{cases} \tag{18}$$

中求出 p,q,r,知道了 p,q,r 以后再求 γ,γ',γ''. 在所讨论的情形下($y_0 = 0$),方

程(18)可以写成如下形式

$$\begin{cases} Ap^2+Bq^2+Cr^2=\mu \\ A^2p^2+B^2q^2+C^2r^2=v \\ A^2x_0^2p^2-C^2z_0^2r^2=0 \end{cases} \quad (19)$$

将 p^2,q^2,r^2 看作未知量,则得方程组(19)的行列式,如下

$$\begin{vmatrix} A & B & C \\ A^2 & B^2 & C^2 \\ A^2x_0^2 & 0 & -C^2z_0^2 \end{vmatrix} = -ABC\left[x_0^2A(B-C)-z_0^2C(A-B) \right]=0 \quad (20)$$

这样,在目前的情形下,除了要找赫斯方程的全解,还要找出欧拉方程的一个第一积分.

因为在赫斯的情形下有第四个代数积分存在,所以由后添因子理论可知,问题可以归结于积分式. 但我们已经证明了,v 可以用椭圆函数表示,所以只需再找出一个第五个积分,便可以将方程完全积分出来.

欲求这个第五个积分,可以用如下的方法. 由赫斯积分

$$Ax_0p+Cz_0r=0$$

可知

$$\frac{Ap}{z_0}=-\frac{Cr}{x_0}=u$$

从而

$$Ap=z_0u, \quad Cr=-x_0u \quad (21)$$

此外,为了以后计算的对称化起见,我们令

$$Bq=\delta v \quad (22)$$

其中 $\delta^2=x_0^2+y_0^2$. 现在取方程组(2)中的第一个和第二个欧拉方程,将它们写成

$$\begin{cases} A\dfrac{dp}{dt}=Bq \cdot r-Cr \cdot q-Mgz_0\gamma' \\ B\dfrac{dq}{dt}=Cr \cdot p-Ap \cdot r+Mg(z_0\gamma-x_0\gamma') \end{cases} \quad (23)$$

此外,又取欧拉方程的第一积分的表达式

$$\gamma^2+\gamma'^2+\gamma''^2=1$$

$$x_0\gamma+z_0\gamma''=\alpha=\frac{1}{2Mg}\left[Ap^2+Bq^2+Cr^2 \right]-\frac{C_1}{2Mg}$$

$$Ap\gamma+Bq\gamma'+Cr\gamma''=C_2=\beta$$

并用第一章 §7 中的方法,由这些方程找出 γ,γ',γ''. 此时

$$W=\begin{vmatrix} \gamma & \gamma' & \gamma'' \\ x_0 & 0 & z_0 \\ Ap & Bq & Cr \end{vmatrix}=\begin{vmatrix} \gamma & \gamma' & \gamma'' \\ x_0 & 0 & z_0 \\ z_0u & \delta v & -x_0u \end{vmatrix}$$

又

$$H = W^2 = \begin{vmatrix} 1 & \alpha & \beta \\ \alpha & \delta^2 & 0 \\ \beta & 0 & \delta^2(u^2+v^2) \end{vmatrix}$$

且相应的余因子是

$$W_1 = -z_0\delta v, \quad W_2 = \delta^2 u, \quad W_3 = x_0\delta v$$

$$H_1 = \delta^4(u^2+v^2), \quad H_\alpha = -\alpha\delta^2(u^2+v^2), \quad H_\beta = -\delta^2\beta$$

于是按照第一章 §7 中的公式即得

$$\gamma\delta^4(u^2+v^2) = -\sqrt{H}z_0\delta v + x_0\alpha\delta^2(u^2+v^2) + \delta^2\beta z_0 u$$

$$\gamma'\delta^4(u^2+v^2) = \sqrt{H}\delta^2 u + 0 + \delta^2\beta\delta v$$

$$\gamma''\delta^4(u^2+v^2) = \sqrt{H}x_0\delta v + z_0\alpha\delta^2(u^2+v^2) - \delta^2\beta x_0 u$$

由这些方程又可以得到

$$(z_0\gamma - x_0\gamma'')\delta^4(u^2+v^2) = -\sqrt{H}\delta^3 v + \beta\delta^4 u$$

将所得的表达式代入方程（23），再消去 dt，则得

$$z_0\mathrm{d}u\left[-x_0u\frac{z_0u}{A} + z_0u\frac{x_0u}{C} + Mg\frac{-\sqrt{H}\delta v - \beta\delta^2 u}{\delta^2(u^2+v^2)}\right]$$

$$= \delta\mathrm{d}v\left[-\delta v\frac{x_0u}{C} + x_0u\frac{\delta v}{B} - Mgz_0\frac{\sqrt{H}u + \beta\delta v}{\delta^2(u^2+v^2)}\right]$$

此式可以重写为

$$Mg\beta z_0\frac{u\mathrm{d}u + v\mathrm{d}v}{u^2+v^2} - Mgz_0\sqrt{H}\frac{v\mathrm{d}u - u\mathrm{d}v}{\delta(u^2+v^2)} +$$

$$x_0z_0^2\left(\frac{1}{C} - \frac{1}{A}\right)u^2\mathrm{d}u + \delta^2 x_0\left(\frac{1}{C} - \frac{1}{B}\right)uv\mathrm{d}v = 0 \qquad (24)$$

另外

$$H = \delta^4(u^2+v^2) - \alpha^2\delta^2(u^2+v^2) - \delta^2\beta^2 = \delta^2\left[(u^2+v^2)(\delta^2-\alpha^2) - \beta^2\right]$$

现在我们将 $\alpha = \dfrac{1}{2Mg}\left[(Ap^2+Bq^2+Cr^2)+K\right]$ 用变量 u,v 表示出来. 因为

$$Ap^2+Bq^2+Cr^2 = \frac{z_0^2u^2}{A} + \frac{x_0^2u^2}{C} + \frac{(x_0^2+z_0^2)v^2}{B}$$

$$= u^2\left(\frac{Ax_0^2+Cz_0^2}{AC}\right) + \frac{(x_0^2+z_0^2)v^2}{B}$$

又由方程

$$x_0\sqrt{A(B-C)} + z_0\sqrt{C(A-B)} = 0$$

可得

$$Cz_0^2 = \frac{A(B-C)}{A-B} x_0^2$$

从而

$$Ax_0^2 + Cz_0^2 = Ax_0^2 \frac{A-C}{A-B}$$

又

$$\delta^2 = x_0^2 + z_0^2 = x_0^2 \frac{B(A-C)}{C(A-B)}$$

所以

$$Ap^2 + Bq^2 + Cr^2 = \frac{A-C}{C(A-B)} x_0^2 (u^2 + v^2)$$

由此即得

$$H = \delta^2 \left\{ (u^2 + v^2) \delta^2 - \left[\frac{(A-C)^2}{C^2(A-B)^2} x_0^4 (u^2 + v^2) + K \right]^2 \frac{1}{4M^2 g^2} - \beta^2 \right\}$$

也就是说，H 为表达式 $\rho^2 = u^2 + v^2$ 的三次多项式，从而可以写成

$$H = P_3(\rho^2)$$

最后

$$x_0 z_0^2 \left(\frac{1}{C} - \frac{1}{A} \right) u^2 \mathrm{d}u + \delta^2 x_0 \left(\frac{1}{C} - \frac{1}{B} \right) uv \mathrm{d}v = z_0^2 x_0 \frac{A-C}{AC} u^2 \mathrm{d}u + x_0 z_0^2 \frac{A-C}{AC} uv \mathrm{d}v$$

$$= x_0 z_0^2 \frac{A-C}{AC} (u \mathrm{d}u + v \mathrm{d}v) u$$

将所得的各个值代入方程（24），便得到所求的微分方程的最后形式，如下

$$Mg\beta \frac{u\mathrm{d}u + v\mathrm{d}v}{u^2 + v^2} + Mg \sqrt{P_3(\rho)} \frac{u\mathrm{d}v - v\mathrm{d}u}{\delta(u^2 + v^2)} + x_0 z_0 \frac{A-C}{AC} (u\mathrm{d}u + v\mathrm{d}v) u = 0 \quad (25)$$

由方程组（2）的第二个和第三个方程消去 $\mathrm{d}t$，显然也可以得到同样的方程.

我们还可以引入新的变量将方程（25）稍稍简化. 令

$$u = \rho \cos \varphi, \quad v = \rho \sin \varphi \quad (26)$$

则

$$\mathrm{d}\varphi = \frac{u\mathrm{d}v - v\mathrm{d}u}{u^2 + v^2}$$

从而方程（25）便成为

$$Mg \left(\frac{\beta}{2} \frac{\mathrm{d}\rho}{\rho} + \frac{1}{\delta} \sqrt{P_3(\rho^2)} \, \mathrm{d}\varphi \right) + 2x_0 z_0 \frac{A-C}{AC} \cos \varphi \cdot \rho^2 \mathrm{d}\rho = 0$$

也就是

$$\frac{1}{\delta} \sqrt{P_3(\rho^2)} \, \mathrm{d}\varphi + \left(\frac{\beta}{2\rho} + L\rho^2 \cos \varphi \right) \mathrm{d}\rho = 0 \quad (27)$$

运动方程的积分方法

其中

$$L = \frac{2x_0 z_0}{Mg} \frac{A-C}{AC}$$

如果 $\beta = 0$，方程（27）的变量便是可以分离的.①赫斯曾经得到方程（27）的稍稍不同的形式. П. А. 涅克拉索夫将问题化为具有双重周期的系数的二阶线性方程的积分法；这个结果是这样推出来的：利用代换 $\tau = \tan\dfrac{\varphi}{2}$，便容易将方程（27）化为黎卡提型的方程

$$\frac{\mathrm{d}\tau}{\mathrm{d}\psi} = -\tau^2 + \Phi(\rho) \qquad\qquad (28)$$

其中

$$\mathrm{d}\psi = \frac{\delta\rho\mathrm{d}\rho}{\sqrt{P_3(\rho^2)}}$$

从而 ρ 是 ψ 的椭圆函数，$\Phi(\rho)$ 是 ρ 的有理函数，也就是 ψ 的椭圆函数；另外，用代换

$$\tau = \frac{1}{s} \frac{\mathrm{d}s}{\mathrm{d}\psi}$$

可以将方程（28）化为

$$\frac{\mathrm{d}^2 s}{\mathrm{d}\psi^2} = s \cdot \Phi(\rho(\psi))$$

这样就得出了 П. А. 涅克拉索夫的结果.②

§3 歌里雅切夫-恰普雷金情形

关于重刚体绕不动点运动问题，有一个有趣的特殊情形，是 Д. Н. 歌里雅切夫③首先指出的，其后 С. А. 恰普雷金对于这个情形又进行了详细的研究，并

---

① 易于看出，$L=0$ 的情形只有当 $x_0 = y_0 = z_0$ 的时候才不可能，此时便得到了欧拉-普安索的情形.

② П. А. 涅克拉索夫所用的方法与此完全不同. 参看 Некрасов П. А. 的著作《Аналитическое исследование одного случая движения тяжелого твердого тела около неподвижной точки》. 这篇论文中给出了详细的参考文献.

③ 参看 Горячев Д. 的著作《О движении тяжелого твердого тела вокруг неподвижной точки в случае $A=B=4C$》.

且他还给出了方程的完全积分法[①].

在这种情形下,假设

$$A = B = 4C \tag{1}$$

且重心在惯性椭球的赤道平面内,这样,选取适当的坐标轴,便有

$$y_0 = z_0 = 0 \tag{2}$$

根据条件(1)与(2),可将运动方程写成下面的形式

$$\begin{cases} 4\dfrac{\mathrm{d}p}{\mathrm{d}t} = 3qr \\[2mm] 4\dfrac{\mathrm{d}q}{\mathrm{d}t} = -3rp - a\gamma'' \\[2mm] \dfrac{\mathrm{d}r}{\mathrm{d}t} = a\gamma' \end{cases} \tag{3}$$

其中

$$a = \frac{Mgx_0}{C} \tag{4}$$

又

$$\begin{cases} \dfrac{\mathrm{d}\gamma}{\mathrm{d}t} = r\gamma' - q\gamma'' \\[2mm] \dfrac{\mathrm{d}\gamma'}{\mathrm{d}t} = p\gamma'' - r\gamma \\[2mm] \dfrac{\mathrm{d}\gamma''}{\mathrm{d}t} = q\gamma - p\gamma' \end{cases} \tag{5}$$

此时运动方程的三个基本积分便是

$$\begin{cases} 4(p^2 + q^2) + r^2 = 2a\gamma + k \\ 4(p\gamma + q\gamma') + r\gamma'' = h \\ \gamma^2 + \gamma'^2 + \gamma''^2 = 1 \end{cases} \tag{6}$$

Д. Н. 歌里雅切夫指出,如果

$$h = 0 \tag{7}$$

也就是说,如果动量的总矩在水平面内,那么便可以找出方程组的第四个积分.
事实上,由方程组(3)的前两式可得

$$2\frac{\mathrm{d}}{\mathrm{d}t}(p^2 + q^2) = -aq\gamma'' \tag{8}$$

又由方程(8)与方程组(3)的最后一式可得

[①] 参看 Чаплытин С. А. 的著作《Новый случай вращения тяжелого твердого тела, одпергого в одной точке》.

$$4 \frac{\mathrm{d}}{\mathrm{d}t} [r(p^2+q^2)] = -2aqr\gamma''+4a\gamma'(p^2+q^2) \tag{9}$$

同样也有

$$4a \frac{\mathrm{d}}{\mathrm{d}t}(p\gamma'') = 3aqr\gamma''+4apq\gamma-4ap^2\gamma' \tag{10}$$

最后,由方程(9)与(10)可得

$$4 \frac{\mathrm{d}}{\mathrm{d}t} [r(p^2+q^2)+ap\gamma''] = aq(4p\gamma+4q\gamma'+r\gamma'')$$

由条件(7)可知,我们有第四个积分

$$r(p^2+q^2)+ap\gamma'' = g \tag{11}$$

因为在所讨论的情形下,方程组(3)与(5)除了具有三个第一积分(6),还有第四个积分,所以方程组的积分法便可以化为积分式.

C. A. 恰普雷金给出了这个问题的非常美妙的解法,如下:

首先,他引入了两个新变量 u, v,它们在所讨论的情形中所占的地位和 C. B. 柯瓦列夫斯卡雅变量 s_1, s_2 一样;设

$$r=u-v, \quad 4(p^2+q^2)=uv \tag{12}$$

此外又引用 u, v 的下列函数

$$\begin{cases} U=u^3-ku-4g \\ V=v^3-kv+4g \\ U_1^2=U-2au \\ V_1^2=V-2av \\ U_2^2=U+2au \\ V_2^2=V+2av \end{cases} \tag{13}$$

因为由方程组(6)与积分(11)可以得到 $\gamma, \gamma', \gamma''$

$$\begin{cases} 2a\gamma=uv+(u-v)^2-k \\ 2a\gamma''=\dfrac{4g-(u-v)uv}{2p} \\ 2a\gamma'=-\dfrac{4g-(u-v)uv}{8p}(u-v)-\dfrac{4uv+(u-v)^2-k}{q}p \end{cases} \tag{14}$$

所以将由方程组(14)所得的 $\gamma, \gamma', \gamma''$ 的值代入方程

$$\gamma^2+\gamma'^2+\gamma''^2=1$$

并利用式(12)先消去 p,再消去 q,便可以得到所有六个未知函数 $p, q, r, \gamma, \gamma', \gamma''$ 用 u, v 表出的形式,如下

$$\begin{cases} 8ap = U_1 V_2 - V_1 U_2 \\ 8aq = U_1 V_1 + U_2 V_2 \\ r = u - v \\ 2a\gamma = \dfrac{U+V}{u+v} \\ 2a\gamma' = \dfrac{U_1 U_2 - V_1 V_2}{u+v} \\ 2a\gamma'' = \dfrac{U_1 V_2 + V_1 U_2}{u+v} \end{cases} \qquad (15)$$

得到了表达式(15)以后,将它们代入第一积分的方程,便很容易核验它们的正确性;例如,在方程

$$2a\gamma = \frac{U+V}{u+v}$$

中代入 U, V 的表达式以后,立刻便得到方程(11);又由方程组(15)的后三个式子可以得出关系式 $\gamma^2 + \gamma'^2 + \gamma''^2 = 1$ 等.

又由表达式(15)易于得出决定 u, v 的方程.

由方程组(3)中的前两式可得

$$8\left(p\,\frac{\mathrm{d}p}{\mathrm{d}t} + q\,\frac{\mathrm{d}q}{\mathrm{d}t}\right) = -2a\gamma''$$

或者利用式(12)的第二个式子得

$$\frac{\mathrm{d}u}{\mathrm{d}t}v + u\,\frac{\mathrm{d}v}{\mathrm{d}t} = -2a\gamma'' \qquad (16)$$

又注意到 $r = u - v$,则由方程组(3)的第三个式子可得

$$\frac{\mathrm{d}u}{\mathrm{d}t} - \frac{\mathrm{d}v}{\mathrm{d}t} = a\gamma' \qquad (17)$$

于是

$$\begin{cases} \dfrac{\mathrm{d}u}{\mathrm{d}t}(u+v) = au\gamma' - 2a\gamma'' \\ \dfrac{\mathrm{d}v}{\mathrm{d}t}(u+v) = -av\gamma' - 2a\gamma'' \end{cases} \qquad (18)$$

但由表达式(15)知

$$2au\gamma' = \frac{(U_1 U_2 - V_1 V_2)u}{u+v} \qquad (19)$$

又

$$4aq\gamma'' = \frac{(U_1 V_1 + U_2 V_2)(U_1 V_2 + V_1 U_2)}{4a(u+v)}$$

$$= \frac{(U_1^2+U_2^2)V_1V_2+(V_1^2+V_2^2)U_1U_2}{4a(u+v)}$$

但由函数组(13)知

$$U_1^2+U_2^2=-4au$$
$$V_1^2+V_2^2=-4av$$

所以又有

$$4aq\gamma''=-\frac{uV_1V_2+vU_1U_2}{u+v} \tag{20}$$

由方程(19)与(20)即得

$$2au\gamma'-4aq\gamma''=U_1U_2$$

同样也有

$$-2av\gamma'-4aq\gamma''=V_1V_2$$

因此,方程组(18)便成为

$$2(u+v)\frac{\mathrm{d}u}{\mathrm{d}t}=U_1U_2$$
$$2(u+v)\frac{\mathrm{d}v}{\mathrm{d}t}=V_1V_2$$

也就是

$$\mathrm{d}t=2(u+v)\frac{\mathrm{d}u}{U_1U_2}$$
$$\mathrm{d}t=2(u+v)\frac{\mathrm{d}v}{V_1V_2}$$

由此便得到了以对称性闻名的 C. A. 恰普雷金方程组,如下

$$\begin{cases} \dfrac{\mathrm{d}u}{U_1U_2}-\dfrac{\mathrm{d}v}{V_1V_2}=0 \\[2mm] \dfrac{2u\mathrm{d}u}{U_1U_2}+\dfrac{2v\mathrm{d}v}{V_1V_2}=\mathrm{d}t \end{cases} \tag{21}$$

但我们有

$$U_1=\sqrt{u^3-(k+2a)u-4g}$$
$$U_2=\sqrt{u^3-(k-2a)u-4g}$$

对于 V_1,V_2 也有类似的式子,所以由方程组(21)可知,方程组的积分法便归结于 2 格的超椭圆积分的反转法问题,也就是与 C. B. 柯瓦列夫斯卡雅情形十分相似的问题. 但由公式(15)可知,此时函数 $p,q,r,\gamma,\gamma',\gamma''$ 的表达式比 C. B. 柯瓦列夫斯卡雅情形里面的要简单得多.

这里和 C. B. 柯瓦列夫斯卡雅情形一样,积分也可能蜕化为椭圆的. 例如,当 U_1,U_2 具有公根时便是这种情形,此时显然有 $g=0$,且公根是 $u=0$. 同样地,

也有 $v = 0$. 在此种情形下, 问题便归结于椭圆积分的反转. 当 U_1^2 (或者 U_2^2) 具有二重根时, 也可以得到这样的结果. 最后, 也可能有与 H. Б. 捷隆尼情形相似的情形, 例如, 当 $u \equiv 0$ 或 $v = \alpha$ 时, 其中 α 是 U_1^2 的二重根.

本节所述的积分法的情形具有一个特点: 在方程组的第一积分中, 有一个是不含任意常数的; 事实上, 我们已经假设有一个第一积分 [参看方程组 (6) 与式 (7)]

$$4(p\gamma + q\gamma') + r\gamma'' = 0$$

我们有许多著作, 在这些著作中作者们找出了一般方程的各种可积的情形, 此时他们假设已经知道有一个第一积分是不含任意常数的, 且这个第一积分的形式与一般方程组的古典第一积分相似, 也就是说, 不含时间的代数积分. 关于这方面有 В. А. 斯捷克洛夫、Д. H. 歌里雅切夫[1] 与 C. A. 恰普雷金[2] 的著作, 并且后者推广了整个这组研究.

C. A. 恰普雷金研究了一种情形: 方程组具有两个形式如

$$a\gamma' = apq + \lambda p^n q$$
$$a\gamma'' = \beta pr + \mu p^n r$$

的第一积分, 其中 $\alpha, \beta, \lambda, \mu$ 是某些常数, 基本方程组由

$$A \frac{\mathrm{d}p}{\mathrm{d}t} + (C-B)qr = 0$$

$$B \frac{\mathrm{d}q}{\mathrm{d}t} + (A-C)rp = -a\gamma''$$

$$C \frac{\mathrm{d}r}{\mathrm{d}t} + (B-A)qp = a\gamma'$$

以及 $\gamma, \gamma', \gamma''$ 的三个平常的方程组成. 这样, 他便假设了 $y_0 = z_0 = 0$, В. А. 斯捷克洛夫与 Д. H. 歌里雅切夫的情形分别对应于

$$\lambda = \mu = 0; \quad \lambda = 0, \quad n = 3$$

的假设, 这种情形只有一点是有趣的: 它们的积分法可以一直进行到底. 在如下的假设中所做的研究也具有同样的人为的与偶然的特性; 这种假设是:

除了平常的第一积分, 还有一个积分, 例如关于动量在系着于物体内的轴上的投影为一次式的积分.

---

① 参看 Горячев Д. Н. 的著作《*Новое частное решение задачи о движении тяжелого твердого тела вокруг неподвижной точки*》.

② 参看 Чаплыгин С. А. 的著作《*Новое частное решение задачи о вращении тяжелого тела вокруг неподвижной точки*》.

§4 波贝列夫–斯捷克洛夫情形

作为非常特殊的简单且可积的情形的例子,我们提出一种曾被 Л. К. 波贝列夫(Л. К. Бобылев)[1]与 В. А. 斯捷克洛夫[2]所研究过的情形.

我们在

$$B = 2A, \quad x_0 = z = 0 \tag{1}$$

的假设下考虑运动方程,此时方程具有如下形式

$$\begin{cases} A\dfrac{\mathrm{d}p}{\mathrm{d}t} + (C - 2A)qr = Mgy_0\gamma'' \\[2mm] 2A\dfrac{\mathrm{d}q}{\mathrm{d}t} + (A - C)rp = 0 \\[2mm] C\dfrac{\mathrm{d}r}{\mathrm{d}t} + Apq = -Mgy_0\gamma \end{cases} \tag{2}$$

$$\begin{cases} \dfrac{\mathrm{d}\gamma}{\mathrm{d}t} = r\gamma' - q\gamma'' \\[2mm] \dfrac{\mathrm{d}\gamma'}{\mathrm{d}t} = p\gamma'' - r\gamma \\[2mm] \dfrac{\mathrm{d}\gamma''}{\mathrm{d}t} = q\gamma - p\gamma' \end{cases} \tag{3}$$

方程组(2)与(3)具有下面的特解

$$\begin{cases} p = -\dfrac{Mgy_0}{Aq_0}\gamma = -m\gamma \\[2mm] q = q_0 \ (q_0 \text{ 为常数}) \\[2mm] r = 0 \end{cases} \tag{4}$$

在条件(4)下,方程组(2)与(3)化为

$$\begin{cases} \dfrac{\mathrm{d}\gamma}{\mathrm{d}t} = -q_0\gamma'' \\[2mm] \dfrac{\mathrm{d}\gamma'}{\mathrm{d}t} = -m\gamma\gamma'' \\[2mm] \dfrac{\mathrm{d}\gamma''}{\mathrm{d}t} = \gamma(q_0 + m\gamma') \end{cases} \tag{5}$$

---

① 参看 Бобылев Д. 的著作《Об одном частном решении дифференциальных уравнений вращения тяжелого твердого тела вокруг неподвижной точки》.

② 参看 Стеклов В. 的著作《Один случай движения тяжелого твердого тела, имеющего неподвижную точку》.

方程组(5)具有积分

$$\gamma^2 + \gamma'^2 + \gamma''^2 = 1 \tag{6}$$

又方程组(5)的前两个式子可以写成

$$2m\gamma \frac{\mathrm{d}\gamma}{\mathrm{d}t} = -2mq_0\gamma\gamma''$$

$$2q_0 \frac{\mathrm{d}\gamma'}{\mathrm{d}t} = -2mq_0\gamma\gamma''$$

的形式,由此又得到一个积分

$$2q_0\gamma' - m\gamma^2 = C \tag{7}$$

由方程(6)与(7)可得

$$\gamma''^2 = 1 - \gamma^2 - \left(\frac{C}{2q_0} + \frac{m}{2q_0}\gamma^2 \right)^2 \tag{8}$$

由方程组(5)的第一个式子得

$$\frac{\mathrm{d}\gamma}{\sqrt{1 - \gamma^2 - \left(\dfrac{C}{2q_0} + \dfrac{m}{2q_0}\gamma^2 \right)^2}} = -q_0\mathrm{d}t \tag{9}$$

这样,γ 便可由椭圆积分(9)的反转法得出,且为椭圆函数的形式. 设

$$\gamma = f(t - t_0) \tag{10}$$

则由方程(9)得

$$\frac{\mathrm{d}\gamma}{\mathrm{d}t} = -q_0 \sqrt{1 - \gamma^2 - \left(\frac{C}{2q_0} + \frac{m}{2q_0}\gamma^2 \right)^2}$$

从而由方程(8)即知

$$\gamma'' = -\frac{1}{q_0} \frac{\mathrm{d}\gamma}{\mathrm{d}t} = -\frac{1}{q_0} f'(t - t_0) \tag{11}$$

最后,在知道了 γ 以后,由方程(7)便可以找出 γ'

$$\gamma' = \frac{1}{2q} \left[C + mf^2(t - t_0) \right] \tag{12}$$

又由条件(4)得

$$p = -mf(t - t_0) \tag{13}$$

方程(10),(11),(12),(13)与条件(4)便给出了完全的积分组,我们看到,在这种情形下,所得的解答是时间的单值椭圆函数.

§5 历史的注解;结语

在 C. B. 柯瓦列夫斯卡雅的研究中,所得到的关于重刚体绕不动点运动问题的美妙结果,是长时期顽强工作的成绩,在 C. B. 柯瓦列夫斯卡雅写给米塔

格–莱弗勒(G. Mittag-Leffler)的信里面,可以完全清楚地看到 C. B. 柯瓦列夫斯卡雅所走的途径以及指导她的思想.

在 1881 年 11 月 21 日的信中,C. B. 柯瓦列夫斯卡雅详细地说明了她的研究的开始[①]:

"现在如果您允许的话,我可以把我所从事的工作告诉您. 去年秋天之后,我开始一些偏微分方程的积分法的工作,这些方程是在研究光线在结晶体内的折射的光学问题时所遇到的. 这个研究早就可以向前推进,当我稍微注意到另一个问题的时候,这个问题几乎在我一开始从事数学工作时便已经逗留在我的脑海里,而且在某一段时期我也曾想过它,但又被别的研究所占据了. 这个问题是利用阿贝尔函数来求重刚体绕不动点运动的一般解答的问题. 魏尔斯特拉斯曾经建议我来从事这个问题的研究,当时我的一切尝试都归无效,魏尔斯特拉斯本人的研究也指出,这个问题的微分方程是不能被时间的单值函数所满足的. 这种结果使我当时被迫放弃了解决这个问题的念头. 之后我的老师关于稳定性条件以及与其他动力学问题的相仿情形又进行了很美妙且尚未发表的研究工作,这种工作使我得到了鼓舞,因而又燃起了希望,再次尝试着利用阿贝尔函数来解决这个问题,而这种函数的变量并不是时间的一次函数. 这种研究显出了这样的有趣与动人的力量,使我一度把所有其余的事情都忘掉了,将一切可能的熟忱与力量都用于它的研究. 我走的途径是这样的:所讨论的问题中的变量用包含两个自变量的函数 θ 来表示,在某些常数值下,这种函数便化为在拉格朗日的特殊情形中所遇到的椭圆函数 θ. 此外,我又尝试着选择这种函数,使微分方程可以积分为时间的函数 θ. 我用这种方法引出来的计算是如此的困难与复杂,使我目前还不能断定,我是否能够达到目的. 无论如何,我希望至多在两三个星期以内能够知道我究竟掌握了什么. 魏尔斯特拉斯也这样安慰我:即便在最恶劣的情形下,我至少总可以将问题反转过来,尝试着决定,在何种力的影响下可以得到如此的旋转,使得它的变量能够用阿贝尔函数表示出来. 这个问题固然是不甚重大的,还不如我自己所提出来的问题那样有趣. 万一不能成功的话,我也应该以此而满足……"

这样我们便看到,早在 1881 年的时候,C. B. 柯瓦列夫斯卡雅便已经明确地提出了这种问题:求问题的单值积分,关于解法的解析工具(含两个变量的函数 θ)问题,以及问题局限于特殊情形的可能性;对这种局限性的理解和以后所得出的"C. B. 柯瓦列夫斯卡雅情形"的方向不同. 由此可以看出,C. B. 柯瓦列夫斯卡雅在晚年的时候对于具有不动临界点的方程的研究具有很大的热忱.

她于 1884 年 7 月 1 日写给米塔格–莱弗勒的信中道"在科学院的上一次会

---

① 保存在苏联科学院里面的书信影印本,致米塔格–莱弗勒的信,信件第 5 号.

议中,福克司宣读了他的著作,这个著作是非常好的……福克司说,他已经找到了充分必要条件,使得非线性微分方程具有线性方程的主要性质,也就是它的积分临界点与初始条件无关……"①

不久以后,她在 1884 年 7 月 15 日又写信给米塔格-莱弗勒:"福克司将这个著作提到科学院还不到两个星期,庞加莱便已经利用它作为新的著作的基础,这个著作他刚刚才送到巴黎科学院. 现在,当福克司报告了他的研究的基本意图以后,这个研究显得多么的简单且自然,事情使人难以了解,它为什么不早点出现. "②

这就是关于具有不动临界点的方程理论的一切著作,也就是关于 C. B. 柯瓦列夫斯卡雅在她所提出来的力学问题中所用的方法的一切著作.③无疑地, C. B. 柯瓦列夫斯卡雅坚持着这个问题的研究,并且非常机警地注意着这一领域里面的一切著作;在 1886 年 12 月的信以及更晚一点的信(没有日期)里,她写了关于米塔格-莱弗勒与毕卡(Picard)的结果.④

"毕卡在 *Comptes Rendus* 上的论文写得非常好……如果我知道我关于刚体旋转的著作以及我们的谈话对于他而言是从事这个问题的研究的导引,我并不是很惊讶. 在这个夏天以前,当我告诉他说,形式如

$$y = \frac{\theta(Cx+A, C_1x+A_1)}{\theta_1(Cx+A, C_1x+A_1)}$$

的函数对于某些微分方程的积分法可能是很有用的时候,他似乎还不是很相信……".

我们容易看出,在所有这些书信中,讲的都是 C. B. 柯瓦列夫斯卡雅在她的研究中所用的方法的成长.

最后,关于刚体绕不动点运动问题在巴黎科学院的提出,它的历史也是很有趣的.

1886 年 6 月 26 日她在巴黎写信给米塔格-莱弗勒.⑤"贝尔特朗给我不少恩惠,贝尔特朗说,他想下星期一这些先生们要开会,讨论 1886 年大科学奖金的事. 他推测,这回的题目是重刚体的旋转问题. 这样一来,我便有机会得到这

---

① 信件第 21 号,关于这些研究可以参看, Голубев В. В. 的著作《Лекцин по аналитической теории дифференциальных уравнений, изд》.

② 信件第 23 号.

③ 关于 H. 庞加莱的研究,可以参看 Голубев В. В. 的著作《Лекцин по аналитической теории дифференциальных уравнений. Гостехиздат》.

④ 信件第 126 与 128 号.

⑤ 信件第 116 号.

个奖金. 您可以想到, 我是多么希望如此, 昨天爱尔密特, 贝尔特朗, 卡密尔·若尔当和达尔市(他们都是这个委员会的委员)同我一起讨论这个计划. 他们要我把我的工作结果再详细地告诉他们, 他们听了以后说, 这个工作很可能会得奖. 这里只有一点是不方便的: 我应该把这种情形的发表延迟到 1888 年. 您可以想象得到, 这个计划是多么使我高兴. 在这种情形下, 我不能在今年的圣诞节报告我的这个工作了……"

这样, 早在 1886 年 6 月, 关于重刚体绕不动点运动的工作便已达到了可以发表的阶段, 有许多数学家也都已经知道这个工作. 事实不止如此, 这个在任何情形下都有重大价值的工作在巴黎科学院得到了波尔登奖金. 这不是 C. B. 柯瓦列夫斯卡雅按照巴黎科学院提出来的问题写作的, 相反, 是巴黎科学院提出了她的著作, 因为他们看到了 C. B. 柯瓦列夫斯卡雅所得到的结果使科学可能有多大的进展!

在许多书信中(这些信没有日期, 但看起来是 1887 年写的), C. B. 柯瓦列夫斯卡雅告诉了米塔格–莱佛勒关于她所发现的特殊情形, 并指出只有在三种情形下(也许是在欧拉–普安索、拉格朗日、C. B. 柯瓦列夫斯卡雅情形下), 积分才不含运动的临界点①.

在她的著作中, C. B. 柯瓦列夫斯卡雅用超椭圆函数给出了她所提出的问题的全解, 也就是利用阿贝尔函数的特殊情形(表现出代数函数积分的反转的情形). 前面我们看到, C. B. 柯瓦列夫斯卡雅最初提出的问题比这个要广泛很多. C. B. 柯瓦列夫斯卡雅曾经提出这样一个问题: 是否可以利用阿贝尔积分或者它的反转, 来找出刚体绕不动点运动问题的通解?

事实上有这种线索, 可以看出, C. B. 柯瓦列夫斯卡雅在她生命中的最后几年, 也就是在结束了以她的名字命名的运动情形的研究以后, 仍在继续坚持这个问题的工作. 特别地, 在她去世前不久和庞加莱所做的讨论里面, 她还提到: 她又找出了问题的另一种解法的情形;②在她去世后, 并没有在她的稿纸中找到讲述这个问题的材料. 所有以后由其他作者所做的研究, 特别是如本章所叙述的结果, 无疑都是这种目的, 它们使 C. B. 柯瓦列夫斯卡雅看起来已经遗失了的结果复活了, 并予以延续.

我们看到, 所有这些目的都是与古典积分的不同代数的第一积分的求法有

---

① 信件第 187 号.

② 在一封给米塔格–莱弗勒的信里面(这封信没有日期, 但看起来是 1888 年 9 月写的), 她谈到关于工作的结束, 同时并附了一封给爱尔密特的信, 在这封信中她有如下神秘的话: "我告诉你(在给爱尔密特的信里面)某些我认为惊人且有趣的结果, 这些结果是我关于一般(!)情形所找出来的."(信件第 274 号)

关的. 我们推测 C. B. 柯瓦列夫斯卡雅所走的途径与其他人是完全不同的,正如 C. B. 柯瓦列夫斯卡雅在她的古典的研究中所走的途径一样①.

我们已经看到,C. B. 柯瓦列夫斯卡雅最初开始研究刚体运动理论时,是想利用阿贝尔函数来解决问题. 这件事情的理由,除了因为雅可比在他的著作中将椭圆函数(阿贝尔函数的特例)应用到欧拉情形与拉格朗日情形里面得到成功,也很有可能是因为魏尔斯特拉斯和他的学生们已经大大地发展了解析函数与阿贝尔函数的理论,C. B. 柯瓦列夫斯卡雅在这个工作上也是很有名的. 魏尔斯特拉斯工作的主要目的,就是要创造关于代数函数和它的积分以及反转法问题的完备的理论,C. B. 柯瓦列夫斯卡雅将代数函数与阿贝尔积分的特殊情形应用到刚体绕不动点运动的理论中得到了惊人的成功. 追根到底,像我们所看到的,问题的陈述本身与新的第一积分的存在性并无任何关系. 因此我们认为有一点是更可靠的: C. B. 柯瓦列夫斯卡雅可以进一步得到的结果正是发展代数函数、阿贝尔积分的理论以及函数 θ 的工具的广泛的应用,关于这方面的途径可能建立在如此的假设上,积分含有某类与极点不同的奇点.

在解决这个古典力学问题时,也正是在这个方向上可能得到更多的成功.

---

① 在 1881 年 1 月 8 日(给米塔格–莱弗勒的信里面),C. B. 柯瓦列夫斯卡雅写道(信件第 2 号):"当我读了,譬如说,布里奥所做的阿贝尔函数的专著时,我简直受到了刺激. 为什么要用学生很难接受的这种枯燥的方法来推演这样好的对象. 我几乎毫不惊奇,俄罗斯数学家(他们只由诺意曼与布里奥的书中知道这种函数)对于这种函数是多么的漠不关心. 您是否相信,如果我告诉您,譬如说,最近我和几位莫斯科大学的教授发生了非常激烈的争论,他们说阿贝尔函数对于任何重要的应用都没有什么好处,并且这种理论是如此的复杂与枯燥,简直不能成为大学教材的内容."

关于这个注解我们必须指出,连魏尔斯特拉斯本人以及他的学派都很保守地对待黎曼的几何观念,但这种观念能使这种理论在几何上非常的清楚.

运动方程的积分方法